すぐ使える

夢の発振器誕生！
20MHzまで1Hzきざみでピターッ！ ほしい波形が一発で！

ディジタル周波数シンセサイザ基板
[DDS搭載]

登地 功 / 石井 聡 / 山本 洋一ほか 著

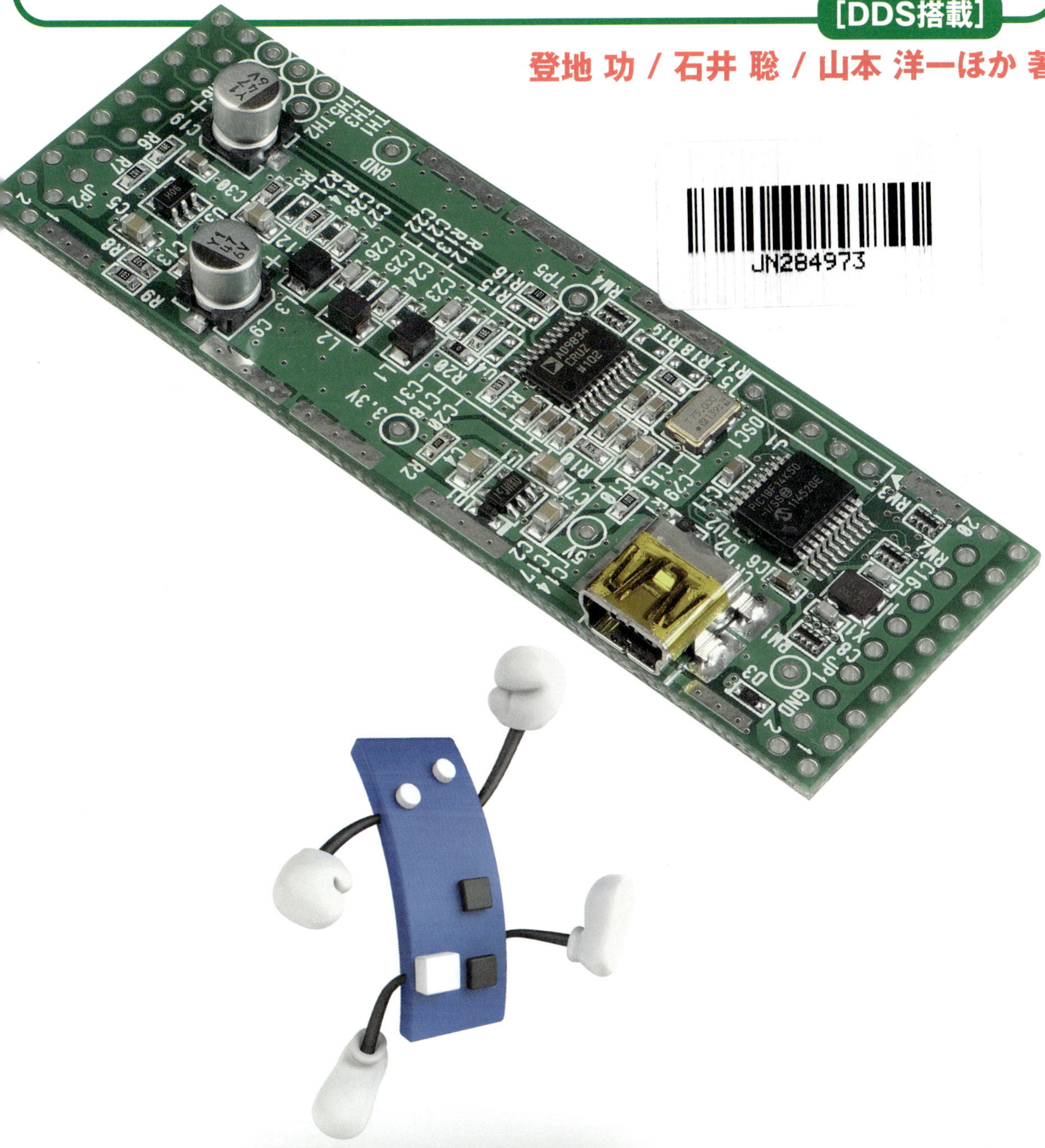

CQ出版社

目 次

　　読者プレゼント ……………………………………………………………………………… 6

●●●●● 第 1 部　付属基板のこと ●●●●●

周波数分解能 28 ビット！ 夢の高性能発振器を手に入れたなら
第 1 章　DDS 付属基板でできること　　登地 功/石井 聡　　9

　　DDS とは…周波数や波形を作り出す回路 ………………………………………………… 9
　　本書の DDS 付属基板でできること ………………………………………………………… 9
　　ディジタル周波数シンセサイザ DDS はここがいい！ ……………………………………… 12
　　Column 拡張基板の頒布のご案内 ………………………………………………………… 16
　　Column プロにしかできなかったことがいとも簡単に！ ……………………………… 18
　　Column コピー&ペーストですぐできる！ プリント・パターン・ライブラリ「パネル de ボード」 ……… 19
　　付属 CD-ROM のコンテンツと注意事項 …………………………………………………… 20

DDS 付属基板の仕様とハードウェアの詳細
第 2 章　ディジタル周波数シンセサイザを設計する　　登地 功　　21

　　DDS 付属基板の構成と AD9834 ……………………………………………………………… 21
　　AD9834 の周辺回路 …………………………………………………………………………… 24
　　出力信号レベル ………………………………………………………………………………… 25
　　フィルタの仕様を決める ……………………………………………………………………… 26
　　出力アンプ ……………………………………………………………………………………… 29
　　75MHz 基準クロック発振器 …………………………………………………………………… 30
　　PIC マイコンで USB 通信と AD9834 のコントロールを行う …………………………… 31
　　電　源 …………………………………………………………………………………………… 31
　　プリント基板の仕様 …………………………………………………………………………… 32

パソコンにつないで信号を出してみる
第 3 章　DDS 付属基板を動かす　　登地 功　　35

　　手　順 …………………………………………………………………………………………… 35

使いやすい信号発生モジュールに変身！
Appendix 1　DDS 付属基板を仕上げる　　38

　　準　備 …………………………………………………………………………………………… 38
　　仕上げの手順 …………………………………………………………………………………… 39

●●●●● 第 2 部　ディジタル周波数シンセサイザの基礎知識 ●●●●●

ほかの信号生成方法との違いや信号生成の原理
第 4 章　ディジタル制御波形生成 IC　DDS のハードウェアと動作原理　　登地 功　　41

	DDSの基本構成と動作原理	41
	DDSの各ブロックの動作	42
	フィルタ回路	47
	クロック信号源	49
	Column 方形波信号を出すには	50

受信機/測定器/変調器/信号源…周波数が安定しているってすごい！

第5章　ディジタル周波数シンセサイザDDSの応用　　石井 聡　　51

①	任意周波数の正弦波発生器	51
②	可変周波数のディジタル・クロック	52
③	SSB受信機の感度レベルの測定	52
④	アマチュア無線機のVFO (Variable Frequency Oscillator) 代わり	53
⑤	超音波装置の信号源	54
⑥	増幅器の非直線性測定	54
⑦	スカラ・ネットワーク・アナライザ	55
⑧	電源回路の出力インピーダンスの測定	56
⑨	容量/インダクタンス/共振周波数の測定	56
⑩	多相出力の信号源	57
⑪	AM (ASK)，FSK，PSK変調信号波の生成	58
⑫	PLLのリファレンス信号源	58

GHz出力型からインピーダンス計測用まで

第6章　ディジタル周波数シンセサイザのいろいろ　　石井 聡　　61

DDSを信号源にしたインピーダンス計測用複合機能IC AD5933/34	61
高速DDS IC　AD9858/AD9859/AD9912/AD9913	62
直交ディジタル変調機能付き高速DDS　AD9957	63
2.4GHzで動くDDS付き超高速DAC　AD9789	65
任意波形発生器として利用できるDDS　AD9834	67
同期クロックを作り出せるディジタルPLL　AD9547	67
4～20mA電流ループ伝送上で通信を実現するHARTモデム	68
FPGAで作るDDS	68
Column DDS基板企画の始まりは一杯飲み屋で…	69
Column DDS ICセレクション・ガイド	70

●●●●● 第3部　DDS付属基板をより詳しく知りたい人へ ●●●●●

発振器の一番重要な「位相雑音」や波形をチェック

第7章　DDS付属基板の実力　　登地 功　　77

DDS付属基板に搭載されたDDS IC	77
DDS付属基板の出力信号のスペクトラムを見る	81
出力信号のレベル	84

位相雑音	85
方形波出力波形をチェック	89
Column　DDS内のD-Aコンバータの出力特性を測定する方法	80
Column　低周波側の特性を伸ばす改造	91

測定器自身の雑音をキャンセルしてfsオーダのジッタも測る

Appendix 2　小さな位相雑音も測定できる専用アナライザ E5052B　大津谷 亜士　92

内部回路の詳細からレジスタの設定方法まで

第8章　付属基板に搭載された定番DDS IC　AD9834の使い方　脇澤 和夫　95

AD9834の内部構成と端子の機能	95
DDS ICのアナログ信号生成のメカニズム	96
AD9834に見るDDS ICのもう一つの特徴「位相制御」	99
レジスタを設定してから波形が出力されるまでの遅れ	100
AD9834のレジスタへの書き込み	100
Column　PLLとDDSを比べてみる	98
Column　AD9834一つで位相の違う2信号を生成する実験	102
Column　がんばれば1GHzの高速アナログ回路は手作りできる	105

パソコンとのインターフェースとDDSのコントロール

第9章　USBマイコンPIC18F14K50のファームウェア　山本 洋一　107

USBマイコン PIC18F14K50	107
PICマイコンの開発環境	108
DDSのレジスタとコントロールの手順	108
拡張基板をコントロールするファームウェア	109
Column　Microchip-application libraries はアップデートされると互換性がなくなる	107
Column　あれ？ PICマイコンとPICkit3がつながらない!?	108
Column　統合開発環境以外のエディタを使用する場合の注意	109

回路や部品の周波数特性がわかるスカラ・ネットワーク・アナライザに挑戦

第10章　Excelで作る自動制御PCアプリケーション　山本 洋一　113

テキスト・データで通信してDDS学習キットを操作する	113
DDS学習キットの操作方法	113
手作りしたクリスタル・フィルタの周波数特性を測ってみる	117
Excelを使って自動測定	119
Column　ハイパーターミナルではなくTeraTermを使うこと	113

電源電圧変動除去比やノイズ性能がUP！ シーケンス制御にも対応！

第11章　多機能化，高性能化するLDOリニア・レギュレータ　道場 俊平　121

アナログ回路には入力電圧変動やノイズの除去能力が高い電源ICがいい	121
低ノイズ・タイプのLDOを使うメリット	121

低入力電圧でも動作するリニア・レギュレータのメリット ････････････････････････････････ 122
　　起動時の突入電流を小さく抑えるソフトスタート機能 ･･････････････････････････････････ 122
　　立ち上げ順序をマイコンで制御できるパワーグッド機能 ････････････････････････････････ 123
　　主電源に続けて電源を順序良く立ち上げる機能 トラッキング ････････････････････････････ 124
　　複数の電源の立ち下げシーケンスを設定できる機能 プログラマブル高精度 EN/UVLO ････････ 124
　　出力コンデンサを強制的に放電して逆流を防ぐ機能 出力ディスチャージ ････････････････････ 125

DDS の心臓部！ 正確かつ安定な出力信号の源
第 12 章　付属基板の発振源「水晶発振器」の性能と使い方　幕田 俊勝　127
　　DDS には水晶発振器が最適 ･･ 127
　　種類と用途 ･･ 128
　　性　能 ･･ 129
　　使い方の基本 ･･ 130
　　内部回路と構造 ･･ 130
　　水晶発振器を使用する際のトラブル ･･ 132

DDS の出力をそのまま入力するとアンプやミキサが飽和してしまう…そんなときは
第 13 章　ステップ 1.5dB, 最大減衰量 94.5dB, 30MHz 広帯域アッテネータの設計　石井 聡　133
　　アッテネータの必要性 ･･･ 133
　　仕　様 ･･ 134
　　48dB 固定アッテネータ回路 ･･ 135
　　SN 比とノイズ・フロア ･･ 139
　　基板設計 ･･ 140
　　製作した基板の減衰特性 ･･･ 140
　　そのほかの機能 ･･ 143

DDS 付属基板で dB 表示の周波数特性測定器を作るために
第 14 章　周波数特性を測定するログ・アンプの設計　石井 聡　145
　　周波数特性測定器を作る ･･･ 145
　　全体構成と動作 ･･ 146
　　変換性能 ･･ 148

DDS 基板やアッテネータ基板を搭載して測定器を作れる
第 15 章　液晶ディスプレイ付きベース基板　登地 功/石井 聡　149
　　回路構成 ･･ 151

　　索　引 ･･ 155
　　著者略歴 ･･ 159

読者プレゼント

編集部

付属 CD-ROM の内容に一部（プレゼント情報）誤りがあります．仕上げ部品セット（DDS-002T）のプレゼントはありません．訂正してお詫びいたします．　　　　　　　　　　　　　　　　　　〈編集部〉

アナログ・デバイセズのプレゼント・キャンペーン

1 もれなく！ DDSを使ったインピーダンス計測IC AD5933

応募いただいた方全員に，AD5933YRSZ をおひとり様に 1 個，さらに抽選で 20 名様に評価ボード（**写真 A**）をプレゼントします．

AD5933 は，DDS を信号発生機能として応用し，測定対象のインピーダンスを高精度に計測できる複合型 IC です．27 ビット NCO の DDS（最大 100kHz の測定電流出力）と 1MSps，12 ビット A-D コンバータを内蔵しています．

写真 A
インピーダンス計測 IC AD5933 の評価ボード

2 もれなく！ 高性能リニア・レギュレータ ADP7104

ベース基板に搭載されているリニア・レギュレータ IC ADP7104 を応募者全員（おひとり様 3 個）にプレゼントします．

ADP7104 はロー・ドロップアウトの高性能な CMOS リニア・レギュレータです．3.3～20V の入力電圧範囲で動作し，最大 300mA の出力電流が得られます．小型かつ高い電源電圧変動除去特性，ロー・ノイズ特性をもち，わずか 1μF のセラミック・コンデンサで，優れたライン・レギュレーションおよび負荷過渡応答性能を実現できます．ADP7104 は，7 種類の固定電圧出力の製品と可変電圧出力の製品が供給されています．

3 もれなく！ 高性能OPアンプ AD8051とADA4897

DDS 付属基板に採用した高速レール・ツー・レール出力 OP アンプ AD8051 と，ロー・ノイズ（$1nV/\sqrt{Hz}$）で高速なレール・ツー・レール出力 OP アンプ ADA4897 を，ご応募いただいた方全員に，3 個（計 6 個）ずつプレゼントします．

● ご注意

プレゼントは，付属 CD-ROM 内でリンクされたキャンペーン・ページから応募できます．準備数に達し次第，プレゼント・キャンペーンを随時終了させていただきます．

アンケートにご協力ください

同梱のアンケートに回答いただき，編集部までお寄せください．基板付き書籍やキットの企画立案の参考とさせていただきます．プレゼント応募締切は2013年1月20日です．当選は発送をもって代えさせていただきます．

● ご注意

　お預かりしたお客様の個人情報は，アナログ・デバイセズ/マイクロチップ・テクノロジーの規定に則り，同社，同社の正規販売代理店，同社の委託企業が厳正な管理の下で保管します．その情報は，同社および正規販売代理店のセールス/マーケティング活動に利用させていただきます．

4　最高100MHz出力のDDS AD9913評価ボード

（3名様，提供 アナログ・デバイセズ）

写真B　最高100MHz出力のDDS AD9913評価ボード

5　書き込み器PICkit™3付き！少ピンUSB PIC® MCU開発キット DV164139

（5名様，提供 マイクロチップ・テクノロジー）

写真C　USB PIC MCU 開発キット DV164139

6　PIC18F14K50のPDIP 2個とSSOP 2個

（80名様，提供 マイクロチップ・テクノロジー）

写真D　PIC18F14K50（PDIP）

7　トラ技DDSスーパー・キット DDS-001T

（1名様，提供 P板.com）

写真E　トラ技DDSスーパー・キット DDS-001T
DDS基板は付いておりません．

MPLAB IDE v8.xx, MPLAB C for PIC18 v3.41 Standard-Eval Version, Microchip Application Libraries vxx Windows is reproduced and distributed by Transistor Gijutsu under license from Microchip Technology Inc. All rights reserved by Microchip Technology Inc. MICROCHIP SOFTWARE OR FIRMWARE IS PROVIDED "AS IS," WITHOUT WARRANTY OF ANY KIND, EXPRESS OR IMPLIED, INCLUDING BUT NOT LIMITED TO THE WARRANTIES OF MERCHANTABILITY, FITNESS FOR A PARTICULAR PURPOSE AND NONINFRINGEMENT. IN NO EVENT SHALL MICROCHIP BE LIABLE FOR ANY CLAIM, DAMAGES OR OTHER LIABILITY ARISING OUT OF OR IN CONNECTION WITH THE SOFTWARE OR FIRMWARE OR THE USE OF OTHER DEALINGS IN THE SOFTWARE OR FIRMWARE

第1部 付属基板のこと

第1章 周波数分解能28ビット！夢の高性能発振器を手に入れたなら
DDS付属基板でできること

登地 功/石井 聡　Isao Toji / Satoru Ishii

DDSとは…周波数や波形を作り出す回路

　DDSは，Direct synthesis Digital Synthesizer の頭文字を取ってできた用語です．信号をディジタル的に発生させる回路，狭義には正弦波をディジタル的に合成して発生させる回路のことで，日本語では「ディジタル直接合成発振器」などと言います．

　DDSの動作原理は複雑なものではなく，「ディジタル的に正弦波を合成しようとしたときに，素直に考えればこうなる」という回路です．

　写真1-1に，本書に付属しているDDS周波数シンセサイザ基板の外観を示します．

写真1-1　本書に付属するDDS周波数シンセサイザ基板

本書のDDS付属基板でできること

① アンプ回路の動作テスト

　自作したヘッドホン・アンプなどのアンプ回路の動作テストをすることができます．出力波形を測定するオシロスコープは入手できるかもしれませんが，もし入手できなくても，ヘッドホンやスピーカを接続して，音で確認することはできます．しかし，入力信号となる「信号源」はどうしても必要です．

　この信号源としてDDS付属基板を使用することができます．周波数特性や振幅特性を確認することもできます（図1-1）．

② 受信回路の製作

　受信回路（短波帯以下，あるいは一部の超音波）では，受信した信号をいったん低い周波数に変換し，そこでA-D変換や復調などの信号処理を行います．

　このとき，受信信号の周波数を変換するには，局部周波数発振器と呼ばれる周波数発生装置が必要です．この信号源としてDDS付属基板が使用できます（図1-2）．DDSは非常に安定した局部周波数信号を発生させることができるので，周波数ドリフトのない，安定した受信回路が実現できます．

③ 電子部品の性能テスト

　コンデンサの容量やコイルのインダクタンスは，既知の大きさをもつ素子と一緒に接続して，信号レベルを検出することで，その値を得ることができます．

　この測定にDDS付属基板が使えます（図1-3．オプションのログ・アンプ基板が必要）．

　非常に狭い周波数範囲で周波数特性が変化する，水晶振動子の共振周波数も，1Hz以下の周波数分解能をもつDDS付属基板で適切に測定できます．

④ 受信機の感度チェックや周波数マーカ

　受信機（短波帯以下）が，どれほどの感度を持っているかを知りたいこともあるでしょう．ここでDDS付属基板が使えます．

　オプションのアッテネータ基板と，DDS付属基板を組み合わせて目的とする周波数を正確に発生させます．アッテネータの減衰量を変えていき，感度特性を測定します（図1-4）．周波数シンセサイザ方式ではない受信機の場合は，DDS付属基板を周波数マーカとして応用することもできます．

⑤ アナログ回路の周波数応答テスト

　アナログ回路の実験基板などでは，周波数応答特性をチェックして，予定通りの性能が出ているかどうか

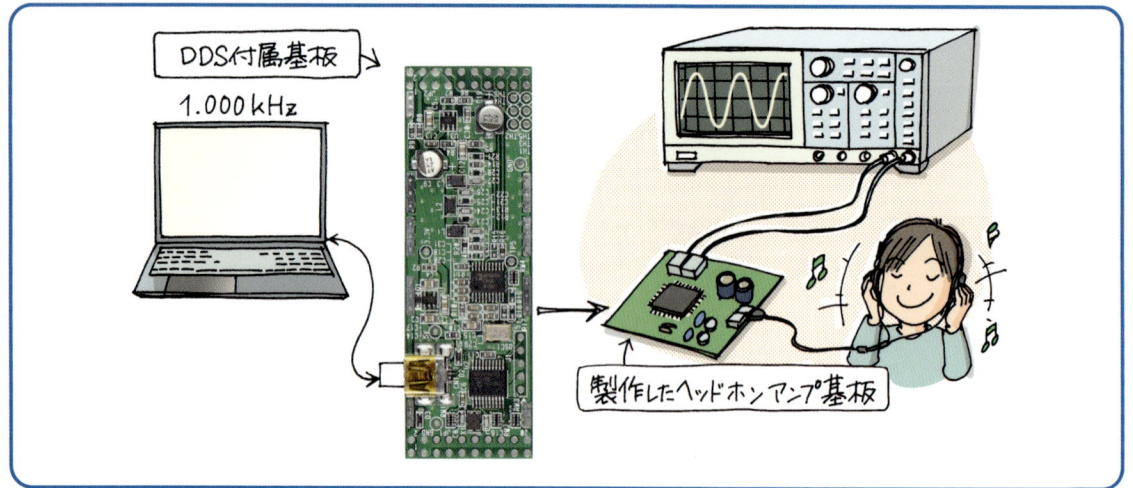

図1-1　アナログ回路のテストに…

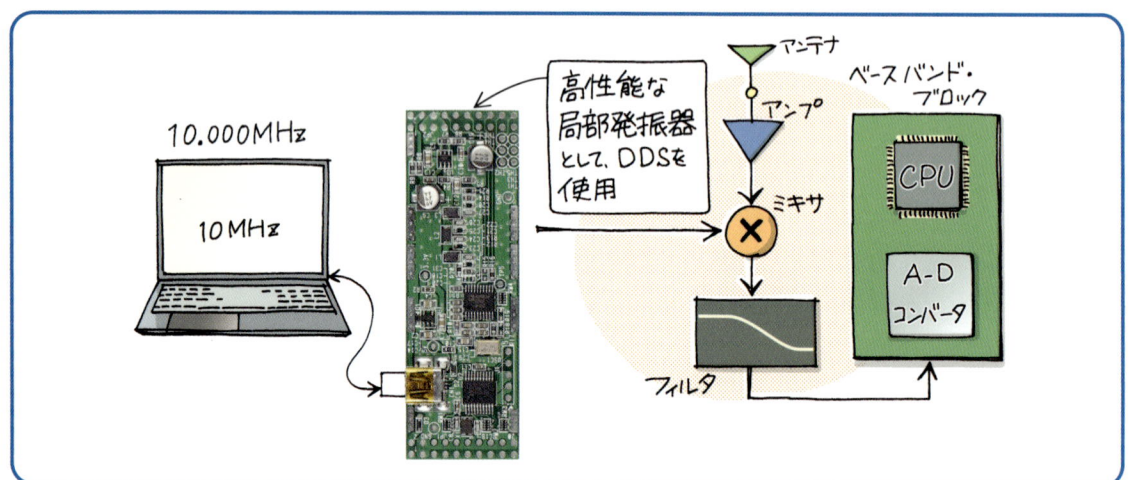

図1-2　受信回路の信号源として…

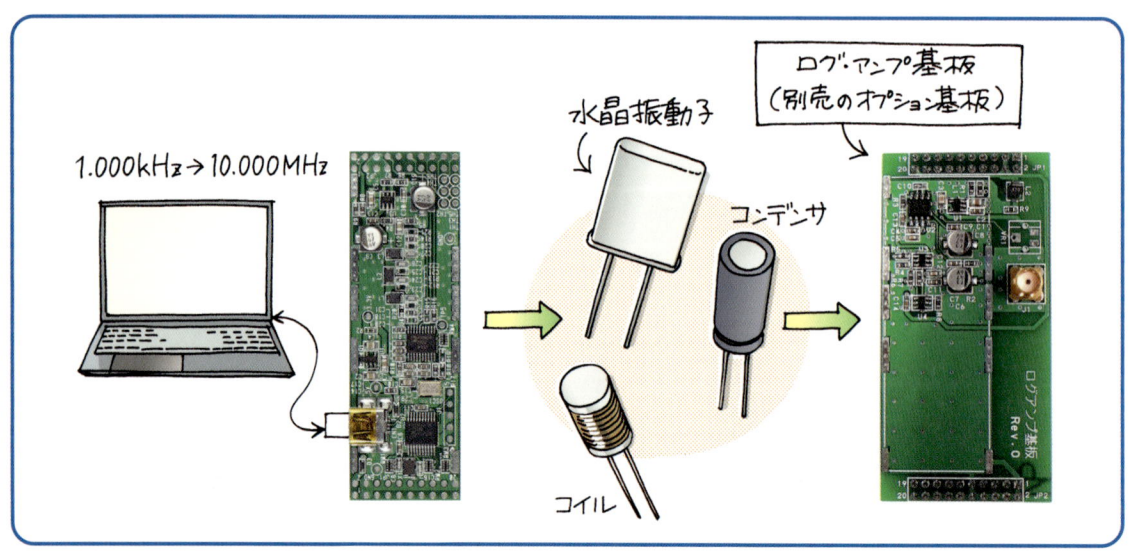

図1-3　電子部品の性能テストに…

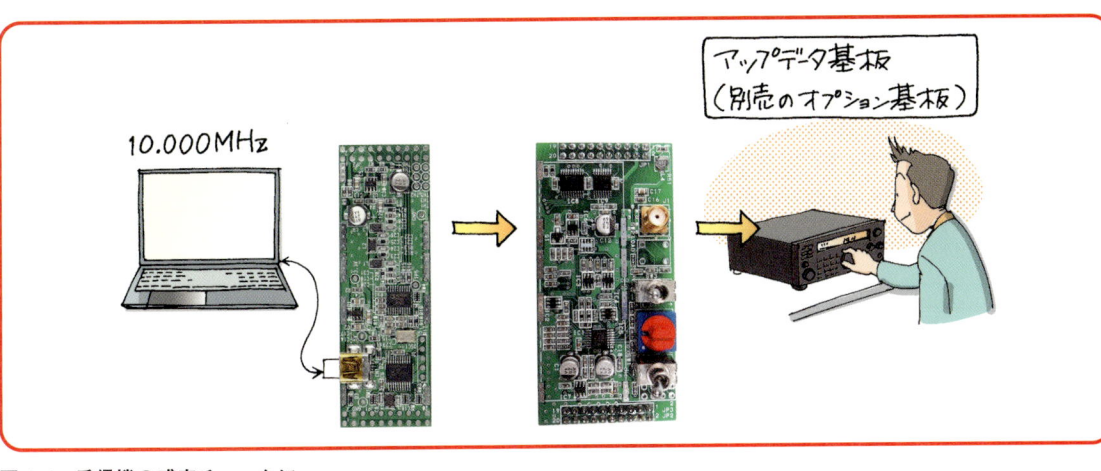

図1-4 受信機の感度チェックに…

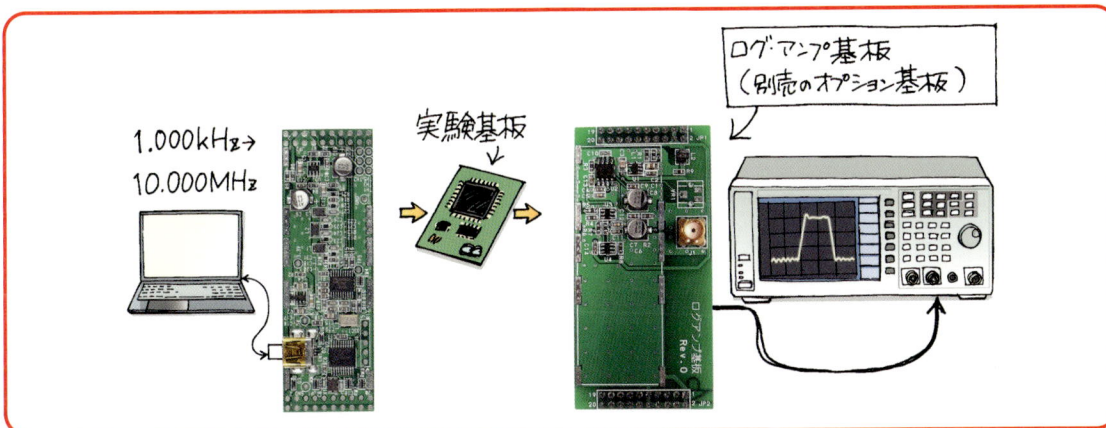

図1-5 アナログ回路の周波数応答のチェックに…

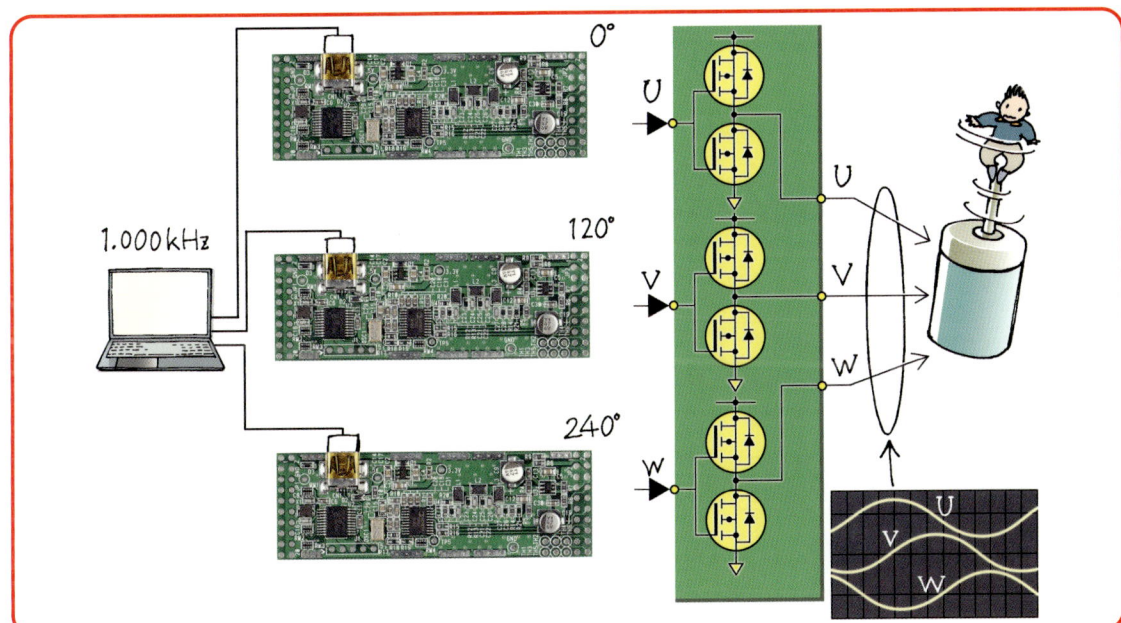

図1-6 モータ駆動の実験に…

を確認することは非常に重要です．周波数応答をチェックすれば，そのアナログ回路で異常発振が生じる危険度などを予測することもできます．

ここでもDDS付属基板が使えます（図1-5）．ただし，オプションのアッテネータ基板を使って信号を減衰させ，実験基板を規定の振幅範囲で動作させて，さらにログ・アンプ基板で信号レベルを対数圧縮する必要があります．

⑥ モータ駆動の実験

三相同期モータを可変速で精密に速度制御したいこともあるでしょう．ここにDDS付属基板が使えます．この場合は，DDS付属基板が3枚必要です（図1-6）．3枚それぞれの信号出力位相を120°ずつずらしてモータを制御しますが，DDSなら非常に正確な位相差を発生させることができます．3枚のDDS付属基板を同期させるための改造が必要ですが，スムーズな速度制御が実現できます．

〈石井 聡〉

ディジタル周波数シンセサイザ DDSはここがいい！

電子回路で「シンセサイザ」といえば，一般的には周波数や波形を合成して作り出す回路のことを言います．よく知られているのは，PLL周波数シンセサイザでしょう．図1-7にPLL周波数シンセサイザのブロック図を示します．

これは基準周波数を分周した周波数と，出力周波数を分周した周波数を一致させるフィードバック系です．分周比を変えることで目的とする出力周波数を作り出す回路です．

このほかにも，いくつもの信号をミキサで合成することによって狙った周波数を作り出すシンセサイザもあります．

DDSは，目的とする信号のディジタル・データをディジタル回路で直接生成します．ただし，ディジタル回路だけではアナログ信号を出力することはできませんから，最後に合成したディジタル信号をアナログ信号に変換するD-Aコンバータが必要です．

図1-8に，DDS周波数シンセサイザのブロック図を示します．

前述したように，DDSは信号発生回路の一つですが，ここでPLLやLC発振器，水晶発振器などの信号発生回路と比較して，その特徴を整理してみます．

(1) 周波数安定度が高い

周波数の安定度が基準クロックの安定度で決まるところは，PLLシンセサイザと同じですが，DDSは基準クロックの周波数が安定している水晶発振器を使えば，水晶発振器と同じ周波数安定度が得られます（図1-9）．

(2) 16～48ビット！ 周波数分解能が高い

設定できる周波数データは，16～48ビットくらいです．ビット数を増やすことができるので，周波数分解能を非常に高くすることが可能で，数mHzから数μHzで周波数を可変できます（図1-10）．周波数設定レジスタが48ビットのDDSでは，基準クロック周波数が1GHzでも数μHzの分解能で周波数を設定す

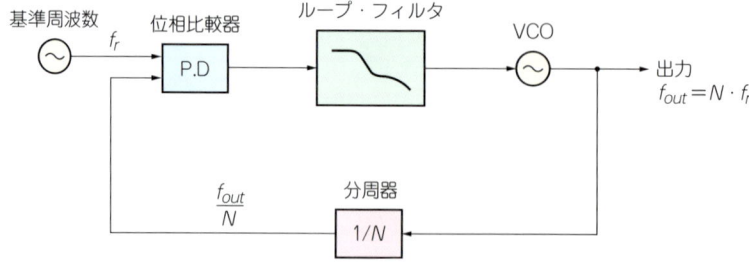

図1-7 周波数シンセサイザといえば「PLL」が思い浮かぶかもしれないけれど…

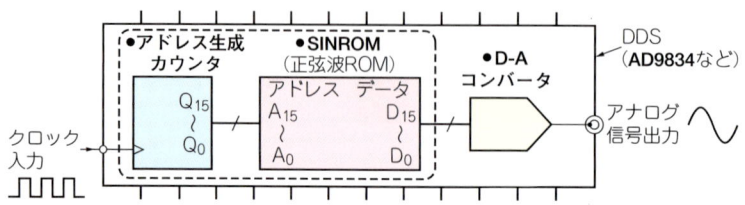

図1-8 夢の周波数シンセサイザ「DDS」が誰でも使える時代になっている！

DDSが可能にしてくれること

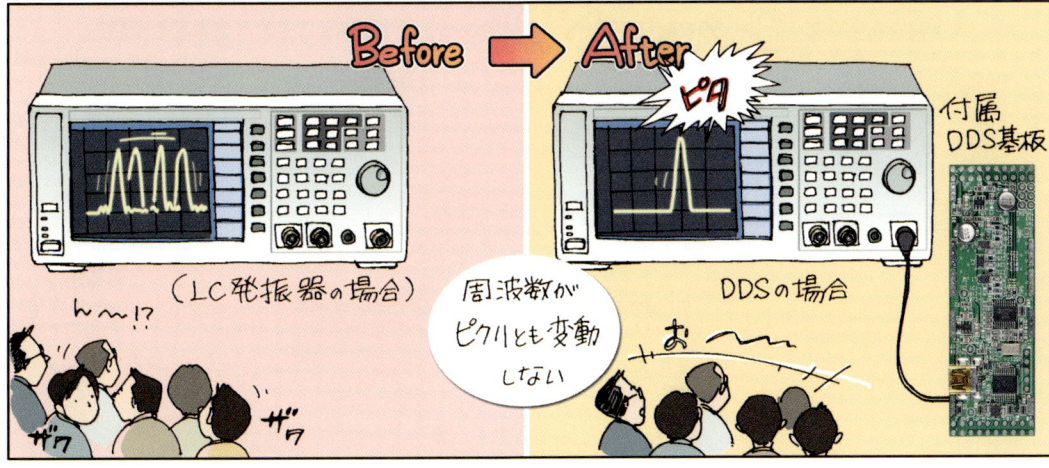

図1-9 周波数安定度が高い

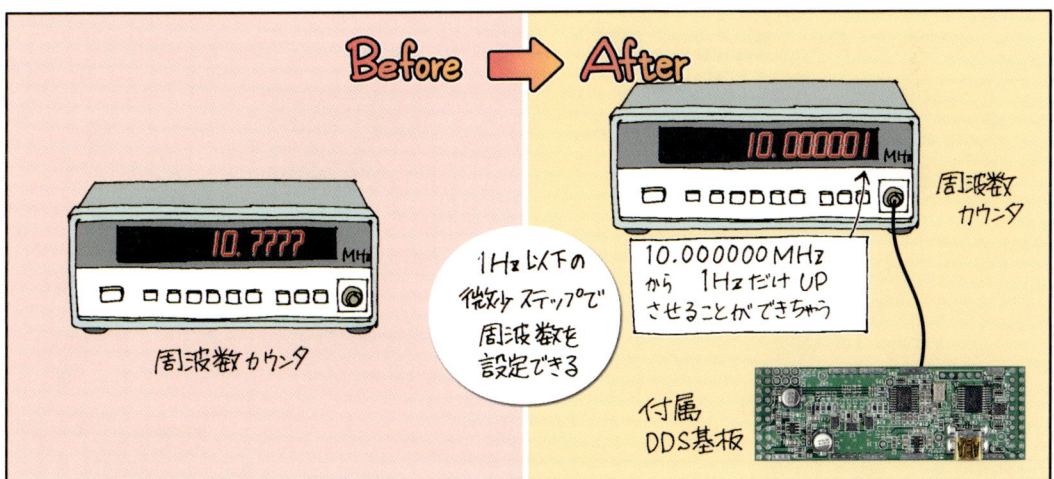

図1-10 周波数分解能が高い

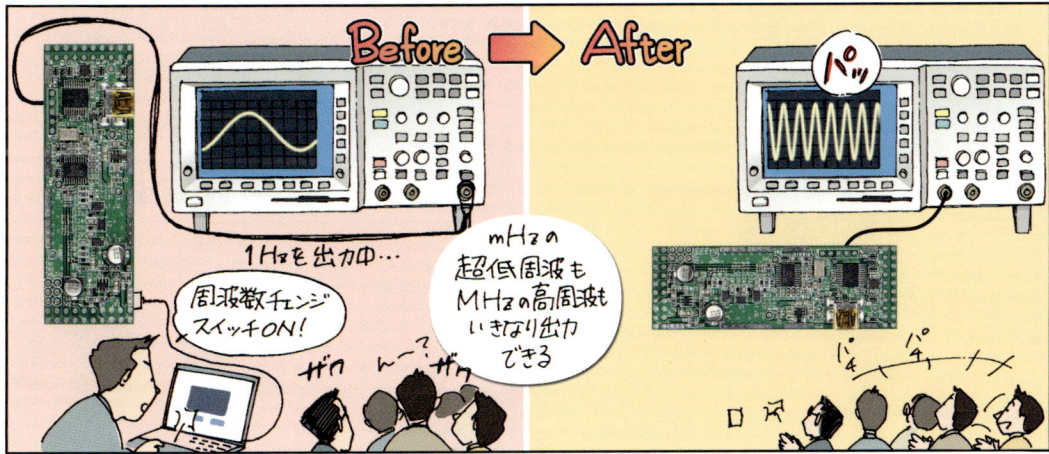

図1-11 周波数の可変範囲が広い

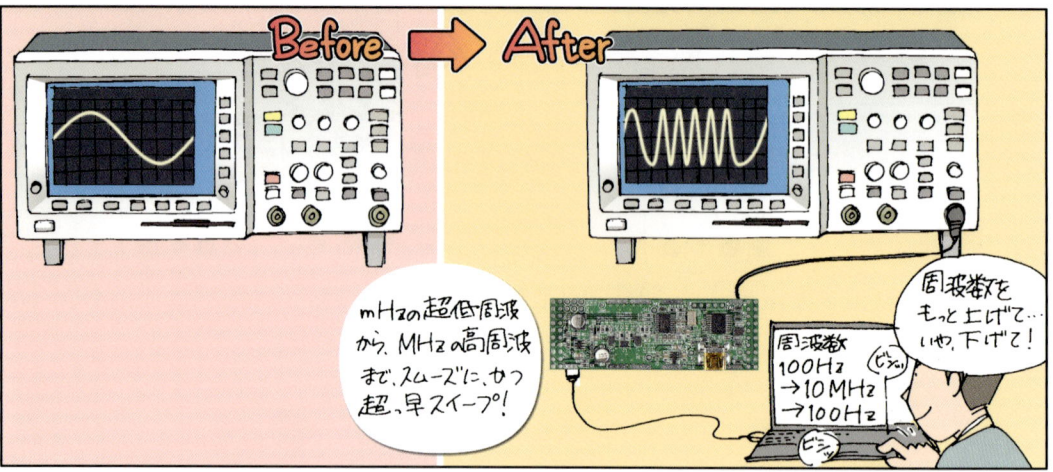

図1-12 周波数の可変範囲が広い

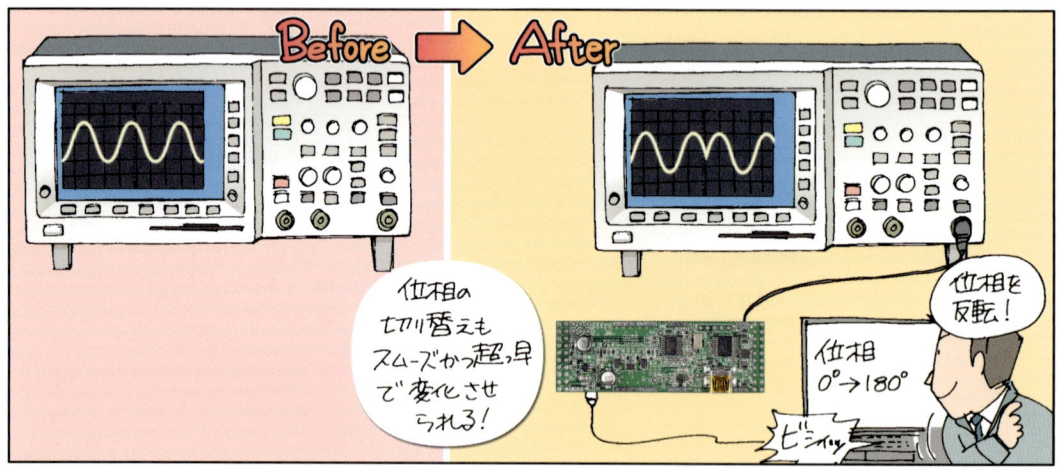

図1-13 位相の切り替えが素早くできる

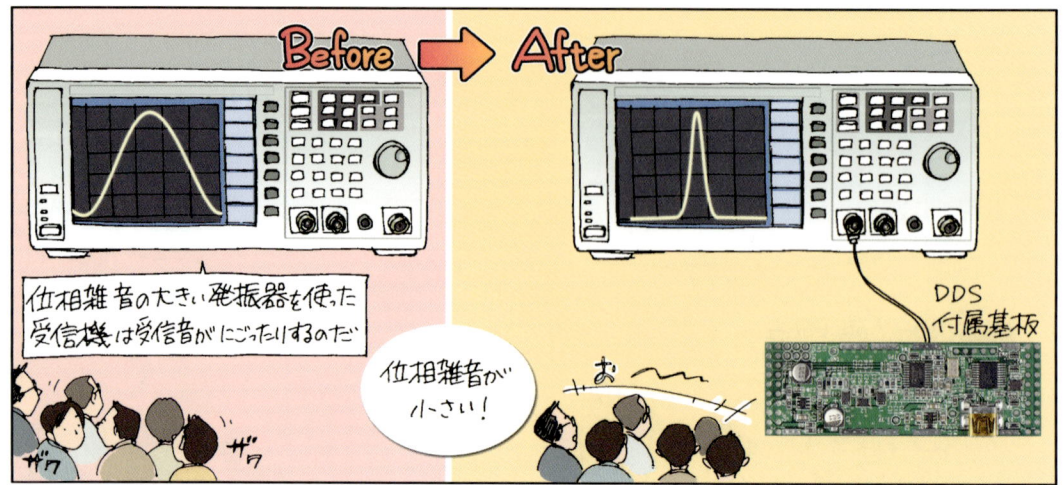

図1-14 位相雑音が小さい

ることができます．

(3) 周波数の可変範囲が広い

PLLの場合，VCOによって発振可能な周波数範囲が決まってしまい，低い周波数が必要な場合には，分周するか周波数ミキサを使う必要があります．

DDSの最低出力周波数は周波数分解能と同じなので，MHzオーダの周波数から，mHzやμHzといった低周波を直接発生させることができます（図1-11）．

(4) 周波数の切り替えが素早くできて，信号に途切れがない

PLLは，周波数を変化させたときの応答がループ・フィルタの過渡応答特性で決まるので，瞬間的に周波数を切り替えることができません．また，周波数を切り替えたときにオーバーシュートが発生して，規定の周波数範囲からはみ出すことがあります．

DDSの場合は，周波数の切り替えは瞬間的で，波形は途切れず連続的に変化します（図1-12）．ただし，つなぎ目でスペクトルは少し広がります．

(5) 位相の切り替えが素早くできる

周波数と同様に，出力信号の位相も位相レジスタのデータを加算することで瞬間的に切り替えることができます（図1-13）．

(6) 位相雑音が小さい

PLLの場合，基準周波数とVCOの位相雑音の両方が出力信号の位相雑音に大きく影響します．DDSの場合，出力信号の位相雑音に影響するのは，基準クロック信号の位相雑音が支配的で，それ以外のディジタル系やD-Aコンバータの影響などは比較的小さくなります（図1-14）．

—*—

● 欠点もある…スプリアスやノイズがやや多い

DDSのスプリアスは，動作原理的に発生するものの他に，D-Aコンバータの非直線性で相互ひずみとして発生したり，クロックその他のディジタル系の漏れなどがあって，レベルは比較的大きくなります．

D-Aコンバータを使っていますから，SN比は理論的な量子化雑音レベルより良くなることはありません．したがって，不要なスプリアスやノイズを取り除くために，フィルタが重要です．

〈登地 功〉

Column　拡張基板の頒布のご案内

下記の拡張基板と仕上げ部品セットを，CQ出版WebShopまたはP板.comパネルdeボードサービスから購入することができます．本頒布サービスは，予告なく終了させていただくことがあります．

(1) トラ技DDSスーパーキット DDS-001T [写真1-A]

DDS付属基板が出力する信号を減衰調整できるベース基板/アッテネータ基板/ログ・アンプ基板のセットです．DDS-001にはDDS基板は含まれておりません．マニュアルとACアダプタは同梱されていません．

[ご注意]

● ACアダプタをつないでも液晶表示が出ない？

液晶ディスプレイのコントラストを調整してください．液晶ディスプレイのすぐ下側にVR_1というボリューム（可変抵抗器）があります．これを時計ドライバなどで回して，表示が見やすくなるように調整します．ボリュームの矢印が時計の9時くらいの位置が良いようです．

● 基板上のDC入力の電圧表示が誤っている

DC入力ジャックJ7のところにDC5Vという表示がありますが，正しくはDC6～9Vです．ベースボード内部のレギュレータ出力電圧が5Vと3.3Vなので，DC入力の電圧が5Vでは正常動作しません．DCジャックは内径2.2mm，外形5.5mmの標準的なもので，秋月電子などで販売している小型ACアダプタが適合します．

● ACアダプタを先に，USBを後に接続すること

ベース基板にACアダプタを接続する前に，USBを接続してはいけません．USB接続の前に必ずACアダプタを接続してください．ACアダプタを接続しないまま，USBを接続すると，液晶ディスプレイに電源が供給されていない状態で，液晶ディスプレイが初期化されて表示が出なくなります．

定価：21,000円（税込，送料込）
問い合わせ先：CQ出版WebShop
☎ 03-5395-2141　http://shop.cqpub.co.jp/

(2) 仕上げ部品セット DDS-002T [写真1-B]

ピン・ヘッダやUSBケーブル，シールド・ケース，信号取り出し用の同軸ケーブルなどが同梱されています．いずれも秋葉原のパーツショップなどで入手できる部品ばかりです．部品表はAppendix1を参照してください．また，シールド・ケース（CQ出版社）の効果は未確認です．

[ご注意]

いったんシールド・ケースを取り付けると，基板全体が覆われてしまい，プローブを接続して波形を調べたり，PICマイコンのファームウェアの書き換えができなくなります．

定価：2,800円（税込，送料込）
問い合わせ先：CQ出版WebShop
☎ 03-5395-2141　http://shop.cqpub.co.jp/

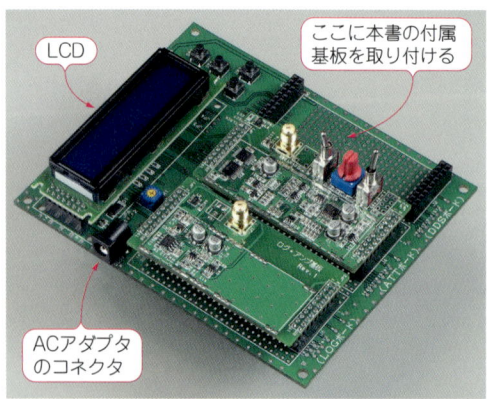

写真1-A　トラ技DDSスーパーキット DDS-001T
DDS基板はついていない

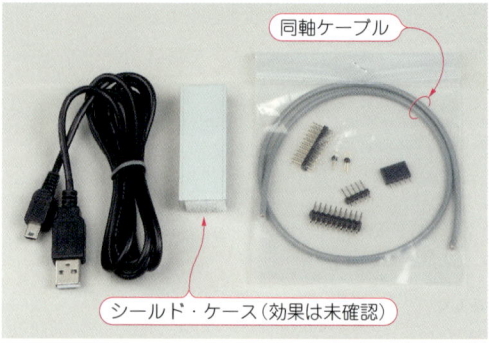

写真1-B　仕上げ部品セット DDS-002T
いずれも秋葉原のパーツショップなどで入手できる部品ばかりです．部品表はAppendix1を参照してください．また，シールド・ケース（CQ出版社）の効果は未確認です．

写真1-C　ベース基板　DDS-004I

写真1-D　アッテネータ基板　DDS-005I

(3) DDS基板　DDS-003I

　本書のDDS付属基板の互換品です．本基板上のPICマイコンにはDDS ICをコントロールするファームウェアが書き込まれていません．書き込み器（PICkit3など）を入手し，付属CD-ROMに収録されているファームウェアをご自分で書き込んでいただく必要があります．

> 定価：4,800円（税込，送料別）
> 問い合わせ先：P板.comサポート窓口
> 　　　　　　info@p-ban.com

(4) ベース基板　DDS-004I [写真1-C]

　DDS付属基板，アッテネータ基板，ログ・アンプ基板などを搭載する基板です．液晶ディスプレイを搭載しており，パソコンを使わないスタンドアロン動作の信号発生器として利用したいときに便利です．
　DDS付属基板上のPICマイコンには，このベース基板を使ったスタンドアロン動作を想定したファームウェアが書き込み済みです．
　詳細は第9章と第15章をご覧ください．

> 定価：7,800円（税込，送料別）
> 問い合わせ先：P板.comサポート窓口
> 　　　　　　info@p-ban.com

(5) アッテネータ基板　DDS-005I [写真1-D]

　DDS付属基板の動作クロック75MHzの1/3程度の信号周波数範囲（30MHz）を94.5dBまで減衰調整できます．詳細は第13章を参照してください．

> 定価：6,800円（税込，送料込）
> 問い合わせ先：P板.comサポート窓口
> 　　　　　　info@p-ban.com

写真1-E　ログ・アンプ基板　DDS-006I

(6) ログ・アンプ基板　DDS-006I [写真1-E]

　信号を入力すると，レベルを12ビットでA-D変換した値を出力します．詳しくは第14章を参照してください．

> 定価：5,800円（税込，送料込）
> 問い合わせ先：P板.comサポート窓口
> 　　　　　　info@p-ban.com

> 　（3）（4）（5）（6）の商品は，10名様以上のご注文をいただきしだい生産を開始いたします．お届けまでには1か月ほどかかることがあります．あらかじめご了承ください．生産や出荷の状況につきましては，下記までお問い合わせください．
> ● 問い合わせ先：P板.comサポート窓口
> 　　　　　　info@p-ban.com

Column　プロにしかできなかったことがいとも簡単に！

● 付属基板は周波数分解能28ビットの超高性能発振器！

付属基板上のDDS IC（AD9834）には，周波数安定度のきわめて高い水晶振動子（75MHz）から動作の基準となるクロック信号が供給されています．その結果，DDS ICは，水晶発振器と同程度の高い周波数安定度で動作することができ，20MHzという高い周波数まで1Hzステップの小刻みな設定が可能になっています．

ここではDDSの最大の特徴「数MHzの高い周波数でも，1Hzという微小分解能で周波数変動なく信号を安定に発生させること」のメリットや応用事例を紹介しましょう．

DDS付属基板での各種表示や記事では，1Hz分解能としてありますが，DDS IC AD9834自体は0.28Hzステップ（75MHz/2^{28}）で周波数を発生させています．これを1Hzごとに丸めて取り扱っています．

① まるで超高性能受信機！トーンのずれのない自然な音声を再生できる

7MHzの搬送波（キャリア）に，2kHz程度の帯域の音声信号が変調されていたとします．受信機でこの信号を復調する場合，（復調方法はいろいろあるが一例として）7MHzの搬送波と同じ周波数を乗算して，2kHz程度の帯域の音声信号を取り出すとします．

搬送波の周波数発生源を考えると，どんなに安定な水晶振動子といえども，±数ppm～±数十ppm（1ppm＝10^{-6}）の個体差があります．この個体差により，送受信間で数十Hzかそれ以上の周波数ずれが生じることがあります．SSB通信方式では，周波数のずれがそのまま音声トーンのずれとなってしまいます．

こんなときは，1Hz分解能で周波数を設定できるDDS付属基板を発振器として使うと，音声トーンのずれがなくなり，自然な音声を再生できます．

また，1Hzの分解能であれば，発生させる周波数を変えていっても，音声トーンの変化は音階差を感じさせることなく，滑らかに変化していきます．

② 高級測定器にしかできない水晶振動子や共振回路の共振周波数を正確に測定できる

DDS付属基板とオプション基板群（第13章～第15章）を利用すれば，水晶振動子の共振周波数を測定できます．

水晶振動子が共振状態にあるときの周波数特性は，非常に先鋭です．図1-Aは，10MHzの水晶振動子の共振周波数付近でのリアクタンスをプロットした例です．水晶振動子は数kHz～数十kHzという，とても狭い周波数範囲でインピーダンス特性が大きく変わります．そのため，正確かつ高い分解能で，測定用信号源の周波数を設定する必要があります．

1Hzの分解能をもつDDS付属基板ならこの測定が可能です．水晶振動子以外の共振回路も，狭い周波数範囲でインピーダンス特性が大きく変わります．

③ 超音波による対象物小片の励振を最大共振状態でできる

超音波で金属片や小物体（試験片）などの小片を共振励振（振動）させたいこともあるでしょう．DDSで発生できるMHzオーダの周波数であれば，波長もmm以下となり，非常に小さな小片でも共振させることができます．しかし，小片が共振する周波数範囲，とくに最大で共振する周波数レンジは非常に狭いものです．

DDSでこの超音波の周波数を1Hzで制御できれば，1Hzの微妙な周波数調整によって，小片を最大共振状態で励振（振動）させることができます．

〈石井 聡〉

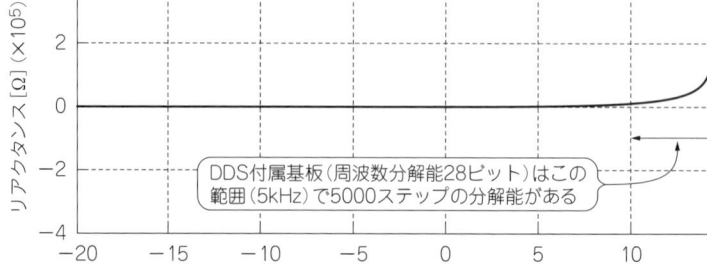

図1-A　水晶振動子（10MHz）のリアクタンス特性は急峻
この特性を測定するには1Hz程度の細かい分解能の発振器が必要

DDS付属基板（周波数分解能28ビット）はこの範囲（5kHz）で5000ステップの分解能がある

Column コピー&ペーストですぐできる！プリント・パターン・ライブラリ「パネル de ボード」

　パネル de ボードとは，0.5インチ・サイズで標準化されたモジュール型プリント基板パターンのデータベースのことです．

　フット・プリント変換基板や各種機能モジュールが P板.com サイト上に「パネル」として用意されており，ブラウザ画面上でそれらのパネルを選んでつなぐだけで，あっという間に「あなただけの試作プリント基板」が実現できます．

　単なる変換基板ではなく，アナログ回路の試作にもグラウンド設計などが最適化されているので，アナログ玄人の方も満足いただけるものです．また，価格も市販されている変換基板程度なので，低コストで実験や試作が可能です．

▶ 拡張基板の申し込み方法

　P板.com から拡張基板を入手する手順を詳しく説明します．「パネル de ボード」でサーチして，図1-B のページにアクセスします．URL は次のとおりです．

　　http://www.p-ban.com/panel_de_board/

[すぐに利用する]をクリックして，先に進んでください．

- [特別企画]-[CQ出版DDS付属増刊]-[ベース基板]
- [特別企画]-[CQ出版DDS付属増刊]-[アッテネータ基板]
- [特別企画]-[CQ出版DDS付属増刊]-[ログ・アンプ基板]

の中から希望する基板（複数）を選択し，図1-Bに示すように選択した基板をパネル配置画面上に一緒に配置して注文してください．DDS付属基板も一緒に配置すれば，一括納品になります．

　部品の実装も必要なので，[部品セット：購入する]-[基板実装もする]のチェック・ボックスはデフォルトでチェック（選択）が入っています．チェックを外すことはできません．

〈石井 聡〉

写真1-G　パネル de ボードで作った基板

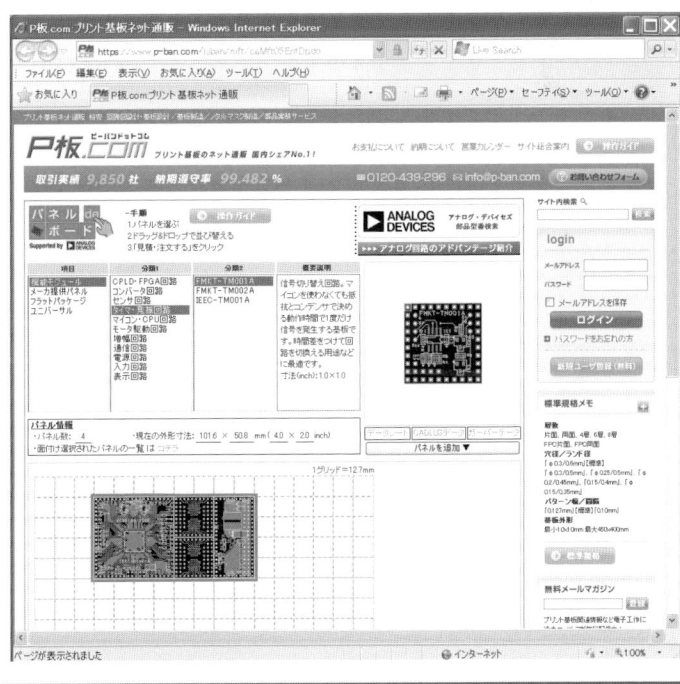

図1-B　DDS付属基板のオプション基板群は「パネル de ボード（P板.com）」からも購入できる
パネル de ボードの説明画面から購入画面に進む

付属CD-ROMのコンテンツと注意事項

編集部

付属CD-ROMの内容に一部（プレゼント情報）誤りがあります．仕上げ部品セット（DDS-002T）のプレゼントはありません．訂正してお詫びいたします．

〈編集部〉

■ コンテンツ

● DDS付属基板を動かすのに必要なプログラム

(1) USB PICマイコンと通信するためのドライバ・ソフトウェア（mchpcdc.inf と mchpcdc.cat）
(2) DDS付属基板をパソコンから制御するための通信ソフトウェア（teraterm-4.74.exe）

● 回路図，パターン図，部品表

DDS付属基板の回路図，パターン図，部品表を収録しています．別売りのオプション基板についても，同様に回路図，パターン図，部品表のデータを収録しています．

● 拡張基板の頒布サービスのご案内

別売りの拡張基板について，通信販売が可能なウェブ・ページへのリンクや問い合わせ先の情報があります．

● 技術資料

DDS付属基板に搭載されているDDS IC，電源IC，アンプICのデータシートおよび関連資料を収録しています．別売の拡張基板に搭載されているICのデータシートも収録されています．

一部の日本語技術資料は，アナログ・デバイセズのキャンペーン・ページで公開されます．

● DDS付属基板をより使い込みたい人へ

(1) 搭載PICマイコンの開発環境
   MPLAB_IDE_8_83.zip
(2) 搭載PICマイコンのCコンパイラ
   MicroChip_C18_Compiler_jp555129.exe
(3) DDS付属基板の制御とグラフ表示ができるExcelシート
   ・DDS付属基板制御用Excelシート NETANA.xls
   ・シリアル通信用Visual Basicモジュール EasyComm
(4) マイコンに書き込まれているファームウェア
   Firmware_CQDDS_V066.zip
(5) 搭載PICマイコンのアプリケーション・ライブラリ
   Microchip Application Library
(6) 最小損失のインピーダンス整合パッド抵抗値計算シート

図A　付属CD-ROMの起動画面

・最小損失PAD抵抗値計算.xls

● 読者プレゼントの案内

読者プレゼントの応募ページへのリンク，プレゼント製品の関連資料などが収録されています．

■ 注意事項

● マイクロチップ・テクノロジー社製ソフトウェアについて

付属CD-ROMに収録されたマイクロチップ・テクノロジー社製ソフトウェアは評価版であり，サポート対象製品ではありません．あらかじめご了承ください．

● すべての収録ファイルについて

付属CD-ROMに収録されているすべてのファイルの使用にあたって生じたトラブルなどについて，著作権者，開発者，マイクロチップ・テクノロジー社，CQ出版株式会社はいっさいの責任を負いません．

インターネットなどの公共ネットワーク，構内ネットワークなどへのアップロードなどは，著作権者の許可なく行うことはできません．

● プログラム・ファイルについて

プログラム・ファイルは著作権法により保護されています．個人で使用する目的以外に使用することはできません．

第2章 DDS付属基板の仕様とハードウェアの詳細

ディジタル周波数シンセサイザを設計する

登地功　Isao Toji

　本書に付属しているDDS基板には，基準クロック75MHzで動作するDDS ICと，USBインターフェースを内蔵したマイコンを搭載しています．USBバス・パワーで動作するので，パソコンのUSBポートに接続するだけで動作させることができます．

　別売のベース基板（第15章）にDDS付属基板を載せると，パソコンなしのスタンドアロンで動作させることや，オプション基板（第13章と第14章）と組み合わせて使うことができます．

DDS付属基板の構成とAD9834

　DDS付属基板は，ブロック図（図2-1）に示すようにUSBインターフェースやDDS ICと別売のベース基板の制御を行うPICマイコン，信号を発生する心臓部となるDDS ICと75MHzの水晶発振器，DDS出力のエイリアシング信号を取り除くローパス・フィルタ，信号を適度なレベルまで増幅して50Ω負荷に供給するための出力アンプ，そしてこれらの回路に安定でノイズが少ない電源を供給するためのレギュレータICが搭載されています．

　表2-1に，DDS付属基板の仕様を示します．また，

表2-1 DDS付属基板の仕様（実力）

項　目	値など
出力周波数	50Hz～20MHz
周波数分解能	1Hz
出力（50Ω負荷）	約3dBm@1MHz
	約0dBm@20MHz
帯域内スプリアス	－40dBc以下
高調波	－30dBc以下
位相雑音（10kHzオフセット）	－125dBc/Hz以下@10MHz
電源	DC5V
最低動作電圧	4.3V
消費電流	約45mA
寸法	76.2×25.4mm

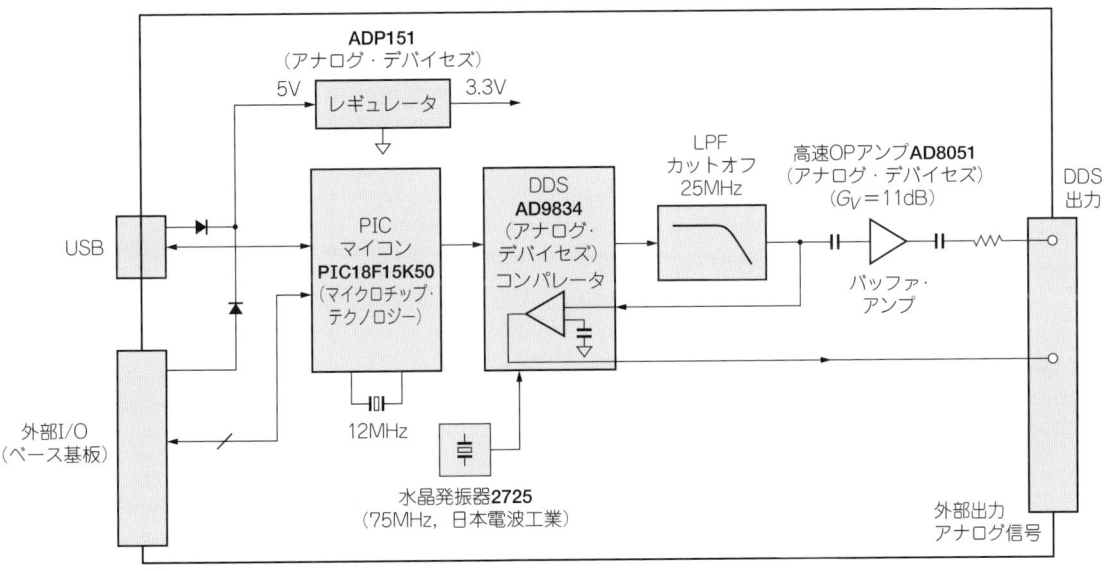

図2-1　DDS付属基板のブロック図

DDS付属基板の回路図を**図2-2**に示します．

● DDS ICの定番AD9834を採用

あまり周波数を高くすると高周波の技術が必要になりますし，測定するにも高価な機器が必要です．また，周辺回路も含めて消費電力が大きくなり，コストも上がります．逆に周波数が低すぎると，応用が限られてしまい，技術的な面白味がなくなります．そこで，一般によく使われている100M～300MHzくらいのオシロスコープで波形を見ることができ，無線関係の高周波にも応用できる周波数を発生するICから選びました．

複雑な機能を内蔵したICもありますが，今回は正弦波信号を発生させるのが主な目的なので，シンプルで扱いやすいものが適しています．そこで，DDS ICとしては定番ともいえるアナログ・デバイセズの

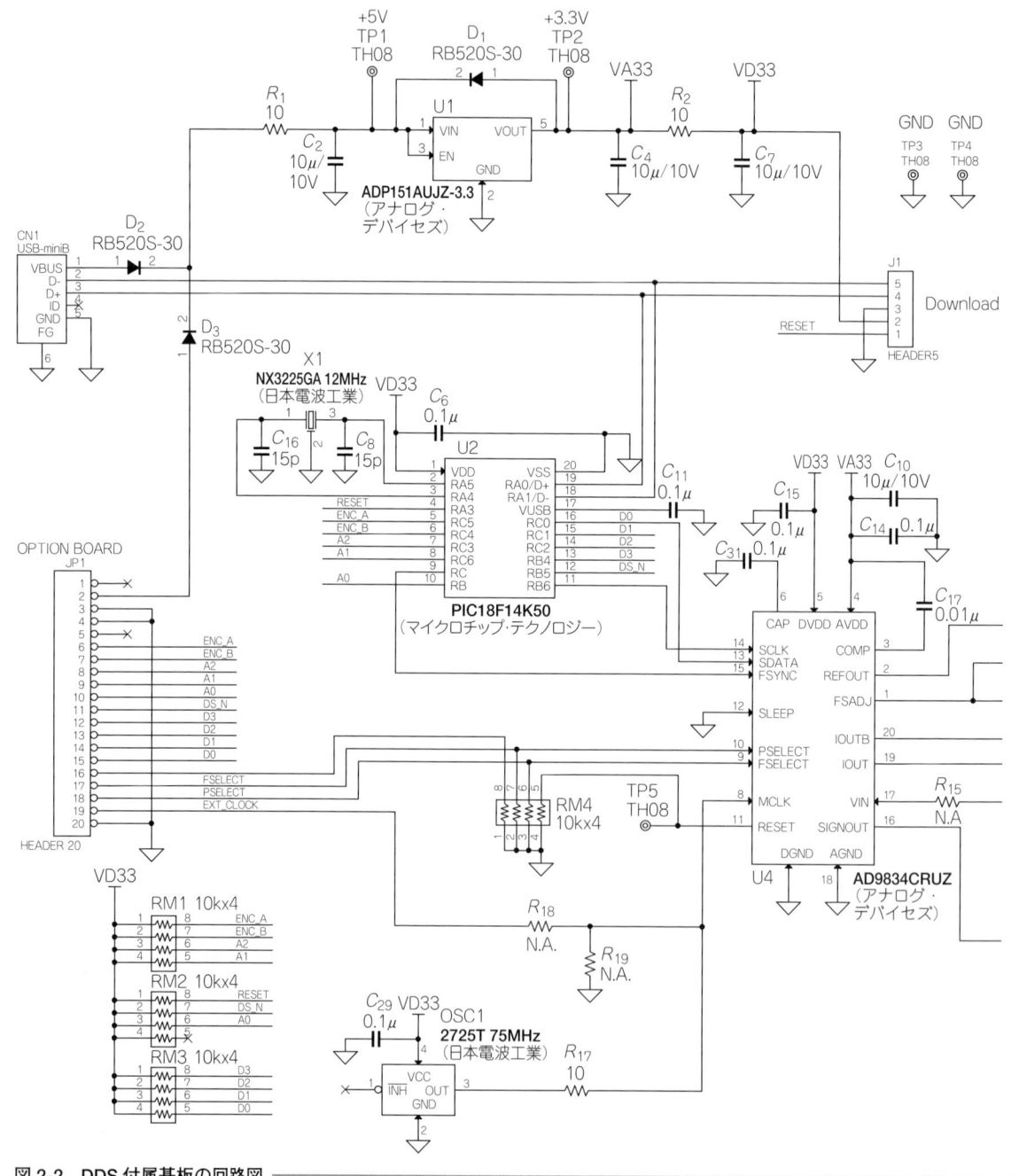

図2-2 DDS付属基板の回路図

AD9834を選びました．

● **AD9834の最高クロック周波数は75MHz，ローパス・フィルタのカットオフは25MHz**

AD9834には，動作する最高クロック周波数の異なる2種類のバージョンがあります．Bバージョンが50MHz，Cバージョンが75MHzです．

DDS付属基板には，最高クロック周波数75MHzのCバージョンを採用しました[注1]．出力可能な最高周波数は，理論値ではクロックの1/2である37.5MHzですが，フィルタの特性などを考慮した実用的な周波数は，クロックの1/2.5から1/3程度です．

ここでは，ローパス・フィルタのカットオフ周波数を75MHzの1/3である25MHzに選びました．フィルタ素子のばらつきやカットオフ周波数近傍での減衰などを考慮すると，実用的な最高周波数は20MHz～22MHz程度です．

消費電力は75MHz動作時に6.5mA程度と，この周波数帯のDDSとしてはかなり小さいので，バッテリでも十分に動作させることができます．

● **自身で生成した正弦波を内蔵のコンパレータに入力すると方形波が得られる**

AD9834はコンパレータを内蔵していて，正弦波信号から方形波信号を作ることができます（**図2-3**）．

DDS付属基板にもこのための信号パスを設けてあり，R_{15}とR_{21}に抵抗を取り付けることでコンパレータにLPFの出力を入れることができます．R_{15}，R_{21}の抵抗値は0～100Ω程度でよいと思います．抵抗が2個所に入っているのは，パターン間の容量結合でLPFのアイソレーションが低下するのを防ぐためです．

AD9834のコンパレータ入力はAC結合になっていて，カットオフ周波数が約4MHzのハイパス・フィルタになっているようです．低い周波数を入力するとコンパレータ出力にランダムな信号が現れて，正常に動作しません．そのため，低い周波数の方形波が欲し

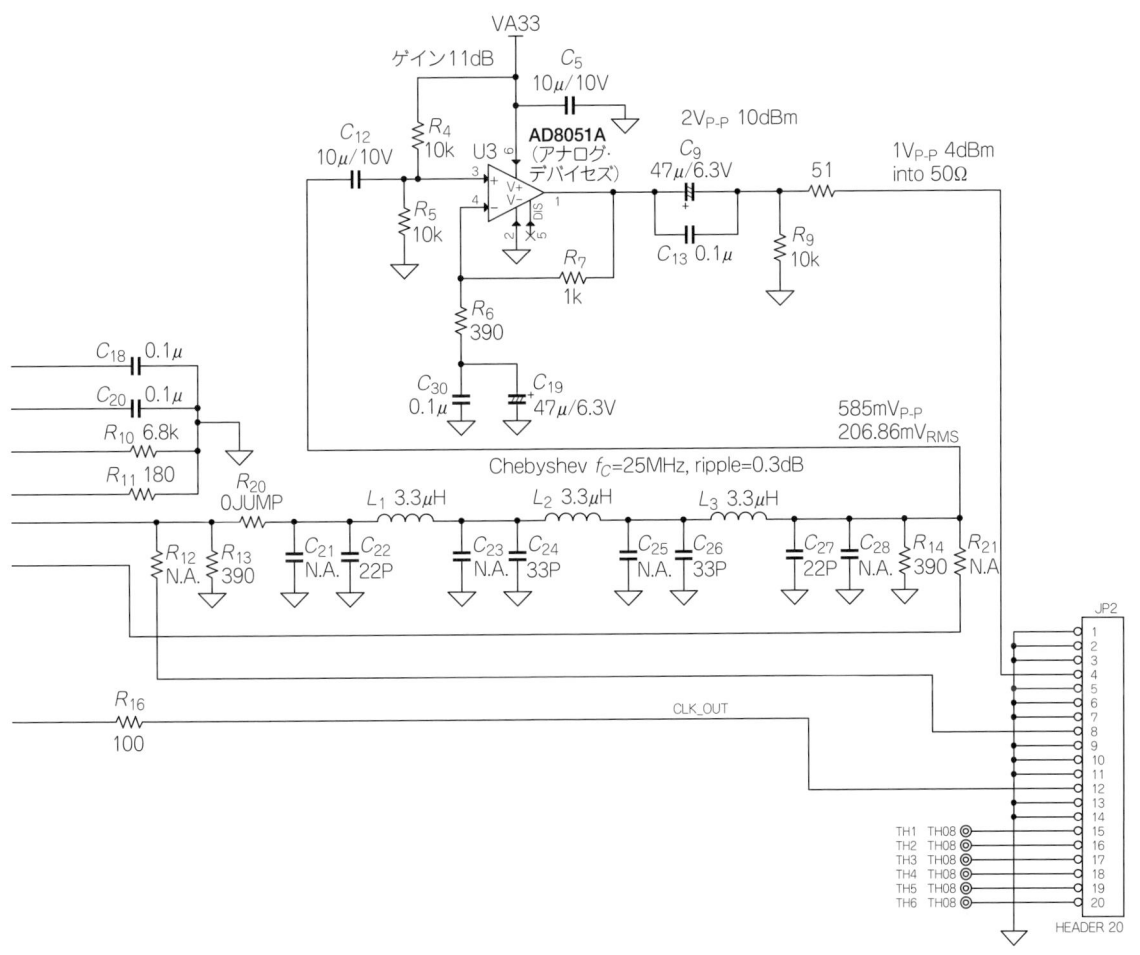

注1：本稿執筆時点では，アナログ・デバイセズ社のAD9834の日本語データシートには75MHzバージョンが載っていませんでしたが，英語版のデータシートには載っており，量産中で入手可能です．製品に採用する場合は，仕様の詳細についても英語版の最新データシートで確認した方がよいでしょう．

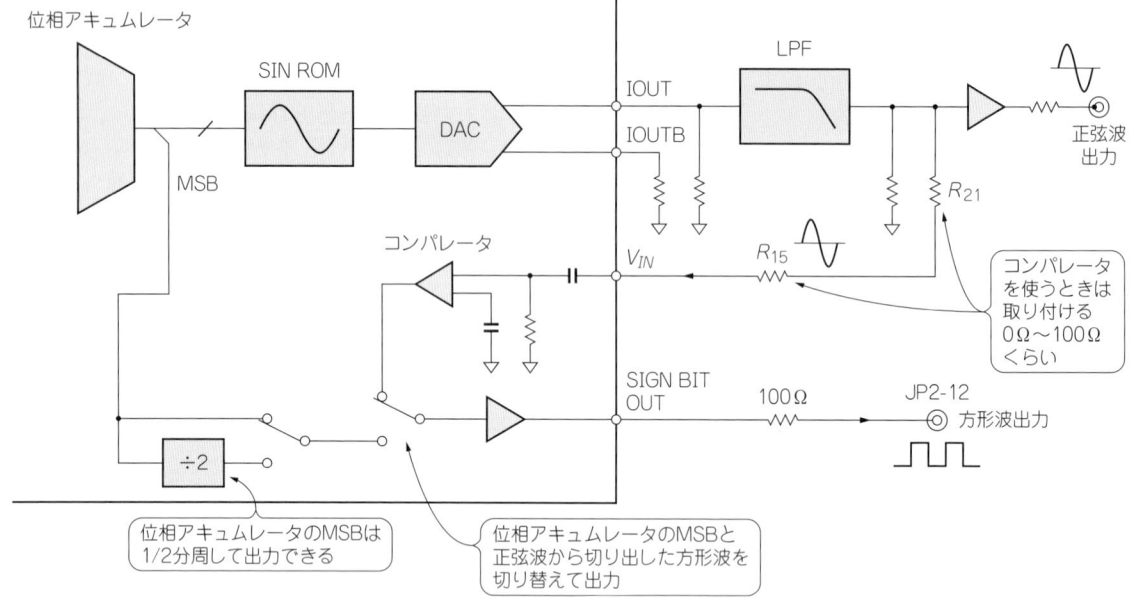

図2-3 内蔵のコンパレータに正弦波を入力すると方形波も得られる

いときは，4MHz以上の方形波を作ってからカウンタICで分周します．こうした方が，低い周波数の正弦波信号からコンパレータで方形波を切り出すよりジッタを小さくできます．

内蔵コンパレータを動作させると，正弦波出力に比較的大きなスプリアスが現れます．内部の1/2分周器を動作させると，正弦波出力に基本波の1/2の周波数でかなりレベルの高いスプリアスが現れます．

純度の高い正弦波が必要な場合は，内蔵コンパレータは止めておいた方がよいでしょう．

AD9834の周辺回路

AD9834は，シンプルなDDS ICです．動作させるのに必要になるのは電源，クロック，3線シリアル・インターフェースだけです．

● 電源はディジタル側とアナログ側を分離する

AD9834は，電源，GNDともディジタル側（DGND）とアナログ側（AGND）に個別のピンが出ています．ディジタル側のノイズがアナログ出力に混入しないように，電源，GNDとも分離した方がよいでしょう．電源ピンは，どちらもピンの直近にパスコンが必要です．

AD9834は，ディジタル回路部を動作させるためのレギュレータを内蔵しています．レギュレータ出力ピン（CAP/2.5V）にはパスコンが必要です．DV_{DD}が2.7V以下のときは内蔵レギュレータが動作しないので，DV_{DD}ピンとCAP/2.5Vピンを接続しておきます．

GNDはDGNDとAGNDを電気的には接続しておきますが，基板パターンは分離して，AD9834の下で接続します．

● ディジタル入力レベル

電源電圧2.7V～3.6Vでは，"H"レベルが2.0V以上，"L"レベルが0.7V以下，ロジック入力の最大定格はDV_{DD} + 0.3Vですから，DV_{DD}と同じ電圧で動作しているCMOSロジックを接続すれば問題ありません．

5V系のロジック・デバイスを接続する場合は，"H"レベルがDV_{DD} + 0.3Vを超えないようにする必要があります．FSELECTピンやPSELECTピンを外部から制御する場合は注意してください．

74VHCなどの5Vトレラントのゲートでレベルシフトした方がよいでしょう．

● クロック

出力できる周波数範囲や周波数分解能は，クロック周波数で決まります．前述したように，出力の最高周波数はクロック周波数の1/2.5～1/3が目安です．

DDS付属基板では，なるべく広い周波数を出力できるように，AD9834の最高クロック周波数である75MHzの発振器を使いました．

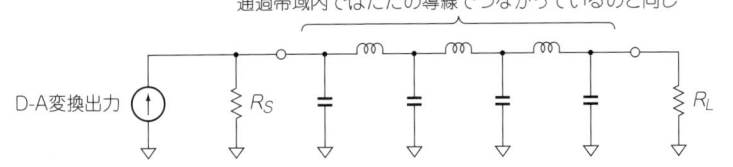
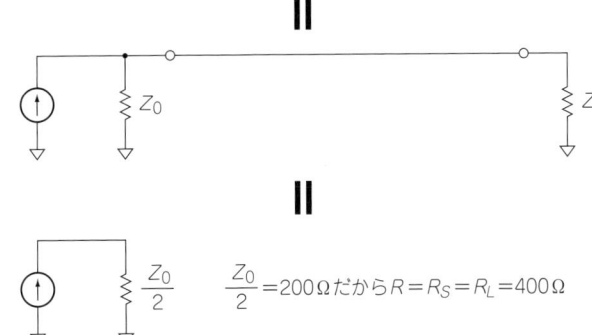

図2-4 DDSのD-A出力端子から見た負荷インピーダンス

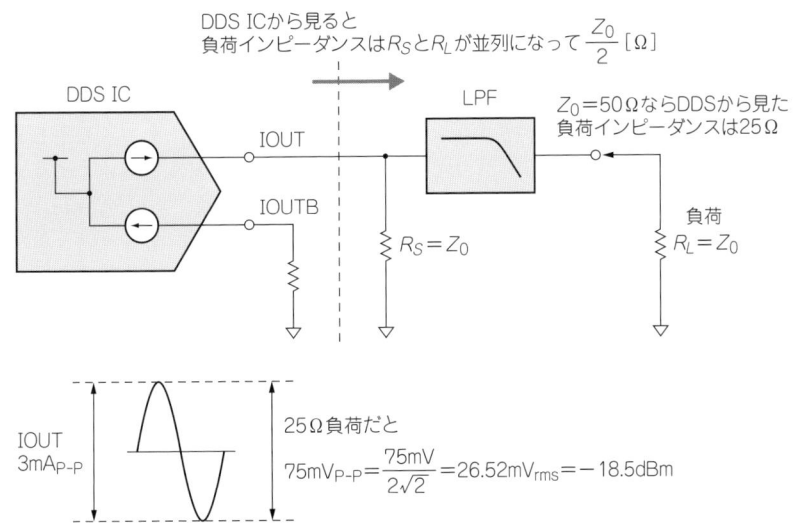

図2-5 アンプなしで50Ω負荷時のAD9834の出力レベルを測定

出力信号レベル

高周波の信号発生器ですから，出力インピーダンスは高周波測定器などで標準的な50Ωにしておけば，いろいろな機器に直結できますし，インピーダンス不整合による反射の影響も小さくなります．

出力レベルは，いろいろな応用を考えると，少なくとも50Ω負荷に0dBm（223mV$_{RMS}$，632mV$_{P-P}$）くらいは欲しいところです．

一方，AD9834のD-Aコンバータ出力は，標準で3mAフルスケールの定電流出力です．多少の調整はできますが，4mAを超えることはできません．

DDS出力はローパス・フィルタを通して負荷に信号を供給しますが，LCローパス・フィルタの入出力は一定インピーダンスで終端する必要があります．一般的には，両端を同じインピーダンスで終端します．

すると，DDS出力から見た負荷インピーダンスは，ローパス・フィルタの特性インピーダンスの1/2になるので（**図2-4**），特性インピーダンス50Ωでは負荷イ

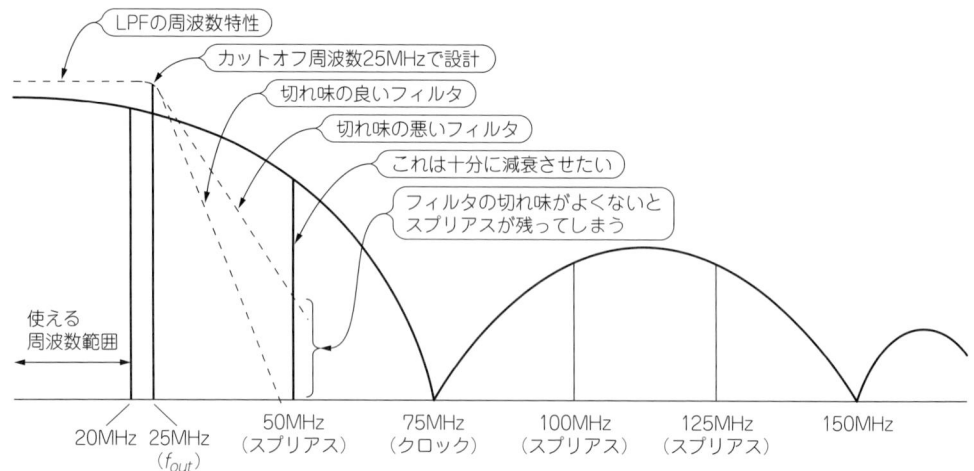

図2-6 DDS ICの出力に接続するローパス・フィルタに必要な特性
出力周波数(f_{out})が25MHzのときのスペクトラム

ンピーダンス25Ωです．

DDS出力が3mA$_{P-P}$なので，50Ω負荷に供給できる電圧は25Ω × 3mA = 75mV$_{P-P}$，26.5mV$_{RMS}$，−18.5dBmです（図2-5）．これでは出力レベルが低すぎて使いにくいでしょう．

DDS付属基板では，DDSから見た負荷抵抗が約200Ω，出力電圧で約600mV$_{P-P}$になるようにローパス・フィルタの特性インピーダンスを決め，出力にOPアンプ1段の増幅回路を入れて，フィルタ側と50Ω負荷のインピーダンス変換を行うとともに，信号を増幅して必要なレベルの信号を供給できるようにしました．

フィルタの仕様を決める

● ローパス・フィルタのタイプと次数，カットオフ周波数を決める

DDSは，理論的にクロック周波数の1/2より高い周波数にスプリアスが生じます（図2-6）．特に，周波数が一番低いスプリアスは出力したい周波数に近く，レベルも高いのでしっかり除去しなければなりません．

AD9834は0.28Hzから出力できるので，フィルタはローパス・フィルタにします．出力アンプがCR結合なので，低域のカットオフ周波数は出力アンプで決まります．フィルタのカットオフ周波数は25MHzに決めたので，この周波数で実用的なのはLCフィルタに限られるでしょう．出力する周波数範囲が狭ければ，バンドパス・フィルタを使う方がスプリアスやノイズを低減することができます．

● よく使うフィルタのタイプはチェビシェフまたは楕円関数

フィルタのタイプには，バタワース，チェビシェフ，楕円関数，定K＋誘導m型などがあります．DDS自体，周波数によって出力レベルが変動しますから，ある程度高い周波数まで出力したい場合は，バタワースのように通過帯域内のレベル平坦度が良好なものより，カットオフ周波数近傍での切れ味が良いチェビシェフや楕円関数フィルタが適しています．

楕円関数フィルタは，やや素子数が多くなることと，チップ・コイルのあまり高くないQでは特性が出しづらいことから，チェビシェフ・フィルタを採用しました．

次数は7次，通過帯域内リプルは0.3dBで設計しています．リプル（減衰量のうねり）は小さい方がレベルの平坦性の点でよいのですが，大きいほうがカットオフ特性はシャープになります．

● フィルタの入出力インピーダンスは390Ωで設計する

AD8934のD-Aコンバータ出力の負荷抵抗は200Ω程度が適当なので，AD9834のIOUT端子から見たインピーダンスが，フィルタの通過帯域で200Ω程度になるようにします．

先に説明したように，通過帯域内では，フィルタはスルー状態ですから，フィルタの入力から見たインピーダンスは入力側終端抵抗と出力側終端抵抗を並列にした値です．

フィルタ入出力の終端抵抗は，AD9834のIOUT端子から見た負荷インピーダンスの2倍ですから400Ωになりますが，入手可能な抵抗値から390Ωにしまし

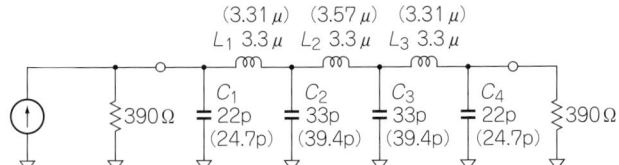

図2-7 DDS付属基板のフィルタの定数

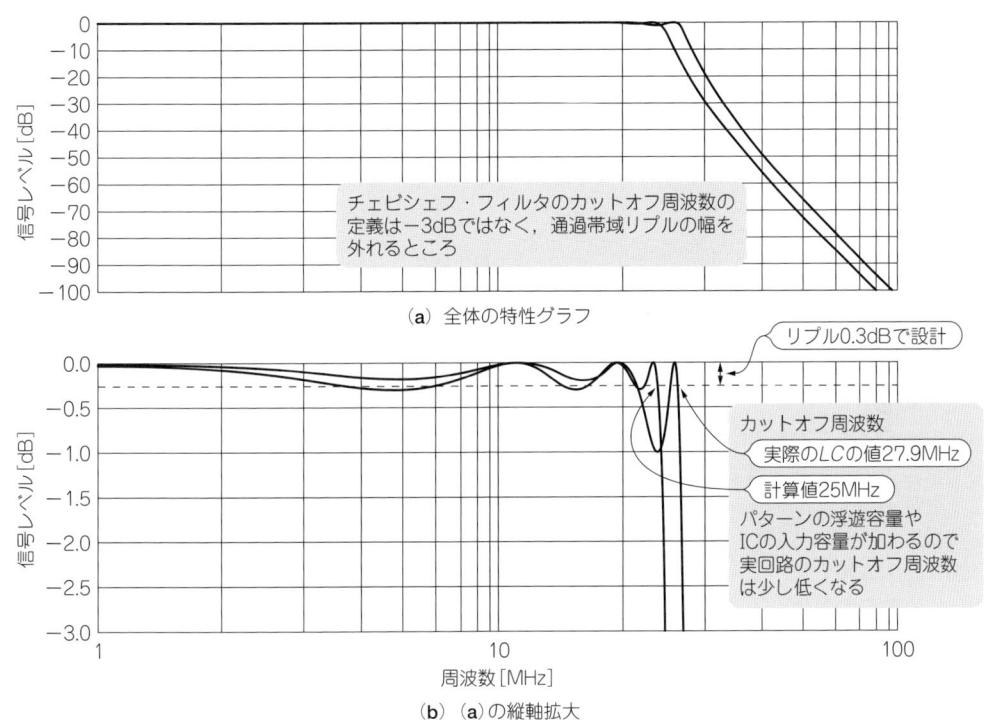

(a) 全体の特性グラフ

(b) (a)の縦軸拡大

図2-8 DDS付属基板の周波数特性(シミュレーション)

た．この場合，IOUT端子から見た負荷インピーダンスは390Ω/2 = 195Ωです．

● フィルタの定数を計算する

フィルタのタイプやカットオフ周波数，特性インピーダンスが決まったので，回路定数を計算します．

フィルタ設計の解説書などに載っている定数は，特性インピーダンス1Ω，カットオフ角速度1rad/s（=1/2πHz）に正規化された値で，プロトタイプ・フィルタなどといいます．

実際にフィルタの定数を決めるのは，ほとんどの場合，フィルタ設計に関する資料から希望するタイプの正規化されたフィルタの定数を拾って，周波数特性インピーダンスに合わせて定数をかけるだけです．

最近では，フィルタの定数を自動計算してくれるソフトもありますし，Web上で計算サービスを提供しているホームページなどもありますから，複雑なフィルタでも比較的簡単に作ることができます．

DDS付属基板のフィルタの回路図と定数を，図2-7に示します．コイルやコンデンサの定数は，値の決まったものしか入手できないので，計算値に近い値に丸めます．また，基板パターンの浮遊容量やインダクタンスの影響もありますから，シビアなアプリケーションではフィルタの特性を実測する必要があります．

図2-8がフィルタのシミュレーション結果です．

● フィルタのカットオフ周波数を変えるには

フィルタのカットオフ周波数は，必要な周波数範囲に応じて変えることができます．通過帯域は，必要最小限にした方がスプリアスやノイズを小さくすることができます．

必要な周波数が低い場合は，帯域内のレベル変化が小さくなるように，バタワース特性にした方がよいと思います．この場合，出力周波数とスプリアス周波数

表 2-2 カットオフ周波数が 1MHz になる DDS 付属基板のフィルタの定数 (特性インピーダンス 390Ω)

フィルタのタイプ	$L_1[\mu H]$	$L_2[\mu H]$	$L_3[\mu H]$	$C_{22}[pF]$	$C_{24}[pF]$	$C_{26}[pF]$	$C_{27}[pF]$
バタワース	77.4	124	77.4	182	735	735	182
チェビシェフ(0.1dB)	88.3	97.7	88.3	482	856	856	482
チェビシェフ(0.3dB)	82.8	89.4	82.8	618	985	985	618
チェビシェフ(0.5dB)	78.1	83.4	78.1	709	1076	1076	709
チェビシェフ(1dB)	69.0	72.8	69.0	884	1263	1263	884

注:チェビシェフの後のdB値は通過帯域内リプル

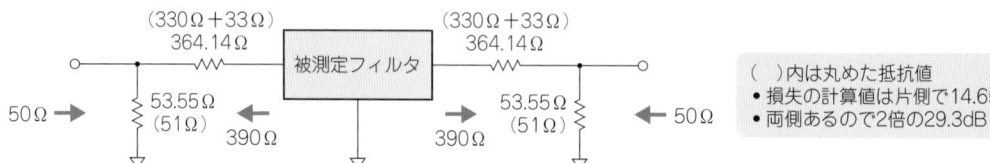

図 2-9 入出力インピーダンス 390Ω のフィルタ測定用の最小損失パッド

は離れていますから,カットオフ特性が多少緩やかでも問題になりません.

いくつかのタイプのフィルタについて,カットオフ周波数 1MHz における定数を表 2-2 に示します.

カットオフ周波数を f_C[MHz]にする場合,表の定数を $1/f_C$ 倍してください.例えば,カットオフ周波数を 15MHz にする場合は,表の定数を 1/15 にします.100kHz にするときは表の定数を 10 倍してください.

DDS 付属基板のフィルタのパターンは,コンデンサを 2 個並列にできるようになっていますから,ある程度自由に値を決められます.最初に,コイルのインダクタンスが入手可能なものになるように周波数を決めて,次にコンデンサが近い値になるように定数を選んでください.一般的な CR の精度から考えて,計算値の 5 〜 10% くらいに入ればよいでしょう.

基板パターンの浮遊容量や IC の内部容量を考えると,コンデンサの値は計算値より 2pF ほど小さくした方が,計算値と実測値の差が小さくなるようです.

● フィルタの特性を測定する

DDS 付属基板のフィルタの特性をフィルタ単独で測定するときは,抵抗 R_{20} を外して AD9834 を切り離します.

出力側の OP アンプは,実際の動作時にも IC の入力静電容量が加算されているので,つないだままでもよいでしょう.この場合,実動作と同じく OP アンプには電源を供給しておきます.

測定はネットワーク・アナライザを使うと便利ですが,手元にない場合はやや手間がかかるものの,信号発生器とスペクトラム・アナライザやパワー・メータ

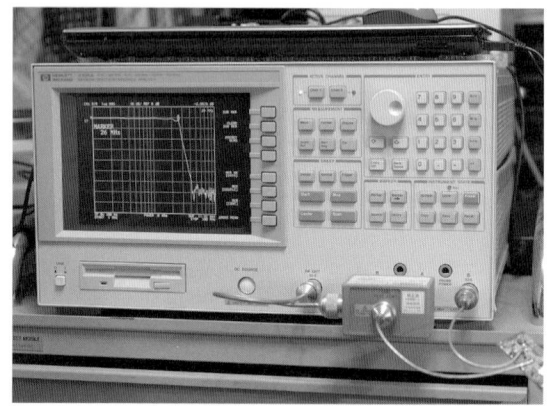

写真 2-1 DDS 付属基板上のフィルタの周波数特性を測定しているようす

などのレベル測定器を組み合わせて測定することもできます.

フィルタの特性インピーダンスが 50Ω ではないので,50Ω の測定器を直接接続するとフィルタの特性が変わってしまいますから,フィルタの特性インピーダンス(390Ω)に変換するためのインピーダンス変換器が必要です.このような測定には周波数帯域が広く,周波数応答がフラットな 2 抵抗最小損失パッドがよく使われます.インピーダンスが入力側と出力側で異なるアッテネータです.500MHz くらいまでの周波数であれば,ふつうのチップ抵抗で組み立てたもので十分実用になります.図 2-9 がフィルタを測定した回路です.

写真 2-1 にフィルタの測定風景,写真 2-2 にフィルタの信号を引き出しているところを示します.信号の引き出しは,はんだ付けしやすいセミフレキシブル・

写真2-2 フィルタの入力と出力を引き出してネットワーク・アナライザ(写真2-1)に接続

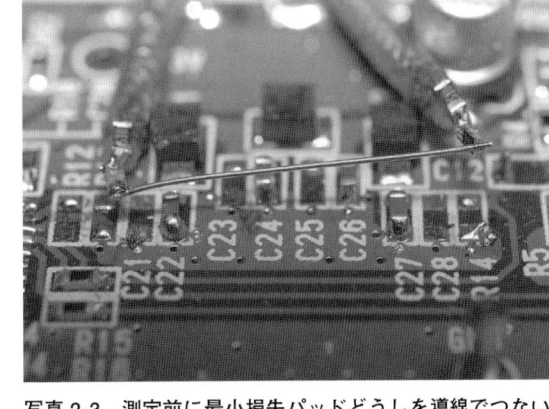
写真2-3 測定前に最小損失パッドどうしを導線でつないでキャリブレーションしておく

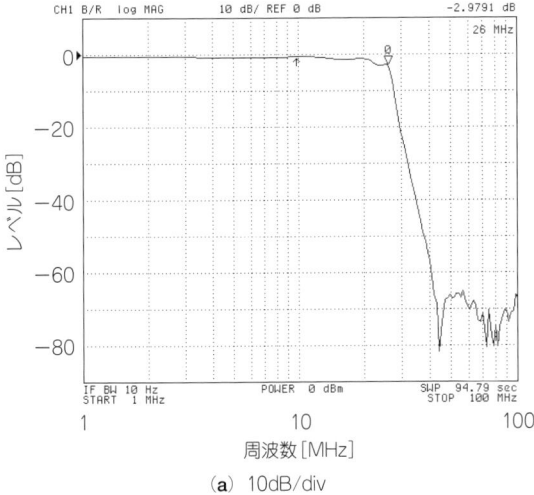
(a) 10dB/div

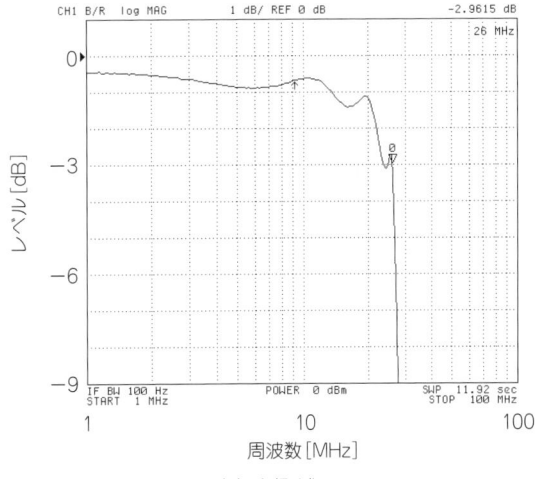
(b) 1dB/div

図2-10 DDS付属基板のフィルタの周波数特性(実測)

ケーブルを使いました.

インピーダンス変換のために,フィルタの入出力に最小損失パッドを入れているので,測定前にフィルタをスルーにしてレスポンス校正を行います.写真2-3のように,フィルタ入出力の最小損失パッドどうしを導線でつないでレスポンス校正を行い,これを0dBの基準にします.

高周波回路では,回路インピーダンスが50Ωでないと,測定器に直接接続できないので,ちょっと手間がかかります.

最初,パッドをリード部品の1/6W カーボン抵抗で作ってみたのですが,高周波側でアイソレーションが悪く,フィルタの減衰量を正確に測定できませんでした.どうやらリード線がループ状になっているところがピックアップ・コイルのような働きをしているようです.小型のチップ抵抗で組み立てることをおすすめします.

フィルタの実測データを,図2-10に示します.

出力アンプ

出力レベルは3dBm程度にしました.また,信号源インピーダンスは50Ωにしておいた方が,他の機器と接続する場合のレベル計算が楽になりますし,反射波を吸収できるのでケーブルが極端に長い場合などに,多重反射によって出力レベルが変化してしまうといった影響を避けられます.DDS出力部のレベル・ダイアグラムを図2-11に示します.

出力レベルは,計算上4dBm程度になりますが,DDSのばらつきやフィルタの損失を含めて,50Ω負荷に約3dBmを供給することができます.

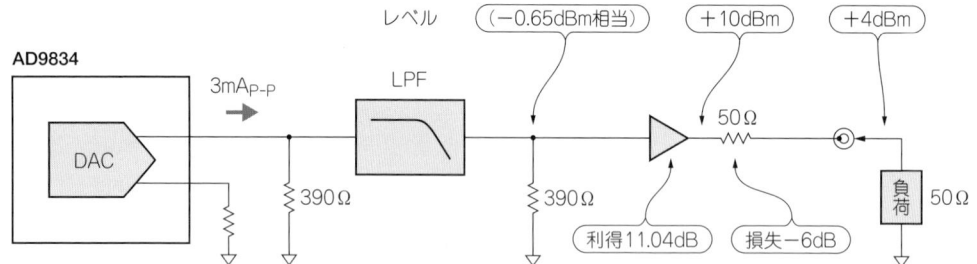

図2-11 1レベル・ダイアグラムと出力アンプに必要なゲイン

● OPアンプにAD8051を採用

OPアンプには，アナログ・デバイセズの高速タイプAD8051を採用しました．このOPアンプは，出力をほぼ電源電圧いっぱいまで振ることができるレール・ツー・レール出力なので，今回のように3.3V単一電源で動作させるときには便利です．ただし，今回はOPアンプから見た負荷抵抗は100Ωになり，やや出力電圧振幅は小さくなって，電源とGNDから0.5Vくらいまでです．

出力アンプの電圧ゲインを約11dBと大きくしたこともあり，AD8051は20MHz付近ではゲインが落ちますが，DDSは周波数が高くなるにしたがって$\sin(x)/x$のカーブで出力電圧が小さくなります．また，フィルタもカットオフ周波数の近くでは，次第に減衰が大きくなります．したがって，増幅段の周波数による振幅平坦度に，それほど神経質になっても意味がありません．OPアンプの出力は，20MHzでも50Ω負荷に対して設計値の1V_{P-P}を十分に出力できます．

パッケージは，SOT23の5ピン小型パッケージで1回路入りです．他のOPアンプでも同じパッケージでピン・コンパチブルのものがありますから，より高性能なOPアンプに交換してみるのも面白いと思います．

● 出力アンプはAC結合

アンプの入出力はCRによるAC結合なので，低域は50Hzあたりから出力レベルが低下します．

DDS付属基板は寸法の制限により，あまり大きなコンデンサを使うことができませんでした．もっと低い周波数まで出力したい場合は，第7章で解説しているように，**回路の一部を改造すれば，1Hzくらいまで出力することができます．**

75MHz基準クロック発振器

● 基準クロック発振器の周波数は75MHz

基準クロック周波数は，DDSの最高動作周波数である75MHzにしました．DDSの動作原理から，基準クロックを2^nの周波数にすると，DDSの周波数レジスタの設定値が整数になってわかりやすいのですが，2^nの周波数を持つ発振器は汎用品ではなく，特注品になってしまい入手が困難です．

今回のDDS付属基板では，周波数を指定すればPICマイコンが周波数レジスタの設定値を計算してくれます．周波数レジスタは28ビットなので，周波数分解能は，$75\text{MHz}/2^{28} = 0.2794\text{Hz}$です．この分だけ（四捨五入ならこの半分）設定した周波数とのあいだに誤差が生じますが，わずかな差なので，他の信号源と同期をとって周波数と位相をぴったり合わせたいといった特殊な応用は別として，実用上は問題にならないでしょう．

● 位相雑音の低い発振器がいい

DDSの出力信号の位相雑音は，基準クロックの位相雑音の影響を直に受けるので，発振器は位相雑音が小さいものを使う必要があります．PLLを内蔵したプログラマブルな水晶発振器は比較的位相雑音が大きく，DDSの基準クロックとしては適さないものがあります．

DDS付属基板では，日本電波工業のクロック用水晶発振器2725シリーズを使いました（第12章）．周波数範囲が2.5MHz～125MHzと広く，外形寸法も5mm×3.2mmと小型です．位相雑音は第7章で測定していますが，かなり優秀です．

● 外部クロックで動作させる場合

JP1から外部クロックを供給することもできます．この場合は，発振器出力のR_{17}を取り外して，R_{18}，R_{19}を取り付けます．R_{18}は，ダンピング効果を持たせるため10～47Ω，R_{19}はなくてもよいのですが，入力オープン時のレベルを安定させるために10kΩくらいを入れておいた方がよいでしょう．

ファンクション・ジェネレータやパルス・ジェネレータなど，50Ω系の信号源からクロックを供給する

場合は R_{18} を0Ωジャンパにして，R_{19} を50Ω（47Ωや51Ωなど）で終端します．

● 付属基板の最高周波数を1MHzに設定すると1ステップあたり0.00373Hzの超高分解能発振器になる

必要な周波数範囲が狭い場合は，クロック周波数を下げて周波数分解能を上げることができます．例えば，クロック周波数が75MHzならAD9834の周波数分解能は約0.28Hzですが，クロック周波数を1MHzにすれば周波数分解能は0.00373Hz（3.73mHz）になります．オーディオ帯域くらいで使用するのであれば，クロックは1MHz程度で十分です．

PICマイコンでUSB通信とAD9834のコントロールを行う

● USBインターフェースを内蔵した定番マイコン

パソコンのUSBポートに接続するので，従来はUSB-シリアル変換ICを使ってマイコンのシリアル・ポートに接続することが多かったのですが，マイコンにUSBインターフェースが内蔵されていれば，USBコネクタを介して直接パソコンと接続することができます．

本書のDDS付属基板のように，小型の基板では部品点数を減らすことができるので実装設計が楽になります．

USBインターフェースを内蔵したマイコンには多くの種類がありますが，広く使われているマイクロチップテクノロジーのPICマイコンからPIC18F14K50-I/SSを選びました．

20ピンTSSOPの小型パッケージなのでI/Oピンの数が限られていて，DDS付属基板上で使うには十分ですが，ベース基板上の液晶ディスプレイやスイッチと接続するためには外部にデコーダが必要です．

マイコンに内蔵されている発振回路を使うと，発振子を付けなくてもクロックを発生することができますが，USB接続をする場合は正確な発振周波数が必要になるので，12MHzの水晶発振子（日本電波工業）とコンデンサ2個を取り付けます．

● PICのRESETピンからは高電圧が出力される！

> PIC18F14K50にプログラムを書き込む際，RESETピンには高電圧（V_{PP}）が出力されるので，このピンを他のICに接続しておくと書き込み時にICを壊すことがあります．

最初，AD9834にリセットをかけようとしてCPUのRESETピンとAD9834のRESETピンを接続しておいたところ動作しませんでした．

AD9834はシリアル・インターフェース経由でソフトウェア・リセットをかけることができますから，DDS付属基板ではCPUのRESETピンは使用していません．

外部信号からリセットをかけたい場合には，AD9834のRESET端子をスルーホールに引き出してあるので，ここに接続してください．

電　源

● DDS付属基板は3.3V動作

DDS付属基板上の回路は，すべて3.3Vで動作します．パソコンからUSBコネクタを通して供給されるのはDC5Vですから，3.3Vに変換するためのレギュレータが必要です．また，USBコネクタから供給される5V電源は，パソコン内部で発生するノイズがかなり大きく乗っていますから，レギュレータICのPSRR（電源電圧変動除去比）特性を利用してノイズを取り除きます．比較的低い1MHz程度までのノイズはレギュレータ，それ以上の周波数のノイズはLCフィルタやRCフィルタを使うのが効果的です．

電源の入力側には，基板内で電源が短絡したときに過電流が流れないように，R_1（10Ω）を入れていますが，高周波のノイズ除去も兼ねています．

● レギュレータにはADP151を使う

レギュレータには，アナログ・デバイセズのADP151というLDO（Low Dropout regulator：入出力電圧差が小さくても動作するレギュレータ）を使用しました（第11章）．ADP151は最大入力電圧5.5V，定格負荷電流200mAのLDOですが，出力の雑音が$9\mu V_{RMS}$と小さいことが特徴です．ドロップアウト電圧（レギュレータが動作する最小入出力電圧差）も，負荷電流100mAのときに50mVと小さくなっています．

高周波の発振器，とりわけPLLのVCOは電源雑音に敏感で，わずかなノイズでも位相雑音悪化の原因になります．

DDSは，それ自体がそれほど低雑音というわけではないのですが，出力アンプなどに雑音が回り込むと，信号のSN比が悪化しますから，電源のノイズは小さいに越したことはありません．

● 電源はアナログ部とディジタル部を分離する

マイコン動作時の電源ノイズがアナログ信号に混入しないように，ディジタル電源（VD_{33}）とアナログ電

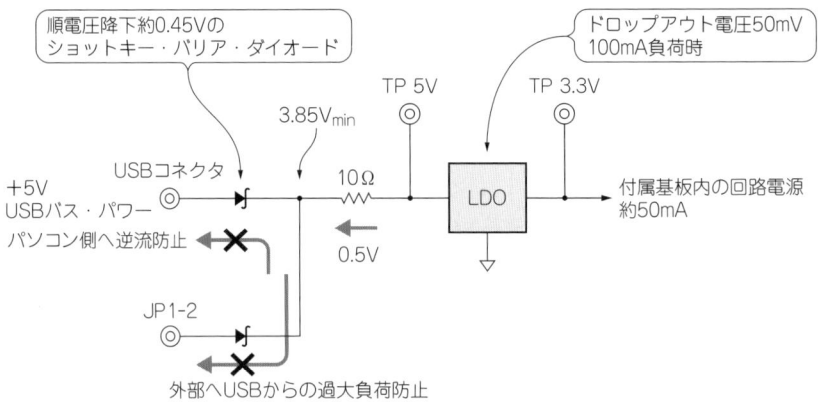

図 2-12 付属基板上のショットキー・バリア・ダイオードは，ベース基板に載せて使ったときの電源の逆流を防ぐための重要な部品

源（VA_{33}）を分けています．AD9834 もアナログ電源ピン（AV_{DD}）とディジタル電源ピン（DV_{DD}）が分かれています．

ディジタル電源とアナログ電源の間には，R_2（10Ω）を入れています．GND もディジタル部とアナログ部を分離して，AD9834 のところで接続しました．

● パソコンをつながずスタンドアロンで動作させるには

DDS 付属基板をベース基板に取り付けると，USB コネクタから電源を供給しなくてもスタンドアロンで動作させることができます．また，自作基板などに乗せて動かすこともできます．

この場合は，DDS 付属基板は JP1 から 5V を供給してもらうことになりますが，パソコンと USB ケーブルを接続したまま外部電源から 5V を供給すると，パソコン側に電源が逆流してトラブルになるおそれがあります．

そこで，JP1 と USB コネクタの両方にショットキー・バリア・ダイオードを入れて電源の逆流を防ぐようにしました（図 2-12）．

最小動作電圧は，負荷電流 50mA で計算すると，DDS 付属基板内部の電源電圧が 3.3V，ショットキー・バリア・ダイオードの順電圧降下が 0.45V 程度，10Ω のノイズ・フィルタ抵抗の電圧降下が 0.5V，ADP151 のドロップアウト電圧は 50mV 程度ですから，

$$最小動作電圧 = 3.3V + 0.45V + 0.5V + 0.05V = 4.3V$$

となり，4.3V くらいまで電圧が下がっても動作するので，定格の 5V まで余裕があります．

プリント基板の仕様

● 基板のサイズ

基板サイズは 1 インチ（25.4mm）の倍数になるように，3 インチ × 1 インチ（76.2mm × 25.4mm）にしました．ヘッダのスルーホールは，基板の縁から 1/20 インチ（1.27mm）内側に配置しています（図 2-13）．

ヘッダのスルーホールは 0.1 インチのグリッド上に乗っていますから，DDS 付属基板にヘッダ・ピンを取り付けてユニバーサル基板に取り付けたり，別売のベース基板に取り付けたりすることができます．

この基板サイズは，P 板.com のプリント基板の高速試作サービス「パネル de ボード」の基準サイズになっています．「パネル de ボード」で作った基板と一緒に，ユニバーサル基板に実装することもできます．

● ヘッダやコネクタ

DDS 付属基板の両端には，2 個の 20 ピン・ヘッダ（10 ピン × 2 列，2.54mm ピッチ）JP1，JP2 を実装できるようスルーホールが設けてあります．

JP1 には電源とディジタル系の信号，JP2 には DDS の出力信号を引き出しています．DDS 付属基板を単体で使う場合には，JP2 のスルーホールに直接電線をはんだ付けして出力信号を取り出せばよいので，ヘッダは特に必要ありません．

別売のベース基板に乗せる場合や，自作のユニバー

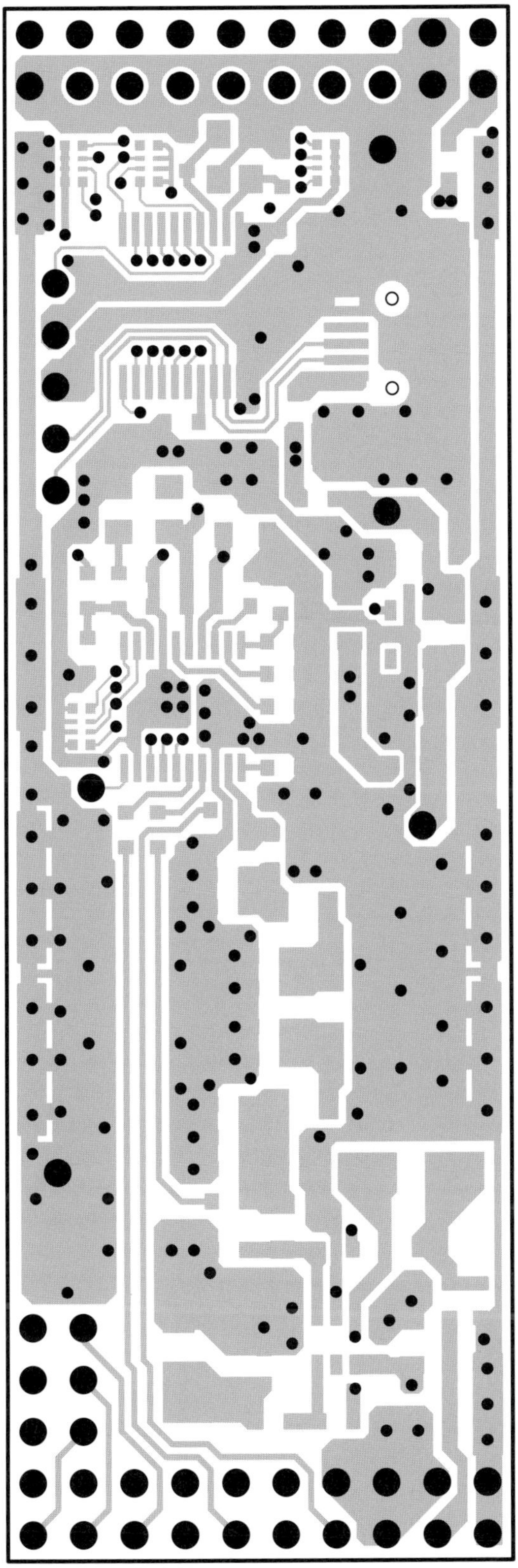

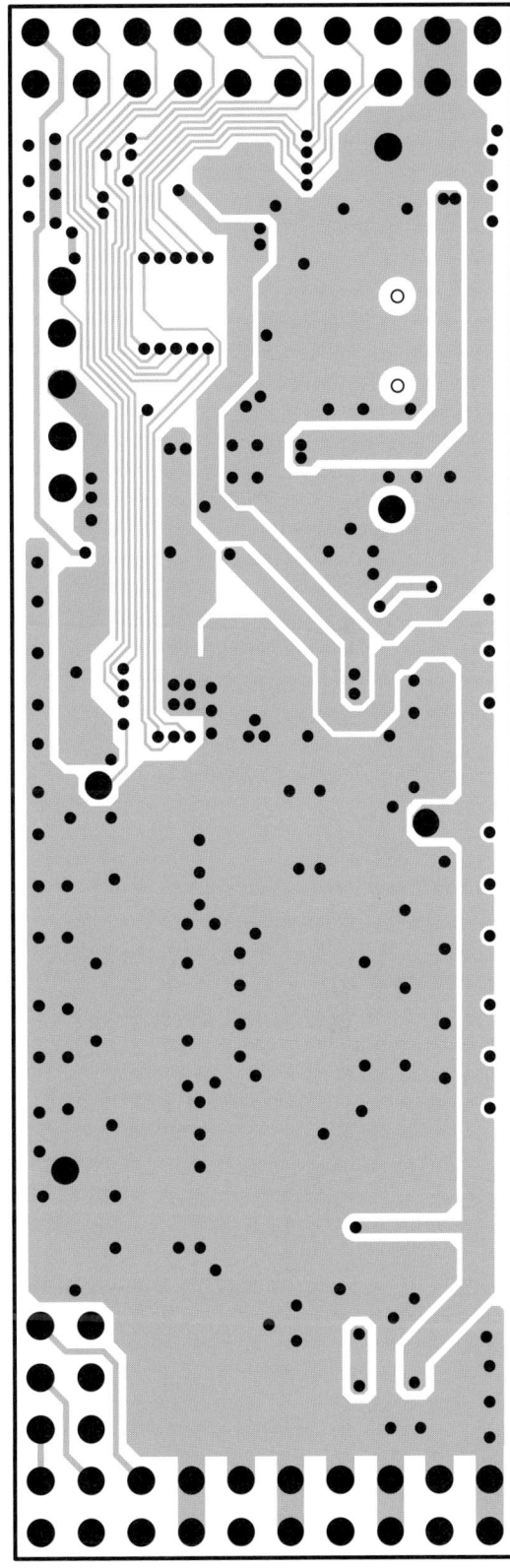

(a) 部品面　　　　　　　　　　　　　　　　(b) はんだ面

図 2-13　DDS 付属基板のプリント・パターン

サル基板などに乗せて使いたい場合には，ヘッダを取り付けてください．ヘッダは，はんだ面（部品が乗っていない側）に取り付けます．

USBコネクタは，Mini-Bタイプです．USBケーブルは，市販されている普通のMini-B用のものが使えます．

▶ ベース基板との接続信号（JP1）

DDS付属基板を，ベース基板や自作基板に取り付けて使う場合のインターフェース信号はJP1に引き出しています．

マイコンのI/Oピンが少ないのと，基板サイズからJP1のピン数に制限があるので，少ない信号数で汎用性を持たせるためにバス方式にしました．バス信号はアドレス3ビット（A0～A2），データ4ビット（D0～D3），ストローブ信号（DS_N）です．他に，エンコーダを使う場合の入力としてENC_A，ENC_Bがあります．

信号レベルは3.3Vロジックなので，5V電源系のICと接続する場合はレベル変換ICを入れる必要があるかもしれません．ベース基板に使っている74VHCタイプのロジックICは5Vトレラント入力なので，3.3V電源で動作しているときに5Vの信号を入力することができます．

他に，AD9834のFSELECTとPSELECT信号を引き出していますから，FSK（周波数シフト・キーイング）やPSK（位相シフト・キーイング）をかけた信号を生成する場合などに使うことができます．

▶ 出力信号の取り出し（JP2）

DDSの正弦波出力とコンパレータからの方形波出力はJP2に引き出しています．

JP2の4ピンが増幅された正弦波信号の出力で，まわりのピンはGNDになっていますから，同軸ケーブルを直接はんだ付けしたり，コネクタを付けたりする場合も作業がしやすいと思います．

ほかに，フィルタを通る前のDAC出力信号も出せます．この場合は，非実装になっているR_{12}のパッドに0～100Ω程度の抵抗を取り付けて，R_{20}を取り外してください．

空きピンにスルーホールを付けたので，外部に何か信号を引き出したい場合に利用してください．

● テスト・ポイントとジャンパ用スルーホール

GNDの2個所と，+3.3V，+5Vにチェック・ピン用のスルーホールを付けました．GNDに市販のチェック端子を取り付けておくと，信号の観測をするのに便利でしょう．AD9834のRESET端子をスルーホールTP5に引き出しているので，複数のDDSで同期をとりたい場合などに使えます．

JP2の空きピンにスルーホール（TH1～TH6）を付けているので，DDS付属基板内部の信号をジャンパなどで外に引き出したいときに利用できます．

● レイアウト

基板の外形寸法と入出力ジャンパ・ポストの配置が決まったので，他の部品のレイアウトを考えます．

▶ 部品レイアウトは信号の流れにしたがう

PICマイコンとUSBコネクタは，ディジタル・インターフェース信号を引き出すJP1に近い場所に配置しました．

そこから，ほぼ信号の流れにしたがってDDS IC（AD9834）⇒ローパス・フィルタ⇒出力アンプ⇒JP2という配置になっています．

高周波回路なので，ディジタル側，アナログ側ともGNDを広くとるようにして，特にアナログ側のはんだ面は全面GNDプレーンになっています．

GND，電源ともディジタル側とアナログ側を分離して，GNDパターンはAD9834の下でディジタルGNDとアナログGNDを接続しています．

▶ ローパス・フィルタはアイソレーションを考える

LCローパス・フィルタの部品配置は，阻止帯域でのアイソレーションを考えて入出力を離し，コンデンサのGND側はパターンのインダクタンスの影響が小さくなるように島状のベタGNDで接続して，AD9834のアナログGNDへのリターン・パスのインピーダンスが小さくなるよう配慮しています．

コイルどうしの磁気結合を小さくするために，隣のコイルと直角になるように配置してみましたが，実験ではどのように配置しても，コア入りのせいかアイソレーションにはそれほど影響がありませんでした．

▶ 出力アンプはコンパクトに

出力アンプは，帯域もゲインも「そこそこ」ですから，広帯域OPアンプを使う上での一般的な注意を払えば，とくに問題なく動作します．つまり，入出力を離して，パターンの浮遊容量を小さくしますが，ICのパッケージが小さいので，パターン設計はしやすくなっています．電解コンデンサのサイズが比較的大きいので，パターンが長くなることがないようにします．

▶ シールド・ケースを取り付けられるようにする

別売のシールド・ケース（CQ出版社）を取り付けられるように，DDS付属基板の長辺側に長方形のパッドを設けました．このパッドは，アナログGNDに接続されています．基板のはんだ面は，広い範囲がGNDプレーンになっているので，シールド効果はかなりあると思います．

パッドにはスルーホールを設けて補強していますが，全部はんだ付けしてしまうと，外すには一工夫がいるかもしれません．

第3章 パソコンにつないで信号を出してみる

DDS付属基板を動かす

登地 功　Isao Toji

これまでの説明で，DDSのしくみやDDS付属基板の回路構成がわかったところで，実際に基板を取り出して早速動かしてみましょう．

■ 手　順

● STEP1：準備

最初に，以下のものを準備してください．
(1) DDS付属基板
(2) 付属のCD-ROM
(3) Windowsが走るパソコン

USBポートと，ドライバをインストールするためのCD-ROMドライブが必要です．パソコンにドライブがない場合は，別のパソコンで付属CD-ROMからUSBメモリなどを使って以下のファイルをコピーしてください．

　　mchpcdc.inf
　　mchpcdc.cat

(4) DDS付属基板のUSB mini-Bコネクタとパソコン
　　のUSBポートを接続するケーブル

USBケーブルは本書に付属していませんので，適当なものを入手してください．別売の「仕上げキット」にはUSBケーブルが入っています．

(5) 動作を確認するための計測器，またはツール

オシロスコープやスペクトラム・アナライザがあれば便利ですが，なければスピーカやヘッドホン，ラジオ，短波受信機などでも代用できます．

● STEP2：USBケーブルを接続する

DDS付属基板のUSBコネクタ（Mini-Bタイプ）とパソコンのUSBコネクタを接続します．USBケーブルは本書に付属していませんので，適当なものを入手して使ってください．

● STEP3：ドライバ・ソフトをインストールする

ドライバのインストールに先立って，Windowsの［コントロールパネル］⇒［デバイス　マネージャ］でCOMポートの番号を調べておきます．

パソコンを立ち上げて，DDS付属基板をUSBケーブルで接続すると「新しいハードウェアの検出」ウィザードが立ち上がります．

ドライバ・ソフトの指定で，CD-ROMまたはUSBメモリなどにあるファイルmchpcdc.infを指定してインストールします．

ドライバのインストールに成功するとCOMポート番号が一つ増えます（**図3-1**）．このCOMポートがDDS付属基板のPICマイコンのポートになるので，これを使ってターミナル・ソフトで通信を行います．

● STEP4：ターミナル・ソフトを用意

パソコンからDDS付属基板に制御コマンドを送るには，ターミナル・ソフトが必要です．Windows XPまでは，スタートボタンの［すべてのプログラム］-［アクセサリ］にあるハイパーターミナルが使えます．

Windows 7からハイパーターミナルがなくなりましたので，適当なターミナル・ソフトが必要です．

ここでは，フリーソフトで使いやすいTera Termを例に説明します．本書付属のCD-ROMにも入っているので，これをパソコンにインストールしてください．

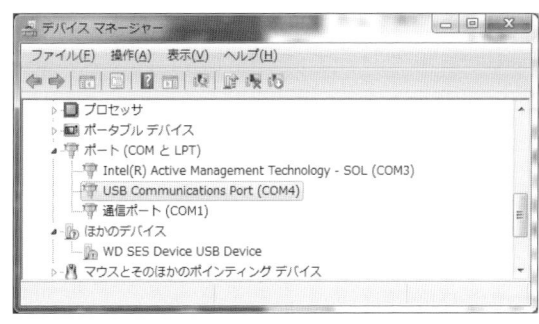

図 3-1 USBドライバのインストールに成功したところ
（COMポートが増える）

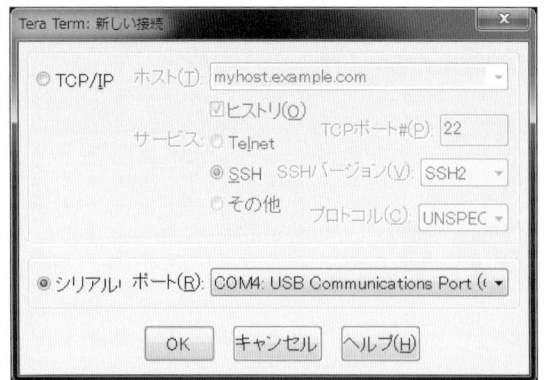

図 3-2　COM ポートの設定

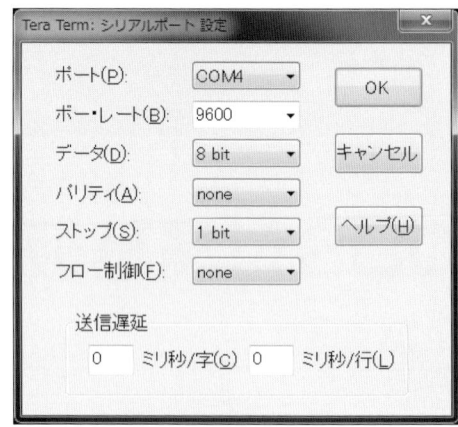

図 3-3　ボーレートの設定

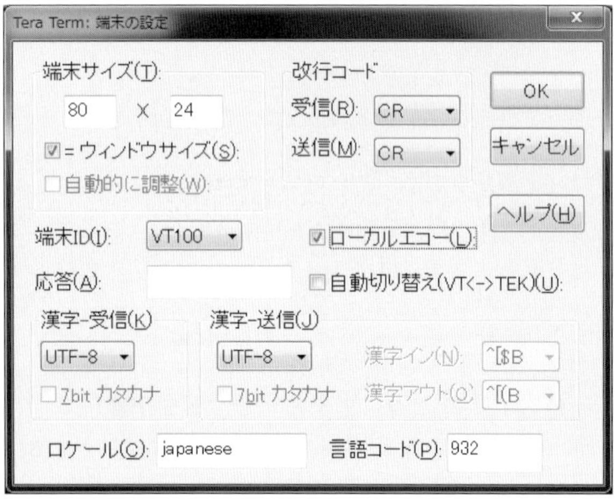

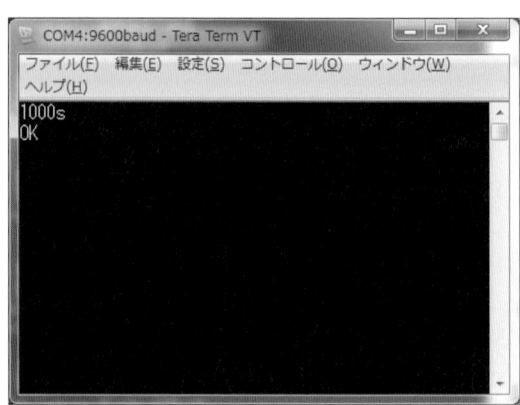

図 3-4　ローカルエコーの設定

図 3-5　接続の確認

● STEP5：ターミナルを設定

　Tera Term を例にして説明しますが，基本的な操作は他のターミナル・ソフトでも同様です．
(1) Tera Term を立ち上げて，COM ポートの設定をします．
　［新しい接続］で［シリアルポート］にチェックを入れて，先ほど確認した COM ポートを選択します（図 3-2）．
(2) ［設定(S)］⇒［シリアルポート設定］で COM ポートの設定をします（図 3-3）．
　9600bps，データ長 8 ビット，パリティなし，ストップ・ビット 1 ビット，フロー制御なし，に設定します．設定したら，［OK］をクリックします．
(3) ［設定(S)］⇒［端末(T)］で［ローカルエコー］にチェックを入れて［OK］をクリックします（図 3-4）．
　DDS 付属基板はエコーバックを返さないので，ここにチェックを入れないと，入力した文字が表示されません．

● STEP6：パソコンとの接続を確認する

　確認のために，ターミナル・ウィンドウで"1000s"と入力してみます．図 3-5 のように，入力した文字に続いて［OK］が返ってくれば接続完了です．
　ここまでくれば，［周波数の数値］＋［s］で周波数設定ができます．1kHz なら"1000s"，1MHz なら"1000000s"と入力すれば，その周波数が出力されているはずです．リターン・キーを押す必要はありません．

● STEP7：DDS 付属基板の出力信号を引き出す

　DDS の出力信号は，DDS 付属基板の JP2 の 4 ピンに出力されています．まわりのスルーホール（1，2，3，5，6，7 ピン）は GND です．
　出力信号を引き出すには，写真 3-1 のようにクリップなどで接続するか，適当なリード線をはんだ付けしてください．

写真3-1 DDS付属基板から信号を取り出す

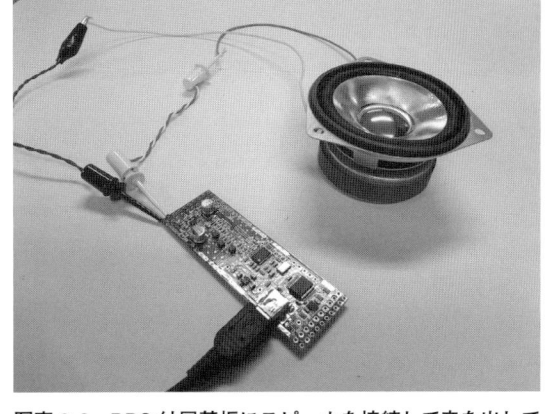

写真3-2 DDS付属基板にスピーカを接続して音を出しているところ

● STEP8：信号が出力されているかどうかを確認する

　DDS付属基板の正弦波出力は，インピーダンスが50Ωで信号レベルは約3dBmです．オシロスコープやスペアナには直接接続できますから，測定器をお持ちの方は信号を観測してみてください．

　ターミナル・ソフトから周波数設定コマンドを打ち込むと，周波数が変わることを確認できるはずです．

　測定器がない場合は，スピーカやヘッドホンから音を出す方法があります．**写真3-2**のように，スピーカやヘッドホンをクリップなどでJ2の4ピンとGND（1，2，3，5，6，7ピンのどれか，または基板上GNDとシルクのあるスルーホール）の間につなぎます．

　ターミナル・ソフトから「1000s」と入力して，出力周波数を1kHzに設定すると，スピーカやヘッドホンから「ピー」という音が出ます．

　周波数の設定を変えると，音の高さも変わります．440Hzなら，楽器の調律用音叉の周波数です．スピーカの場合はかなり小さな音ですが，ヘッドホンでは大きな音になることがあるので，耳を痛めないように注意してください．

　ラジオを使えば，もっと高い周波数の信号を確認できます（**写真3-3**）．DDS付属基板の出力端子に数cmくらいの長さの電線をアンテナとして取り付けて，ラジオを近くに置きます．

　DDS付属基板は，出力信号に変調がかかりません

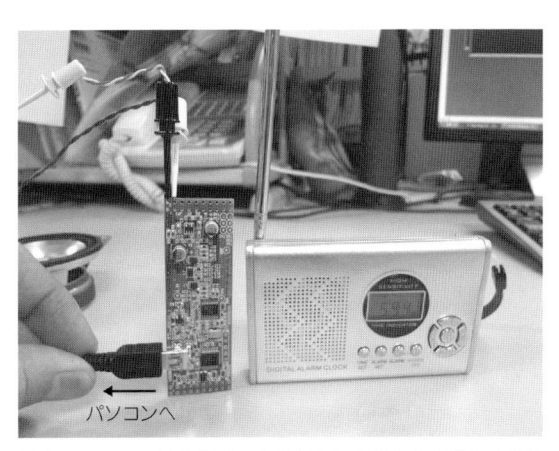

写真3-3 DDS付属基板から放射される信号をラジオで受信

から，ラジオで受信する場合は放送波とのビートを発生させるとわかりやすくなります．

　例えば，関東地方ではNHK第一放送は594kHzですから，1kHz離れた595kHz（または593kHz）にDDSの周波数を設定します．設定値は，「595000s」です．

　放送波との差が1kHzですから，1kHzのビート音が聞こえるはずです．短波受信機があれば，SSBかCW受信モードでBFOをかけて信号を確認できます．

Appendix 1　使いやすい信号発生モジュールに変身！
DDS付属基板を仕上げる

ご注意！
いったんシールド・ケースを取り付けると，基板全体が覆われてしまうため，プローブを接続して波形を調べたり，PICマイコンのファームウェアの書き換えができなくなります．

準　備

別売の「仕上げ部品セット（CQ出版社）」を開封して，内容物に不足がないかを確認してください．入っているのは下記のものです（**表A-1**）．

(1) USBケーブル　1本
(2) シールド・ケース　1個
(3) 同軸ケーブル 1.5D-QEV　1本
(4) 20ピン・ヘッダ（10ピン×2列）　2個
(5) 5ピン・ヘッダ　1個
(6) 5ピン・ソケット　1個
(7) テスト端子　2個

工具には，下記のものが必要です．
(1) はんだごてとはんだ
(2) ニッパ
(3) カッタ・ナイフ
(4) ピンセットもあると便利です．

　いずれも秋葉原のパーツショップなどで入手できる部品ばかりです．部品表はAppendix1を参照してください．また，シールド・ケース（CQ出版社）の効果は未確認です．

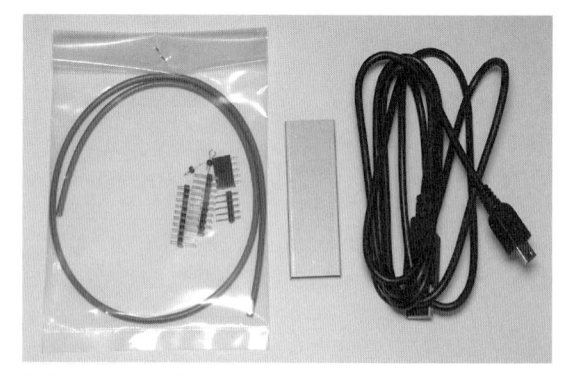

写真A-1　仕上げ部品セット（CQ出版社）に梱包されているもの
どこにでもある部品なので，自分で用意できるものばかり．ピン・ヘッダ，チェック端子，シールド・ケース，USBケーブル，同軸ケーブルなどが同梱されている．シールド・ケースの効果は未確認

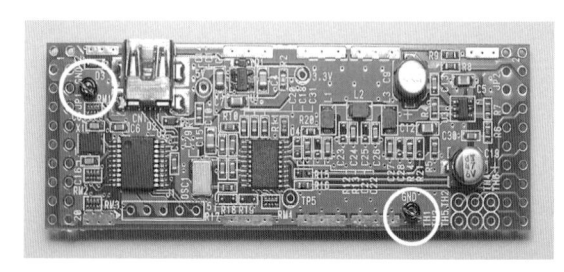

写真A-2　チェック端子2個をはんだ付けする

表A-1　仕上げ部品セットの部品表
いずれも秋葉原のパーツショップなどで入手できる部品ばかりです．部品表はAppendix1を参照してください．また，シールド・ケース（CQ出版社）の効果は未確認です．

品　名	仕　様	メーカ名	型　名	配線番号	数量	備　考
ピン・ヘッダ	20ピン	秋月電子	C-00078	JP1, JP2	2	2.54mmピッチ
ピン・ヘッダ	5ピン	秋月電子	C-00167	J1	1	2.54mmピッチ，5ピンに切って使う
ピン・ソケット	5ピン	秋月電子	C-02762	J1	1	2.54mmピッチ，ダウンロード用
チェック・ピン	φ0.8，TH用	マックエイト	ST-1-1	TP3, TP4	2	ストレート，LG-2-S-黒でも可
同軸ケーブル	50Ω耐熱	フジクラ	1.5D-QEV	−	1	50cm
USBケーブル	Mini-B，1m	−	−	−	1	市販品
シールド・ケース	−	CQ出版社	−	−	1	効果は未確認

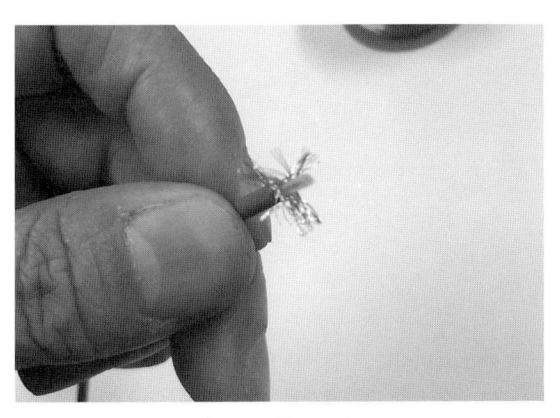

写真 A-3　同軸ケーブルの被覆をむく

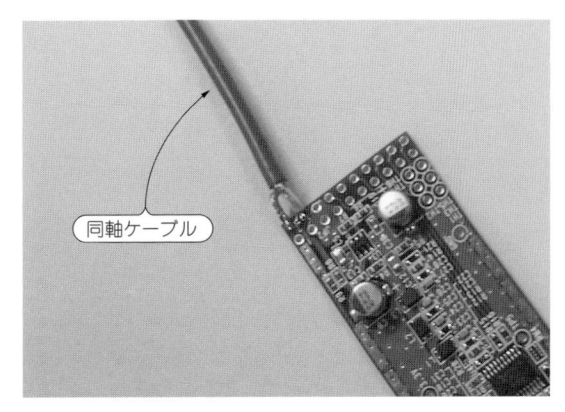

写真 A-4　基板に同軸ケーブルをはんだ付けする

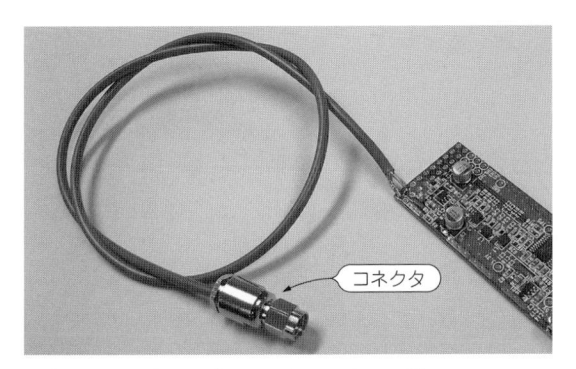

写真 A-5　同軸ケーブルにコネクタを取り付ける

写真 A-6　基板に直接コネクタをはんだ付けしてもよい

仕上げの手順

　DDS付属基板の使い方によって，仕上げ方法が違います．どちらかを選んで仕上げてください．
(1) DDS付属基板を単体でパソコンとつないで使う場合（取り付ける部品はチェック端子2個と同軸ケーブルだけ）
(2) 別売のベース基板や自作基板に載せて使う場合

1 DDS付属基板を単体でパソコンにつないで使う場合

● STEP1 … チェック端子をはんだ付け（写真A-2）

　テスト端子2個を，DDS付属基板にはんだ付けします．基板の表面にシルクで「GND」と書いてあるところの2カ所です．

● STEP2 … 同軸ケーブルの被覆をむく（写真A-3）

　同軸ケーブルの端から1cmくらいのところに，カッタ・ナイフで被覆に切り込みを入れて被覆をむきます．芯線の端から2mmほど被覆をはがします．シールドは，ほぐしてより合わせておきます．

● STEP3 … 基板に同軸ケーブルをはんだ付け（写真A-4）

　同軸ケーブルの被覆をむいたところに予備はんだをしておき，DDS付属基板にはんだ付けをします．同軸ケーブルは耐熱タイプなので，はんだ付けの熱くらいには耐えられます．20ピン・ヘッダ JP2の4ピンが芯線側，2ピンがシールド側です．

● STEP4 … 同軸ケーブルにコネクタなどを取り付ける（写真A-5）

　用途に応じて，同軸ケーブルの先端にコネクタを取り付けるか，被覆をむいておきます．写真ではSMAコネクタを取り付けてみました．
　写真A-6のように，基板に直接コネクタをはんだ付けしてもかまいません．

2 別売のベースボードや自作基板に載せて使う場合

　ピン・ヘッダや必要に応じてシールド・ケースを取

仕上げの手順　39

写真 A-7　ピン・ヘッダをはんだ付けする

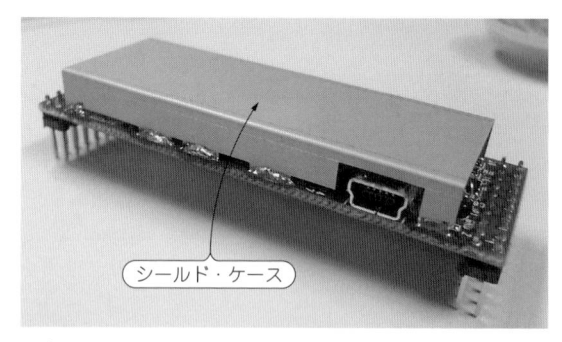

写真 A-8　シールド・ケースを取り付ける
シールド・ケースの効果は未確認

り付けます．

● **STEP1 … チェック端子をはんだ付けする**
　　　　　（写真 A-2 と同じ）

　チェック端子2個をDDS付属基板にはんだ付けします．シルクで「GND」と書いてあるところ2カ所です．

● **STEP2 … ピン・ヘッダをはんだ付けする**
　　　　　（写真 A-7）

　20ピンのピン・ヘッダ2個を，基板両端のJP1，JP2にはんだ付けします．ヘッダは，はんだ面（部品が付いていない側）に取り付けます．PICのプログラムをダウンロードする予定がある場合は，5ピンのピン・ヘッダをJ1に取り付けます．こちらは部品面への取り付けです．

　5ピンのヘッダを取り付けると，シールド・ケースを付けられません．したがって，どちらを取り付けるかを選択してください．

● **STEP3 … シールド・ケースを取り付ける**
　　　　　（写真 A-8）

　シールド・ケースには，USBコネクタ用の切欠きがあるので，向きを合わせます．シールド・ケースの突起を，基板上の長方形のはんだ用パッドに位置合わせしてはんだ付けします．シールド・ケースは，一度はんだ付けしてしまうと取り外すのは大変ですから，1カ所はんだ付けしたところで位置がずれていないかよく確認してから，他のところをはんだ付けしましょう．

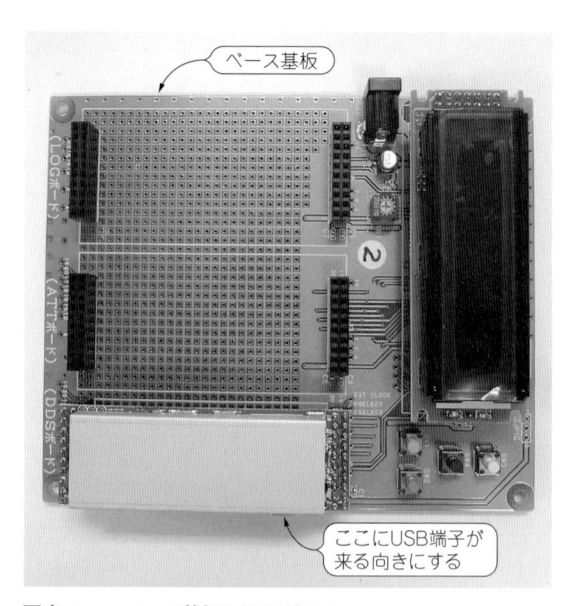

写真 A-9　ベース基板に取り付ける
ベース基板単品（DDS-004I）をお求めの方はインフロー（P板.com）までお問い合わせください

● **STEP4 … ベース基板に取り付ける**
　　　　　（写真 A-9）

　別売のベース基板に取り付けてみました．上下が逆でもソケットに差し込めるので，向きに注意してください．USBコネクタが外側にくるのが正しい向きです．

〈登地　功〉

第2部 ディジタル周波数シンセサイザの基礎知識

第4章 ほかの信号生成方法との違いや信号生成の原理

ディジタル制御波形生成IC DDSのハードウェアと動作原理

登地 功 Isao Toji

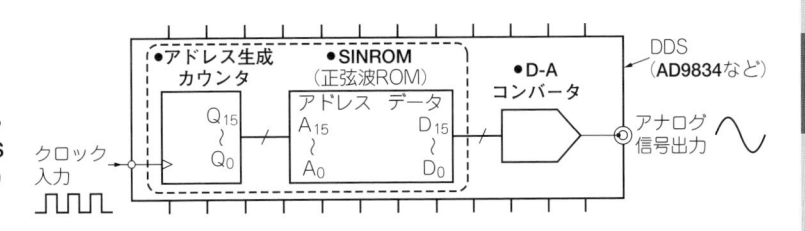

図4-1 ディジタル周波数シンセサイザを作るために欠かせないワンチップIC DDS (Direct synthesis Digital Synthesizer) の基本構成

DDSは、従来から一般的に使用されているアナログ回路方式に比べて、

- 周波数安定度が高い
- 周波数分解能が高い
- 周波数の可変範囲が広い
- 周波数の切り替えが素早く、信号に途切れがない
- 位相雑音が小さい

など、多くのメリットを持つ信号発生回路です。実は、10年以上も前から専用ICが市販されていましたが、初期の頃はとても高価で、D-Aコンバータ部が外付けになっているなど使いやすいものではありませんでした。そのため、一部の高級な測定器などに採用が限られていました。

最近になり、ワンチップ・タイプの安価なDDS ICが数多く開発され、入手しやすくなってきました。このDDS ICが一般化することにより、動作が不安定で設計が面倒なアナログ方式の発振回路が、このディジタル制御による信号生成ICに取って代わられようとしています。

DDSの基本構成と動作原理

DDSは、図4-1に示すように、アドレスを生成するカウンタ、正弦波のデータを書き込んだSIN ROM (LUT:ルックアップ・テーブルともいう)、D-Aコンバータから構成されています。

アドレス生成カウンタは、クロック周期ごとにアドレスをインクリメント(+1)していきます。カウント値がカウンタの最大カウント数を超えると、再び0からカウントがインクリメントされます。

このときの動作は、横軸に時間、縦軸にカウント値をとると、図4-2に示すようにクロックが来るごとにカウント値が直線的に増えていき、カウンタの最大カウントになると0に戻ります。このカウンタの値をアドレスとしてSIN ROMに与えます。

このアドレスを角度θと考え、データとして$\sin\theta$を出力するようにSIN ROMにデータを書き込んでおきます。θをラジアンで表すと、ROMの出力は、アドレス・カウント0のとき$\sin 0$、最大カウントのとき$\sin 2\pi$になるようにしておけば、アドレス・カウンタの1サイクルが正弦波の1サイクルに対応します。

時間とともにアドレス・カウント値θが直線的に大きくなっていくので、SIN ROMのデータ出力$\sin\theta$は

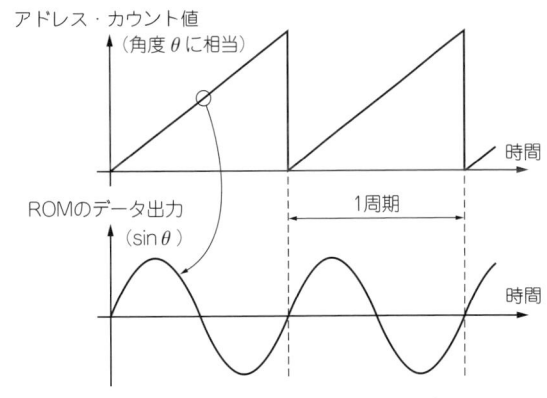

図4-2 正弦波データが書き込まれたROMデータを周期的に変化するアドレス・カウント値で指定して呼び出すと正弦波が得られる

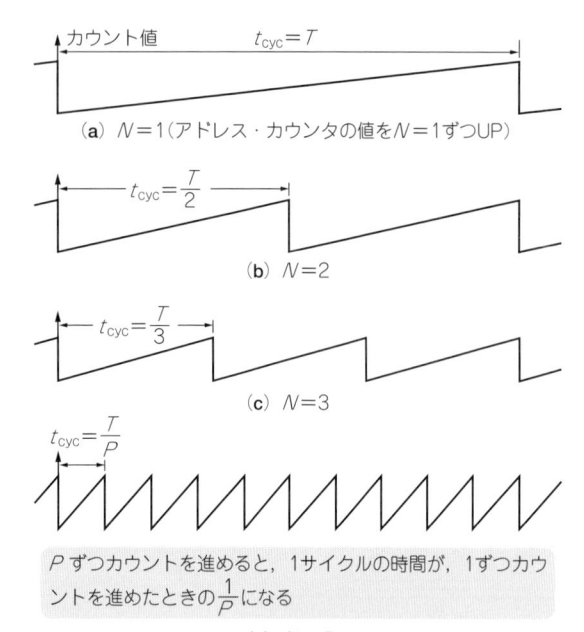

(a) $N=1$（アドレス・カウンタの値を$N=1$ずつUP）

(b) $N=2$, $t_{cyc}=\dfrac{T}{2}$

(c) $N=3$, $t_{cyc}=\dfrac{T}{3}$

(d) $N=P$, $t_{cyc}=\dfrac{T}{P}$

Pずつカウントを進めると，1サイクルの時間が，1ずつカウントを進めたときの$\dfrac{1}{P}$になる

図4-3 アドレス・カウンタを進めたときのカウント値の変化

正弦波状に変化するディジタル・データになります．

このSIN ROMのデータを，D-Aコンバータでアナログ信号に変換すれば正弦波信号が得られます．

DDSの各ブロックの動作

次に，DDSの各ブロックの動作を詳細に見てみましょう．

1 アドレス・カウンタ

● 周波数を決める回路

SIN ROMからデータを読み出すアドレスの変化速度を変えれば，ROMから出力される正弦波データの変化速度，つまり周波数を変えることができますが，実際にはどのようにすればよいのでしょうか．

▶ アドレス・カウンタのカウント速度が固定の場合

図4-2の例では，カウンタのカウント速度も最大カウント値も一定でした．基準となるクロックには通常は水晶発振器を使うので，周波数は固定です．そのため，カウンタの最大カウント値N_{max}が決まれば，出力周波数は基準クロック周波数をN_{max}で割ったものになってしまい，周波数を変えることができません．

▶ アドレス・カウンタを2カウントずつ進めると

図4-2の例ではカウントアップを1ずつ行っていましたが，今度は2ずつカウントアップしてみます．カウント値は，クロックが来るごとに0，2，4，6，8，…になります［図4-3(b)］．

今度は倍の速度でカウントしているので，カウントアップのクロック数は半分で済みます．したがって，0から最大カウント数になるまでの時間，つまりアドレスの1サイクルの時間も1/2になります．アドレス・カウンタの1サイクルは正弦波データの1サイクルに対応するので，正弦波の周期も1/2になり，周波数は2倍になります．

▶ アドレス・カウンタを任意のNずつ進めると

同じように，カウントアップを3ずつ進めるとアドレス1サイクルの時間は1/3なので周波数は3倍に［図4-3(c)］，カウントアップをNずつ進めると1サイクルの時間は1/Nなので周波数はN倍になります［図4-3(d)］．

▶ アドレス・カウンタを16ビットとして動きを考える

ここで，アドレス・カウンタを16ビットとすると，最大カウント数は$2^{16} - 1 = 65535$，カウンタの1サイクルは$2^{16} = 65536$クロックになります．なお，クロック周波数はわかりやすいように65536Hzにしておきます．

- 1ずつカウントを進めると，カウンタの1サイクルの周期は65536クロックで1秒になるので，周波数は1Hz
- 2ずつカウントを進めると，32768クロックで1サイクルになるので，1周期は0.5秒，周波数は2Hz
- Nずつカウントを進めると，カウンタの1サイクルは65536/Nクロックなので，アドレス・カウンタの1周期は1/N秒，周波数はNHz

これで，アドレス・カウンタをNずつ進めると，1ずつ進めたときのN倍の周波数になることがわかりました．例えば，$N = 100$にすると，アドレス・カウンタの周期は1/100秒，つまり100Hzになります．

● 最大アドレス・カウントをNで割り切れないとスプリアスが増える

最大アドレス・カウントをNで割り切ることができず，剰余が出ることがあります．この場合は，次のアドレス・カウントが0から始まらず，（$N -$剰余分）からカウントが始まることになります．

何サイクルか後には，元に戻って0からカウントが始まりますが，その間，出力波形が毎回少しずつ変化することになります．

理論的なスプリアスは，ぴったり割り切れるときと変わらないのですが，D-Aコンバータの特性やディジタル系の遅延時間差などの影響で，比較的大きなスプリアスがあちらこちらに現れることがあります．

● アドレスをNカウントずつ進めるには

一般的な同期カウンタは，1ずつしかカウントが進

まないようになっています．そこで，任意の自然数Nずつカウントを進めることができるカウンタの回路はどうすればよいのでしょうか．

まず，一般的なカウンタの動作を考えてみます．クロックが来るたびにカウンタの値が「1」増えます．つまり，クロックごとに現在のカウンタの値に1を加えることになります．

VerilogやVHDLなどのHDL（ハードウェア記述言語）でカウンタを記述すると，カウンタの値をcountとすると，

    count = count + 1 ;

という式になります．

これから考えると，カウンタの値をNずつ進めるには，加える値を1でなくNにすればよいことがわかります．HDLによる記述は，

    count = count + N ;

です．これをそのまま回路にすれば，図4-4のようになります．

加算器の出力Yは，レジスタの値に設定データNを加えた値になっているので，クロックが来るたびにレジスタの値は更新されてNずつ増えていきます．

DDSでは，この回路を位相アキュムレータ（Phase Accumulator）[注1]と呼びます．

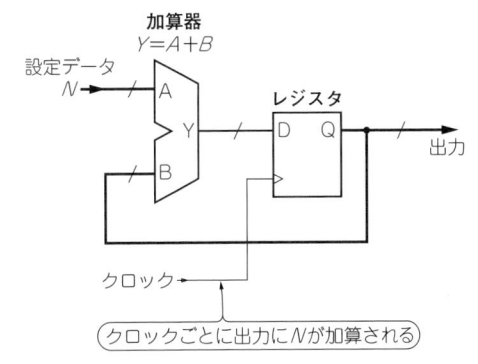

図4-4 位相アキュムレータの構成

● 複数の周波数レジスタで素早く周波数を切り替える

スペクトラム拡散通信方式の一種に，周波数ホッピングがあります．この方式は，周波数をすばやく次々に切り替えることで通信内容の秘匿性を高めることができるので，軍事通信などにも使われています．

また，FSK（周波数シフト・キーイング）のように，周波数を変化させてディジタル・データを送受信する場合も素早い周波数の切り替えが必要になります．

このような応用では，設定データNを高速で書き換えなければなりませんが，レジスタ・アクセスがシリアル・インターフェースによるものだったり，ソフトウェア処理に時間がかかる場合には，設定データを変更するのに時間がかかってしまいます．そこで，周波数レジスタを何組か用意しておき，必要なデータをあらかじめ書き込んでおいてマルチプレクサで切り替えるようにすれば，周波数を高速に切り替えることができます．

2 アドレスを正弦波データに変換する回路

アドレス・カウンタで任意の速度（周波数に相当）で進むアドレスを生成できました．次は，アドレスを正弦波のディジタル・データに変換します．

● アドレスは位相と同じ

図4-5を見てください．図(a)のように，アドレス・カウントは時間とともに単調にカウントアップしていきます．SIN ROMは，このアドレスから図(b)のように正弦波のデータを生成します．アドレス・カウントがθ_1のとき，ROMの出力は$\sin\theta_1$になります．

例として，アドレス幅8ビット，データ幅が8ビットの場合の値をグラフに書き込んでおきました．アドレス（θ）は，0〜127までカウントアップしていきます．

$\sin\theta$の最大値は$\theta=\pi/2$のときで$+1$，最小値は$\theta=3\pi/2$のときで-1です．このとき，ROM出力のディジタル・データの最大値は符号付き16進表示で0x7F（10進で127），最小値は0x80（-128）になります．

ベクトル図に慣れている読者なら，図(c)のベクトル図を見ればよくわかると思います．アドレス・カウントは，$\theta=\omega t$の速度で進んでいきます．ωは，周波数レジスタの設定値Nに比例しています．

実は，SIN ROMのデータは1周期（2πラジアン）分用意しておく必要はなくて，1/4周期（$\pi/2$ラジアン）分あれば，あとは簡単な処理で求めることができます．

図4-6に示すように，最初の$\pi/2$分，①の分が終わったら，②の部分はアドレスをカウントダウンして折り返します．残りのπ〜2π（③〜④）までは，ROMデータの符号を反転すればよいのです．

● 位相アキュムレータの出力は上位ビットだけを使う

周波数分解能を高くすると，位相アキュムレータのビット数が大きくなります．高分解能のDDSでは，位相アキュムレータは32〜48ビットになります．32ビットのアドレスというと4Gですから，これをその

注1：アキュムレータは，日本語では累算器です．ここでは，現在のレジスタの値に，新しいデータを次々と加えていく（Accumulate：貯める，蓄積する）のでアキュムレータといいます．その昔，コンピュータに演算レジスタが1〜2本しかなかったころは，演算回路とレジスタを組み合わせたものをアキュムレータと呼んでいました．演算といっても加算機能が主で，その他の機能はAND，OR，NOT，XORなどの論理演算とシフト程度でした．

(a) アドレスのカウント値

(b) SIN ROMのデータ出力

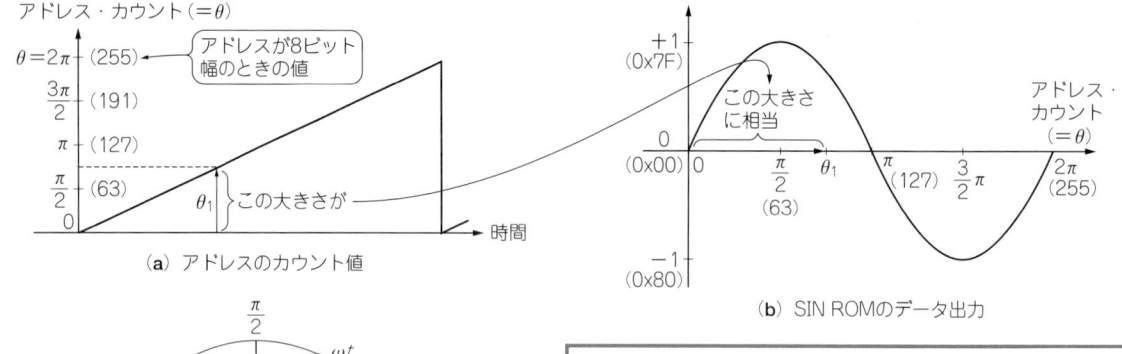

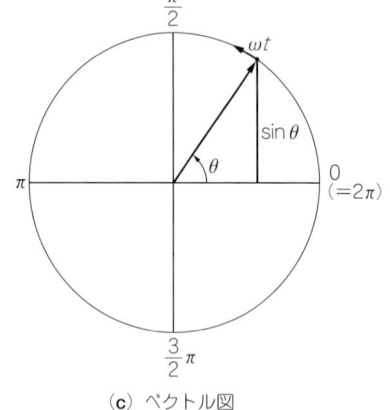

(c) ベクトル図

図4-5 アドレス・カウント値とSIN ROMのデータ出力の関係

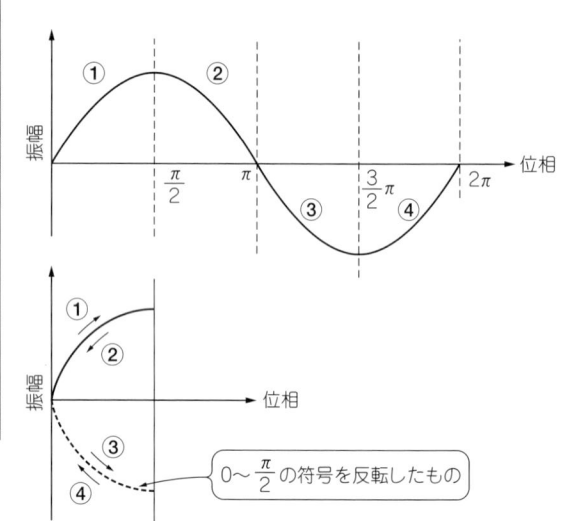

図4-6 ROMに書き込んでおくsinデータは1/4周期分（π/2分）あればよい

まま SIN ROM のアドレスとして使ったのでは，ROM の容量が巨大なものになってしまいます。

一方，D-A コンバータの分解能は通常 8〜14 ビット程度なので，アドレスが少々変化しても D-A コンバータの LSB は変化しないことになります。

ということで，位相アキュムレータのデータは D-A コンバータの精度に影響を与えない程度に下位のビットを切り捨てて，上位の一部分だけを SIN ROM のアドレスとして使います。

● 位相レジスタの値を加算して，位相変調をかける

PSK（位相シフト・キーイング：位相を変化させる変調）などのように，位相を高速で切り替えたい用途では，周波数レジスタと同様に位相レジスタを複数用意しておきます（図 4-7）。

位相を変化させるためには，位相アキュムレータの出力に位相レジスタの値を加算します。例えば，位相アキュムレータが 16 ビットなら，1 周期は 10 進表示で 65536 カウントになるので，位相を 90°進めるためには 1/4 の 16384 を加えます。

逆に，位相を 90°遅らせるには，引き算機能はないのが普通なので，65536 の 3/4，49152 を加えます。90°の遅れは，270°の進みと同じです。

③ 正弦波のアナログ信号を作る D-A コンバータ

SIN ROM から正弦波のディジタル・データを任意の周波数で読み出せるようになりました。しかし，ここで欲しいのはアナログの正弦波信号です。そのため，ディジタル・データをアナログ信号に変換する D-A コンバータが必要です。

● D-A コンバータに必要な速度

高周波 DDS の D-A コンバータには，DDS の動作クロック周波数で十分な性能を出せるだけの高速性が要求されます。

DDS システムでは，出力している周波数にかかわらず，ディジタル・データは動作クロック周波数で D-A コンバータに供給されるので，たとえば動作クロック周波数が 100MHz の DDS なら，出力している正弦波信号の周波数が 1Hz でも，100Msps で動作する D-A コンバータが必要です。もちろん，動作ク

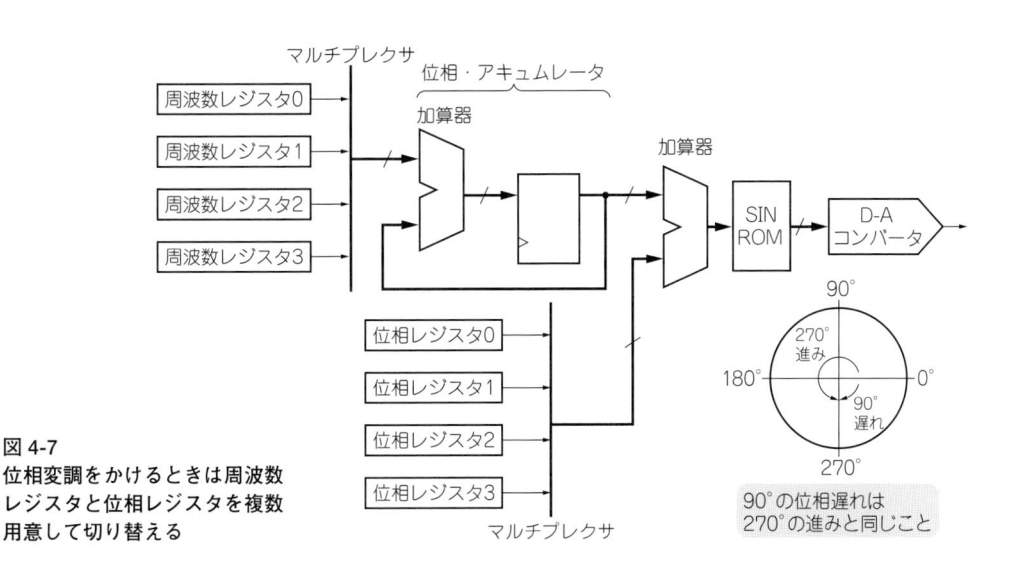

図4-7 位相変調をかけるときは周波数レジスタと位相レジスタを複数用意して切り替える

90°の位相遅れは270°の進みと同じこと

● DDSのD-Aコンバータは電流出力型が多い

D-Aコンバータの出力方式は，大きく分けて電圧出力型と電流出力型があります．低周波の用途では扱いが簡単な電圧出力型D-Aコンバータがよく使われますが，高周波DDSで使用するD-Aコンバータは電流出力型がほとんどです．

電圧出力型も電流出力型も，図4-8のように外から見た等価回路は同じですが，ICの内部回路としては電流出力型の方が作りやすく，特性も出しやすいうえ，基板パターンのインダクタンスの影響なども受けにくくなります．

電流出力型D-Aコンバータは出力のシャント抵抗によって，出力電圧の振幅や信号源抵抗が決まります．

DDSには，後述するフィルタが必要になりますが，高周波用のLCフィルタは特性インピーダンスによって使用する部品の定数が決まるため，信号源にあたるD-Aコンバータの出力インピーダンスを選ぶことができるのは，LCフィルタを設計する上で有利になります．

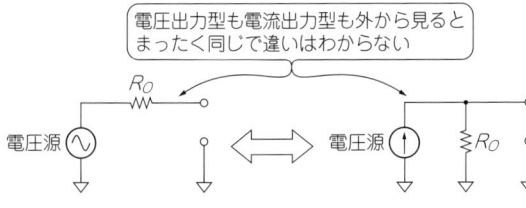

● D-Aコンバータの分解能と量子化ノイズ

D-Aコンバータの分解能は有限なので，厳密には出力信号は階段状の変化しかできません．すなわち，正確な$\sin\theta$の曲線からは少しずれていることになります．

別の見方をすると，D-Aコンバータからの出力である階段状の曲線は，正確な$\sin\theta$曲線に余計な成分（ノイズ）を加えたものということもできます（図4-9）．

この余計な成分のことを「量子化ノイズ」といいます．量子化ノイズは，連続したアナログ信号を離散的なディジタル・データとして取り扱うときは避けることができないものですが，ディジタル・データのビット数，つまり分解能が大きくなればアナログ信号との近似の度合いが良くなるので，量子化ノイズは小さくなります．

4ビットのD-Aコンバータの分解能は1/16なので，ちょっと見ても階段状になっていることがわかります．これが16ビットになれば，オシロスコープの

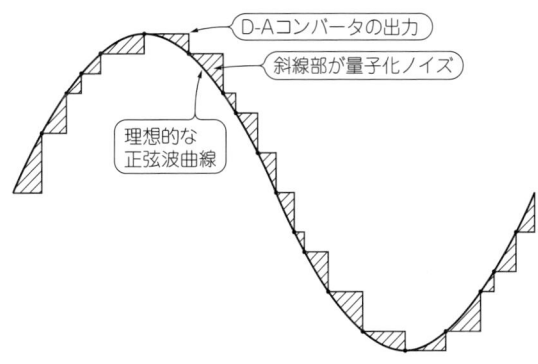

図4-8 D-Aコンバータの出力には電圧出力型と電流出力型がある

図4-9 D-Aコンバータの電圧軸方向の分解能とノイズ（量子化ノイズ）の発生

DDSの各ブロックの動作

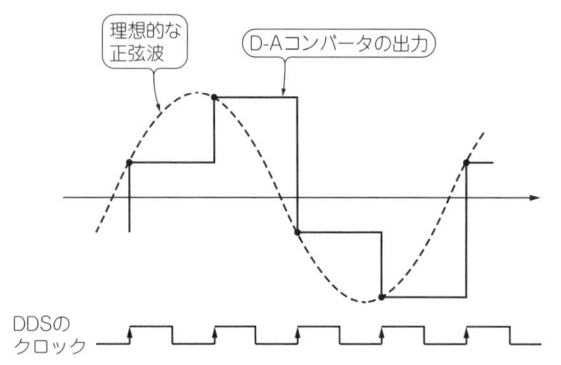

図 4-10 DOSの出力周波数を動作クロック周波数の1/4にしたときのD-Aコンバータ出力
出力周波数が高くなると階段状の波形になる

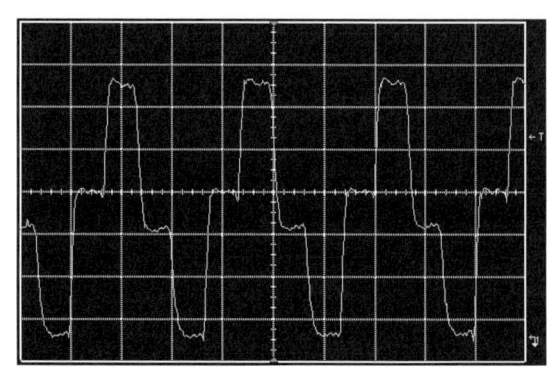

写真 4-1 DOSのD-Aコンバータの出力（実測）

表 4-1 出力信号の周波数とレベルの関係

f_{out}/f_{clk}	V_{out}[振幅]	V_{out}[dB]
1/5	0.935	−0.58
1/4	0.9	−0.91
1/3	0.827	−1.65
1/2.5	0.757	−2.42

画面で見てもアナログ信号と見分けがつかないでしょう．

量子化ノイズの大きさはD-Aコンバータの分解能で決まり，ディジタル・データのビット数をB[ビット]とすると，D-Aコンバータがフルスケールの正弦波信号を出力しているとき，基本波のレベルと量子化ノイズのレベルの比 SQR[dB] は，

$$SQR = 6.02 \times B + 1.76 \text{ [dB]}$$

になります．

例えば，10ビットのD-Aコンバータなら 6.02×10 ビット $+ 1.76 = 61.96$ dB になります．これは，D-AコンバータのS/N比の理論上限なので，実際のS/N比がこれより良くなることはありません．

● 階段状の正弦波信号とスプリアス

前項では，D-Aコンバータの出力分解能，つまり出力の電圧軸方向での有限な分解能による量子化ノイズを検討しましたが，時間軸方向ではどうなるでしょうか．

まず，クロック周波数が有限なのでこの影響があります．理論的には，D-Aコンバータはナイキスト周波数（クロック周波数の1/2）までの信号を出力することができます．ナイキスト周波数より高いところにはスプリアス信号が現れるので，これをフィルタで取り除かなければなりません．

DDSで，クロック周波数の数分の一といったような比較的高い周波数を発生させようとすると，位相アキュムレータへの設定値が大きくなり，1クロックごとのアドレスの進み方が大きくなって粗い階段状の信号になることがわかります．

図 4-10 は，DDSの出力周波数をクロック周波数の1/4にしたときの波形です．位相アキュムレータの初期値によってサンプリング点が変わるので波形は少し違ってきますが，このような階段状の波形になることはあきらかです．

実際のD-A出力波形が写真 4-1 です．正弦波とは全く似ていない波形のようですが，これから余計な成分（スプリアス）をフィルタで取り除くと，きれいな正弦波信号が得られます．

● DDSのスプリアスは$\sin(x)/x$の形で分布する

DDSで発生するスプリアス信号は，理論的に計算できます．すなわち，DDSの出力周波数をf_{out}，クロック周波数をf_{clk}とすると，

$$x = \pi \cdot f_{out}/f_{clk}$$

として，出力電圧V_{out}は，

$$V_{out} = \sin(x)/x$$

の形になります．グラフにすると図 4-11 のようになります．図(a)は縦軸の電圧を直線目盛で表したもの，図(b)は縦軸をdB目盛で表したものです．

図 4-11 からDDSの基本的な性質が見えてきます．
(1) 出力周波数をクロック周波数と同じにすると出力振幅は0になる

位相アキュムレータのカウントは毎回同じになるので，D-Aコンバータのデータも変化せず，出力は直流しか出てきません．
(2) 周波数が高くなると，出力は少しずつ小さくなる

何点かの周波数を表 4-1 に示します．例として，f_{clk}が75MHzとすると，出力周波数f_{out}が25MHzのときはf_{out}/f_{clk}は1/3ですから，f_{out}が1kHzなど十分に低いときに比べると出力レベルが1.65dB低くなります．

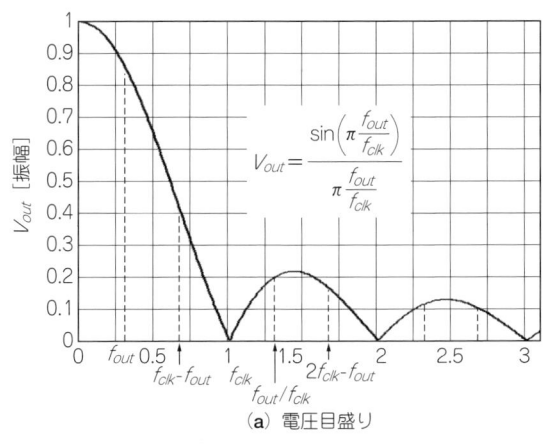

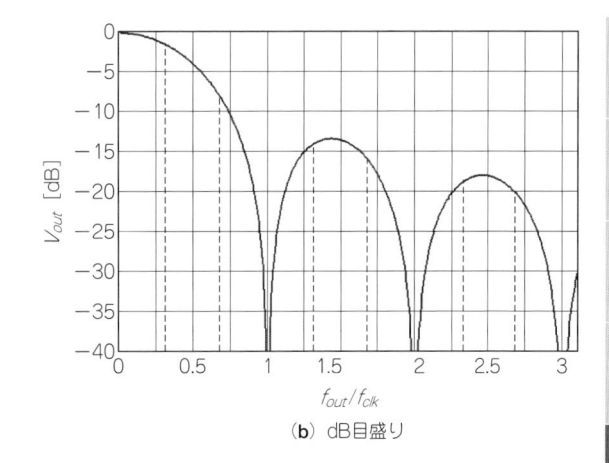

$$V_{out} = \frac{\sin\left(\pi \frac{f_{out}}{f_{clk}}\right)}{\pi \frac{f_{out}}{f_{clk}}}$$

(a) 電圧目盛り

(b) dB目盛り

図 4-11 DOS から出力されるスプリアスの分布

1dB のフラットネスが必要なら，f_{out} は f_{clk} の 1/4（18.7MHz）くらいまでです．

(3) クロック周波数 f_{clk} から出力周波数 f_{out} を引いたところにスプリアス信号が現れる

いちばん大きなスプリアスは，クロック周波数から出力周波数分折り返したところに現れます．f_{out} が高くなるにしたがってスプリアス周波数は下がってきて，クロック周波数の 1/2 のところで同じ周波数になります．

出力周波数とスプリアス周波数が接近すると，フィルタでスプリアスを取り除くことが難しくなってくるので，実用的な出力周波数はクロック周波数の 1/2.5～1/3 程度です．

(4) 出力信号とスプリアス信号はクロック周波数の整数倍を起点として繰り返し現れる

振幅は小さくなりますが，同じパターンで繰り返し信号が現れています．

● 非高調波のスプリアス

理想的な DDS でも，（クロック周波数の整数倍）±（出力周波数）のところにスプリアスが現れることがわかりましたが，それ以外にもスプリアスは発生します．

(1) 出力周波数や $\sin(x)/x$ で発生するスプリアスの高調波
(2) クロックとその高調波の漏れ
(3) これらのスプリアス信号から，D-A コンバータの非直線性などで混変調ひずみとして生成されるスプリアス
(4) 位相アキュムレータの周波数設定値 N によって剰余が出る場合，D-A コンバータの非直線性やディジタル系の遅延時間差などによって生じるスプリアス

上記の (4) は，目的周波数の近くなど出力フィルタで取り除けないことが多く，設定周波数によってスプリアスの出方が変わります．特に，スプリアスが多く発生する設定周波数を「Sweet spot」などという艶っぽい名前で呼んだりしますが，いろいろな周波数で測定しなければわからないのでやっかいです．

フィルタ回路

● フィルタは必須

DDS の信号発生メカニズムの解説のところで，DDS には $\sin(x)/x$ の関数曲線にしたがってスプリアスが発生することを説明しました．

不要な信号として，いちばんレベルが大きいのは，DDS の動作原理から不可避である $\sin(x)/x$ タイプのスプリアスですが，さらに，この不可避なスプリアスの他にも，D-A コンバータの非直線性やクロックのフィードスルー（漏れ）によるスプリアス，ディジタル信号や電源からのノイズなどが DDS の D-A コンバータ出力に現れます．

DDS の出力として欲しいのは目的とする正弦波成分だけで，それ以外の信号は信号源として使ううえで，一般に有害で不要なものなので，なるべく取り除いておきたいものです．DDS の出力から，必要な周波数範囲の信号だけを通過させて，それ以外のスプリアスやノイズを取り除くには，フィルタは不可欠と言えます．

● フィルタの設計は出力周波数が高くなるほど難しくなる

出力周波数がナイキスト周波数（クロックの 1/2）に近づくにしたがって，出力周波数とスプリアス周波数が接近しますから，フィルタのカットオフ特性にシャープなものが要求されます（図 4-12）．

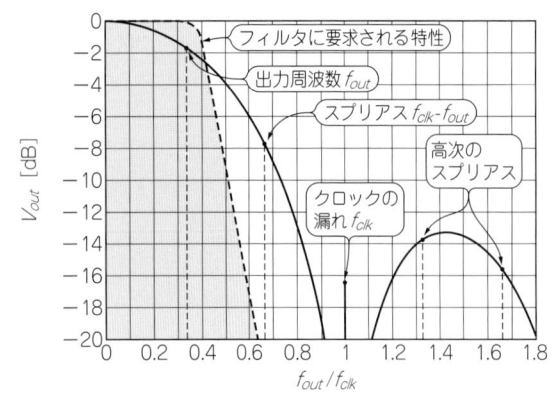

図 4-12　出力周波数が動作クロック周波数の1/2（ナイキスト周波数）に近づくと急峻なフィルタが必要になる

● フィルタは目的に合ったものを選択する

　オーディオ帯域で数 kHz のテスト信号を発生するといったように，出力周波数がクロック周波数の1/1000 以下なら簡単な CR フィルタで済むこともあります．しかし，周波数が高くなると切れ味のよい高次のフィルタが必要です．

　DDS で発生する数百 MHz くらいまでの周波数帯域では LC フィルタを使うのが一般的ですが，フィルタのタイプにはいろいろなものがあります．代表的なものをいくつか紹介しましょう．

（1）バタワース・フィルタ

　通過帯域内にリプル（波うち）がなく，周波数が高くなるにしたがって次第に減衰量が大きくなるフィルタです．切れ味もそこそこで，波形ひずみ（群遅延特性）もまずまずと，言ってみれば八方美人的な特性なので広く使われています．DDS で正弦波信号を出すだけなら群遅延特性は問題にならないので，DDS の出力フィルタにはもっと切れ味の良いチェビシェフ・フィルタや楕円関数フィルタが使われることが多いです．

（2）定 K＋誘導 m 型フィルタ

　古くからあるフィルタです．定 K だけだとローパスまたはハイパス特性になりますが，誘導 m 区間を加えることで阻止帯域にノッチ（谷状に減衰が大きくなる点）を入れられます．

　レベルの大きなスプリアス周波数が決まっている場合，その周波数をノッチに合わせることでスプリアスの減衰量を大きくできます．ただし，ノッチを入れると阻止帯域にはね返りが現れて減衰量が小さくなり，カットオフ周波数とノッチ周波数が近くなるとはね返りが大きくなります．

（3）チェビシェフ・フィルタ

　通過帯域の周波数特性にリプルがありますが，カットオフ特性はシャープです．DDS のフィルタとしてよく使われます．

（4）楕円関数（カウエル）フィルタ

　チェビシェフよりさらにカットオフ特性がシャープですが，通過帯域にリプルがあるほか，阻止帯域にもはね返りが現れます．

　阻止帯域の伝達ゼロ点（減衰量が無限大の点）を作るために LC 共振を利用するので，他のフィルタに比べて素子数がやや多くなります．コイルの Q が低いと，カットオフ周波数の手前からダラダラと減衰するような特性になってしまうことがありますが，うまく作ればシャープな特性が得られるので，DDS の出力をナイキスト周波数の近くまで利用したい場合によく使われます．

（5）ベッセル・フィルタ

　カットオフ特性は，バタワース・フィルタより緩やかです．特徴は，群遅延特性がフラットで波形ひずみが少ないことで，ステップ応答にオーバーシュートやリンギングがほとんどありません．DDS IC の変調機能を使って出力信号に変調をかけた場合や，出力をスイッチングする場合など，波形ひずみを小さくしたいときに使われることがあります．

＊　＊　＊

　定 K 型以外はローパス，ハイパス，バンドパスのいずれのフィルタでも設計できますが，バンドパス・フィルタは素子数が多くなります．

● フィルタの帯域幅は必要最小限に

　DDS の出力は，広い範囲にわたってスプリアスやノイズが存在しますから，目的とする信号の純度を高めるためにはフィルタの帯域幅を必要最小限にして，余計な信号を取り除かなければなりません．周波数の変化範囲が狭ければ，ローパス・フィルタではなくバンドパス・フィルタを使う方が信号純度を高くできます．

● 周波数が低ければアクティブ・フィルタも使える

　オーディオ用途など，出力する周波数が低く，たとえば1Hz～10kHz といった範囲であれば，OP アンプを使ったアクティブ・フィルタを使うことができます．

　ただし，DDS のクロック周波数が数十 MHz などと比較的高い場合，スプリアス信号の周波数も高くなります．OP アンプはこのような高周波では十分に機能しないので，アクティブ・フィルタの高周波での減衰特性は小さく，スプリアス信号がフィルタを通り抜けてしまいます．

　このような場合，アクティブ・フィルタの前段に簡単な CR フィルタや LC フィルタを入れて高周波信号

を取り除くと良好な特性が得られます．

前段フィルタのカットオフ周波数を，アクティブ・フィルタのカットオフ周波数の数倍以上にしておけば，トータルのフィルタ特性にはほとんど影響しません．

● スプリアス信号だけを取り出す方法もある

DDSの出力は，$\sin(x)/x$のパターンでかなり高い周波数までスプリアスが現れていました．このスプリアスをうまく取り出せれば，DDSの基本波に比べて，かなり高い周波数の信号が得られます．スプリアス信号だけを取り出すには，バンドパス・フィルタを使用します．

図4-13は，クロック周波数が500MHz，DDSの設定周波数が200MHzで1200MHzの信号を取り出している例です．DDSで出力できる周波数は，基本的にはクロック周波数の1/2.5～1/3くらいまでです．DDSのクロック周波数は，入手しやすいDDS ICでは今のところ1GHzくらいまでであり，それよりクロック周波数の高いDDS ICは消費電力も大きく高価です．

もっと高い周波数の信号が必要な場合には，DDSの基本周波数を逓倍したり，ミキサでアップコンバージョンしたり，PLLを使って周波数を上げたりする方法もありますが，回路が複雑になり，位相雑音などが劣化することもあります．

レベルが高い信号がたくさんある中から，目的のスプリアス信号だけを取り出すので，バンドパス・フィルタには性能の良いものが要求されますが，SAW（表面弾性波）フィルタやセラミック共振器などを使うことができれば，コンパクトで高性能な信号源が得られます．

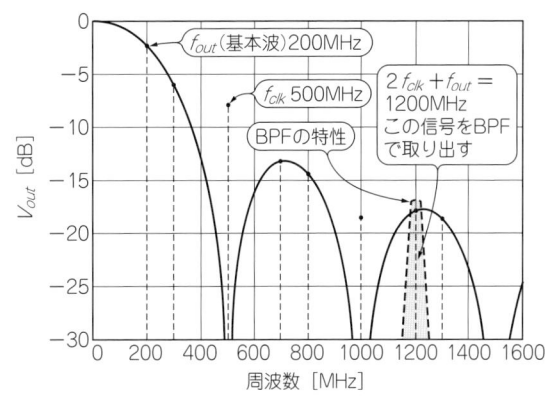

図4-13　DOSが出力する高調波スプリアスをBPFで取り出して積極的に利用することもある

最近，高速シリアル通信など向けに数百MHzの水晶発振器が市販されるようになりました．標準品として入手できる周波数は限られていますが，DDSは周波数を細かく設定できるので，他の信号と周波数や位相を合わせなければならない，といった特殊な用途を除くと，入手できる水晶発振器でなんとかなる場合が多いです．

● クロックの位相雑音が小さいこと

クロックの位相雑音はDDS出力の位相雑音に直接影響するので，クロック発振器は位相雑音が小さくなければなりません．そのため，通常は水晶発振器を使います．

ロジック出力の水晶発振器の場合，位相雑音ではなくジッタで仕様が決められていることが多いのですが，だいたい同じ意味だと考えてよいでしょう．

PLL回路を内蔵したプログラマブルな水晶発振器もありますが，位相雑音はあまり良くないものが多いので注意が必要です．

● クロック・マルチプライヤ（逓倍器）内蔵のDDSもある

PLLを使ったクロック・マルチプライヤが内蔵されていて，クロック周波数の20倍くらいまで高い内部クロックを生成できるDDS ICがあります．

マイコンのクロック用といった比較的低いクロック周波数から，数百MHzのDDS用クロックを生成できるので便利です．ただし，クロック・マルチプライヤを使うとDDS出力の位相雑音が悪化します．

クロック・マルチプライヤは，ICに内蔵されたVCOを使って，PLL方式でクロックを逓倍しているのですが，VCOの位相雑音をあまり小さくできないこともあって，逓倍したクロックの位相雑音は水晶発振器に比べるとかなり見劣りします．

クロック信号源

DDSにはクロックが必要です．そこで次に，クロック源に必要なスペックを検討してみます．

● DDSには高速なクロックが必要

DDSで出力できる最大周波数は，理論的にはクロック周波数の1/2のナイキスト周波数までですが，ナイキスト周波数に近づくにつれてスプリアス周波数との差が小さくなって，スプリアス除去用フィルタを作ることが難しくなります．

フィルタの特性を考慮した場合の実用的な出力周波数は，クロック周波数の1/2.5～1/3程度です．逆に，クロック周波数は出力周波数の2.5～3倍が必要になります．

Column 方形波信号を出すには

　DDSは基本的には正弦波を出力するものですが，ディジタル回路のクロックや通信用のボーレート・クロックなど，出力として方形波が必要になることもあります．そこで，DDSで方形波を作る方法を考えてみます．

　DDSで方形波を作るには，一度正弦波を作っておいてコンパレータで方形波を切り出すのが一般的な方法です．したがって，フィルタまでは正弦波出力のDDSと同じ回路です．コンパレータの応答速度が遅いと，クロックのデューティが崩れて出力される方形波の"H"と"L"の期間が非対称になってしまうので，目的とする周波数での動作速度に余裕があるコンパレータが必要です．

　また，出力信号の立ち上がり/立ち下がりでGNDや電源にスパイク状の大きな電流が流れるため，GNDパターンの引き回しなどにも注意が必要です．周波数が高くなると，LVDSやPECLなどの差動インターフェースを使用すると，ノイズ対策の点で有利になります．

　コンパレータを内蔵したDDS ICもありますが，コンパレータを動作させると正弦波出力にノイズが乗るなどの影響が出ることもあり，方形波と正弦波の両方の出力を使いたい場合は注意が必要です．

● クロックのジッタを抑えるには正弦波の位相雑音を小さくする

　クロック信号では周期のゆらぎを「ジッタ」といいますが，高速シリアル通信などではジッタの大きさが通信のエラー・レートに直接関係するので，ジッタを小さく抑えなければなりません．DDS出力の正弦波のゆらぎ，つまり位相雑音が大きいと，コンパレータ出力の方形波の周期もゆらぎます．つまり，ジッタが大きくなります．

　また，コンパレータのスレッショルド・レベル付近に正弦波信号があるとき，ノイズが乗るとコンパレータの出力がふらつきます．これもジッタを増加させる原因になるので，位相雑音以外のノイズも低く抑える必要があります．

● 低い周波数の方形波は分周して作る

　比較的低い周波数の方形波信号が必要な場合，低い周波数の正弦波からコンパレータで方形波を切り出すと，正弦波の電圧変化がゆるやかなのでコンパレータの入力電圧がスレッショルド・レベル付近にいる時間が長くなります．この場合，コンパレータの入力にわずかなノイズが乗っても出力がふらついてしまいます．

　低周波でジッタが少ない方形波が必要な場合は，図4-Aに示すように，一度高い周波数の正弦波からコンパレータで方形波を切り出し，カウンタで必要な周波数まで分周します．

● 位相アキュムレータのMSBを出力する方法もある

　方形波の周波数が低い場合や，デューティ比が多少変化しても問題にならない用途では，位相アキュムレータのMSB（最上位ビット）を利用することができます．

　この場合，正弦波を作るためのフィルタもコンパレータも必要ないので簡単です．ただし，周波数が高くなるとデューティ比が崩れますし，位相アキュムレータの最大カウント値と周波数設定レジスタの値がぴったり整数比になっていないとデューティがゆらぐので，低ジッタが要求されるような用途には向きません．

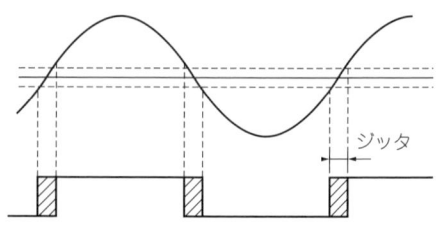

(a) 低い周波数の正弦波から方形波を作るとジッタが大きくなる

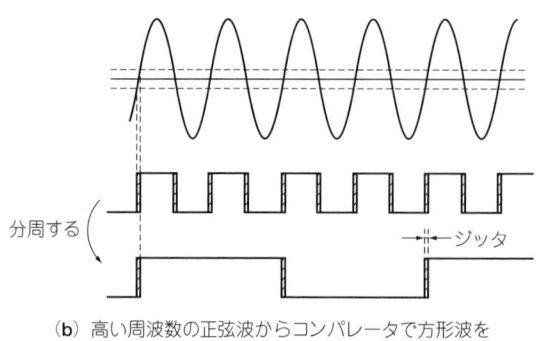

(b) 高い周波数の正弦波からコンパレータで方形波を作り分周した方がジッタを小さくできる

(c) ジッタ発生の原因

図4-A　ジッタの少ない低周波の方形波を生成するには

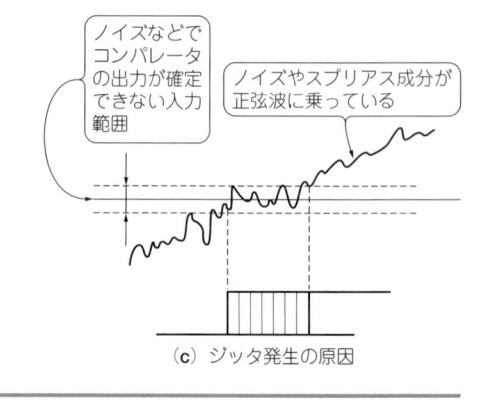

第5章 ディジタル周波数シンセサイザ DDSの応用

受信機/測定器/変調器/信号源…
周波数が安定しているってすごい！

石井 聡　Satoru Ishii

　DDS（Direct Digital Synthesizer）は，非常に広範囲な周波数帯域で，正弦波信号を簡単かつ精度よく生成することができます．また，その周波数分解能が非常に高いこと，周波数の切り替えが一瞬で実現できることなども特徴と言えるでしょう．

● アナログ発振回路は制御が非常に難しい

　「正弦波を出す」には，まずアナログ方式による発振回路が考えられますが，この場合は発振させること自体が難しく，また広い帯域にわたって周波数を変えることも同様に難しく，さらに周波数安定度を高く維持することなど神業に近いことです（図5-1）．

　DDSはこのようなアナログ発振回路で起こるような問題がなく，本当に「非常に簡単」に信号を発生させることができるので，多くの人が便利に使えます．

　本章では，このDDSの特徴を活かした用途を紹介します．

① 任意周波数の正弦波発生器

　マイコン・ユーザも，ディジタル信号の入出力だけ

図5-1　周波数が変動しない安定度の高い発振回路をアナログで作るのはたいへん

図5-2　ディジタル屋にとって正弦波を作るのはたいへん

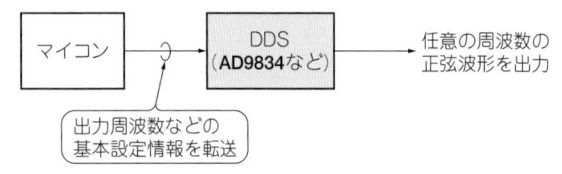

図 5-3 任意周波数の正弦波形を発生．DDS を使えばマイコン屋でも任意周波数の正弦波を簡単に生成できる

でなく，可変周波数の信号が必要になることがあると思います．矩形波ならマイコンのタイマを使って分解能が高くて高精度な信号を生成できますが，「正弦波が欲しい」となると，どうしたものかと途方にくれるのではないでしょうか（**図 5-2**）．正弦波の発振回路は意外と作るのが難しいのです．

● DDS を使えば誰でも簡単に正弦波を生成できる！

最初に述べたように，DDS なら簡単に正弦波を発生させることができます．また，DDS 付属基板に使用している AD9834 は三角波や矩形波も発生できるので，さまざまな用途で利用できると考えられます．

図 5-3 は，マイコンで任意の周波数の正弦波を発生させるブロック図です．マイコンから DDS に対して，出力周波数などの基本設定情報をディジタル・データとして転送すれば，DDS が自動的に希望する周波数の正弦波を生成してくれます．

▶ 折り返しや高調波によるスプリアス成分に注意

実際の回路では，折り返しや高調波によるスプリアス成分が発生するので，高い周波数成分を除去できるようなローパス・フィルタを DDS の後段に入れます．

さらにこの後段で，高速 OP アンプなどを使って目的の信号レベルまで増幅すれば，用途が広がります．

② 可変周波数のディジタル・クロック

マイコンのタイマを利用すれば高精度な周波数可変のクロック源を作ることができます．しかし，マイコンの動作クロックがそれほど高速でない場合は，高い周波数の可変クロックを作ることはできず，マイコンの動作クロック周期ごとのステップでしか可変クロック信号を作ることができません．

DDS は，高い周波数の DDS 動作クロックを用いることができます（DDS 付属基板の AD9834 の場合は 75MHz まで入力可能）．

また，NCO（Numerically Controlled Oscillator，数値制御発振器．DDS のコアとなる位相アキュムレータと正弦関数ルックアップ・テーブルで構成）が AD9834 は 28 ビットあるので，$75\text{MHz}/2^{28} = 0.28\text{Hz}$ の周波数分解能で可変周波数クロック源を作ることができます．

図 5-4 は，このディジタル・クロックを作り出す回路です．ローパス・フィルタの出力をコンパレータで 2 値化して，ディジタル・クロックを得るようにします．

▶ コンパレータを内蔵した AD9834 を使えば簡単にディジタル・クロック源になる

AD9834 は非常に便利な IC で，コンパレータが内蔵されています．本来コンパレータには，入力信号を一定の DC レベルに維持するように「バイアス回路」を外付けで用意しなければなりません．しかし，AD9834 はバイアス回路と AC 結合回路が内蔵されているので，DDS で生成した正弦波を DC カットしてコンパレータ入力端子に入力すれば，簡単にディジタル・クロック源になります（ただし，3MHz 以上が良好）．

③ SSB 受信機の感度レベルの測定

● S メータによる感度レベル測定はあてにならない

アマチュア無線家なら，自分の SSB（Single Side Band）受信機がどれほどの感度を持っているか確認してみたいこともあるでしょう．

受信機の S メータで，受信した信号レベルを概略で求めて，その受信出力状態から感度を想定するという方法も考えられます．しかし，以下のような問題があります．

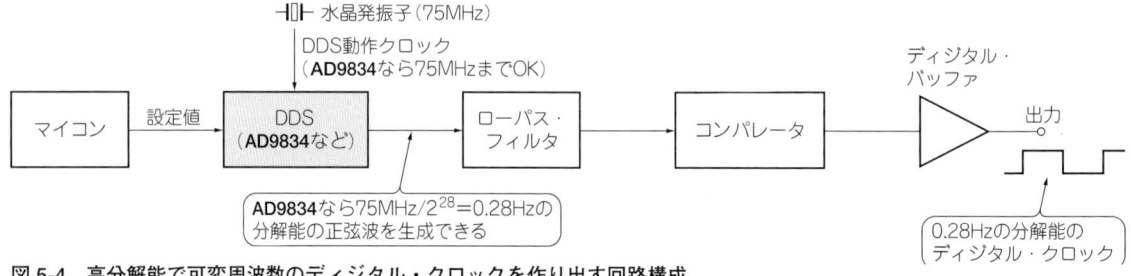

図 5-4 高分解能で可変周波数のディジタル・クロックを作り出す回路構成

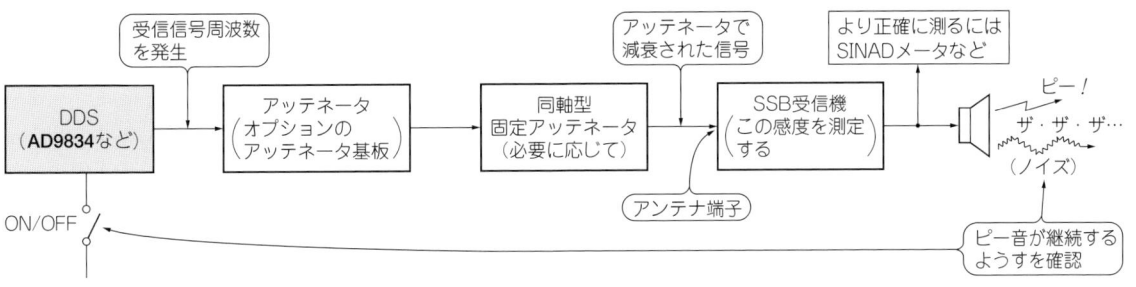

図 5-5 SSB受信機の感度レベルを測定するブロック図

- Sメータが振れないところでも実際には十分な明瞭度がある（メータでは読み取れない）
- 外来ノイズがあった場合は，それにより明瞭度の比較基準がずれてしまうので基準点があいまい
- Sメータ自体にも誤差があるので信ぴょう性が疑わしい

● DDSとアッテネータを用いる

DDSを信号源代わりに使用し，SSB受信機の感度レベルを測定することができます．この方法を図5-5に示します．図からわかるように，DDS単体だけでは感度測定を実現することができず，外部にDDSから出力された信号レベルを減衰させる「アッテネータ」を用意しなければなりません．

このアッテネータには，DDS付属基板用のベース基板に搭載できる，オプションの「アッテネータ基板」を利用できます．これを活用すると簡単ですが，これでも感度測定には減衰量が不足すると思われるので，その場合は外部に同軸型の固定アッテネータを接続してください．

● SSB受信機で復調した連続波の音の明瞭度で感度を測定する

具体的な方法ですが，アッテネータを通したDDSの信号を，SSB受信機のアンテナ端子に加えます．受信機からは連続音（一定の「ピー」という音）が聞こえるはずです．ここでアッテネータ・レベルを下げていくと（減衰レベルを上げていく），音がノイズに隠れていき，明瞭度が低下するあたりが感度限界点です．

といっても，これではよくわからないこともあるかもしれません．その場合は，DDS出力をON/OFFしながら（CW信号によるモールス通信のように），音が断続するようすを確認しながら感度限界点を探るとよいでしょう．

▶ CWよりSSBの方が感度限界点の信号強度は高い

CWは，明瞭度が低くても聞き取ることができます．一方，SSBはCWと比較して，高い明瞭度が必要です．そのため，CW信号で明瞭度を測定した信号強度より，SSBの方が感度限界点が高くなります．

この方法は簡便な方法です．より正確に測定するには，SINADメータなどをスピーカ出力に接続して，定量的に計測するとよいでしょう．

④ アマチュア無線機のVFO (Variable Frequency Oscillator)代わり

最近のアマチュア無線機は，可変周波数発振源としてPLLやDDSを周波数源に採用しているので，高い周波数安定度が水晶発振基準で実現されています．そのため周波数のズレやドリフトが生じたりすることはありません．

● LC発振器ベースの周波数源はドリフトするのでダイヤルで微調整が必要

VFO (Variable Frequency Oscillator) という，LC発振器ベースの周波数源が使われていた昔の無線機は，かなり注意深く設計されていたので性能は良好ではありましたが，それでも周波数精度が悪かったり，周波数ドリフトが生じて，その都度ダイヤルで周波数を微調整したものでした．市販の無線機にかぎらず，自作無線機の場合にも，この周波数安定度は頭の痛い問題でもありました．

VFOには，5MHz台の周波数で500kHz程度の可変範囲のものが多く用いられていました．

● DDSなら周波数ドリフトなし

DDSは，VFOの代わりに周波数安定度の高い発振源として応用することができます（図5-6）．これにより，今までLC発振器のVFOでは経験したことがないようなQRH（ドリフト）のないQSO（交信）が実現できます．ネットを見てみると，これまでにも多くのアマチュア無線家がDDSを用いたVFOを実践しているのを見つけることができます．

DDSの出力周波数が高めになると，スプリアスが発生して，これが送信/受信ともども影響を与えることがあるので，フィルタを挿入するなど十分な配慮が

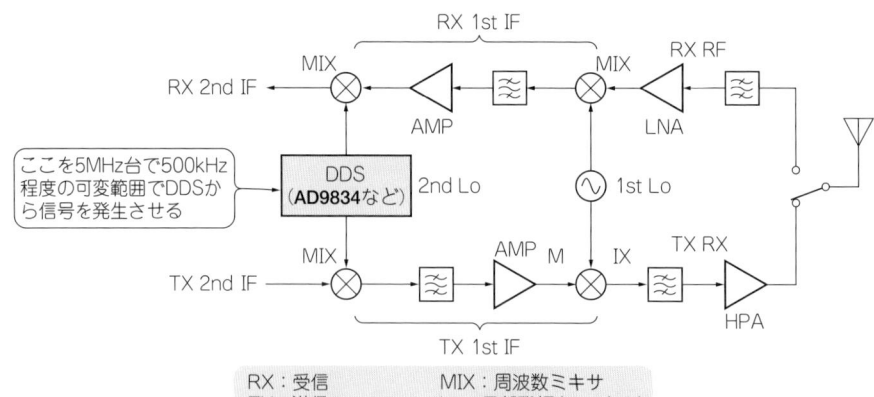

図5-6 VFOの代わりに周波数安定度の高いDDSを発振源として応用できる

⑤ 超音波装置の信号源

超音波装置で発生させる信号の周波数は，非常に高いものです．1M～10MHz程度の周波数源が必要です．これも用途によると，広い周波数レンジをスイープしながら超音波を送出し，反射波のようすを観測する必要があります．

ここでも広い周波数を生成できるDDSの出番です．

⑥ 増幅器の非直線性測定

● 2信号を一度に入力する

2台のDDSとアッテネータを使うと，2信号特性を測定できます．2信号特性とは，図5-7のように2信号の差分周波数だけ左右に離れた周波数に発生する，増幅回路の非直線性（3次ひずみ）によるひずみ波のレベルを測定するものです．

DDSは2台必要です．図5-8のような構成で近接する2周波数の2信号をそれぞれのDDSから発生させます．

測定対象にもよりますが，差分周波数は数k～数百kHzが一般的です．「発生周波数は高く，差分周波数は小さく」となるので，ここも周波数安定度の高いDDSの出番です．この2信号（2台の信号レベルは同じにして）を合成して，測定対象の増幅回路などに入力し，その出力をスペクトラム・アナライザで観測して2信号特性を測定します．

2台のDDSからの信号を合成するところで3次ひずみが発生してはいけないので，オプション基板の「アッテネータ基板」を活用する場合は（出力がOPア

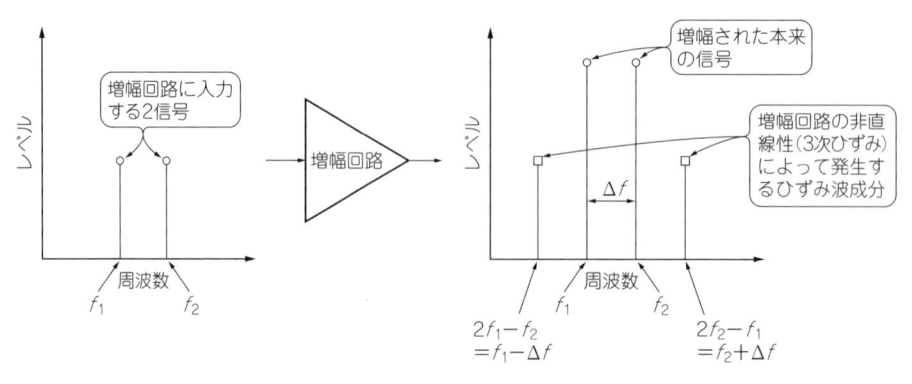

(a) 入力信号スペクトル　　(b) 出力信号スペクトル

図5-7 2信号特性とは…増幅回路の3次ひずみにより発生するひずみ波成分のこと

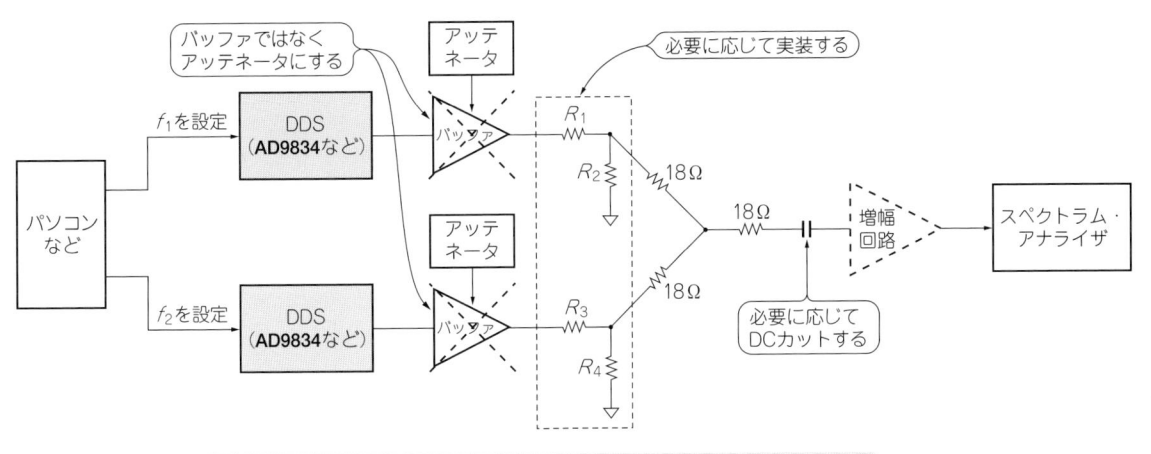

図5-8 2個のDDSで周波数の異なる2信号を生成して増幅器に入力すると非直線性がわかる

R_1とR_3は負荷を軽くして他方のチャネルからの混入(相互変調)を軽減する抵抗.
$R_1 // R_2 = R_3 // R_4 = 50Ω$にする(//は並列接続の意味)

ンプ回路になっているので),図5-8にも破線で示してあるように,それぞれのアッテネータ基板からの出力を再度外付けのアッテネータで減衰させたうえで,2信号を合成するようにします(図5-8ではDDS出力を合成してからアッテネータで減衰させていない).

⑦ スカラ・ネットワーク・アナライザ

アンプやフィルタなどで,回路の周波数伝達特性を測定したいことがよくあります.これには本来,「ネットワーク・アナライザ」という測定器が必要で

す.しかし,これは非常に高価であり,なかなか用意することは難しいでしょう.

● DDSなら広帯域の周波数スイープが可能

回路の周波数伝達特性を測定するには,まず広帯域で周波数をスイープ(掃引)させる必要があります.これは図5-9のように,DDSを用いれば簡単に実現できます.スイープも,パソコンからUSB経由で設定できれば,リニア・スイープ,ログ・スイープ,スポットなども自由自在です.

周波数をスイープしていく各ポイントでレベルを取得すれば,周波数伝達特性を測定できます.例えば,

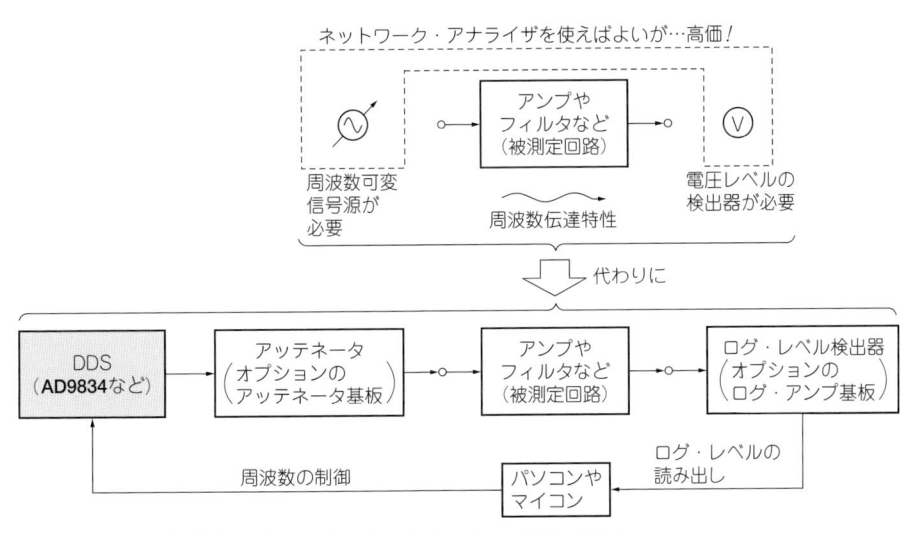

図5-9 DDSを信号源にしたスカラ・ネットワーク・アナライザ
回路の周波数伝達特性を測定できる

ここにオプションの「ログ・アンプ基板」を活用し、ログ・レベルで大きさを検出します。これをパソコンやマイコンに取り込んで Excel などで加工します.

● 測定対象にゲインがあるときは入力する信号レベルをアッテネータで減衰させる

アンプを測定したい場合，測定対象となる回路自体がゲインをもっていると，それを受けるログ・アンプの入力レベルが飽和することがあります．このようなときは，「アッテネータ」を用いて，アンプの入力でレベルを下げておくことも必要です．

例えば，ここにオプションのアッテネータ基板を利用することができます．

得られた結果は，DDS やアッテネータなどのレベル誤差を含んでいます．そのため，事前に測定対象を取り外し，系をスルーで接続し，「スルー・キャリブレーション」と呼ばれる校正をしておくことが重要です．

得られた結果は「大きさ」だけです．測定対象の位相が変化していく情報は得ることができません．そのため「ベクトル量」ではない，大きさだけの「スカラ量」のネットワーク・アナライザを実現していることになります．

⑧ 電源回路の出力インピーダンスの測定

電源回路の出力インピーダンスは，特殊な測定器がないと測定は難しいのが一般的です．電源回路の出力インピーダンスは，外部から微小レベルの交流電流を入力して，その電流量で発生する電圧降下により計測できます．

● 広帯域に可変できる周波数源が必要

この電流の周波数源となる発振信号源が必要です．電源回路は，周波数によって出力インピーダンスが変化します．そのため，広い周波数レンジにわたって特性を確認する必要があります．この発振信号源として DDS を活用できます．

▶ アッテネータでレベルを減衰させ，電圧-電流変換して交流電流を作る

図 5-10 にブロック図を示します．DDS で広帯域の周波数を発生させ，それをアッテネータを使って信号レベルを適切なレベルに減衰させ，それを電圧-電流変換回路を通し，高い出力インピーダンスの交流電流を作り出します．

● ログ・レベルで電圧降下の大きさを検出する

この交流電流を，測定対象の電源回路の出力に注入

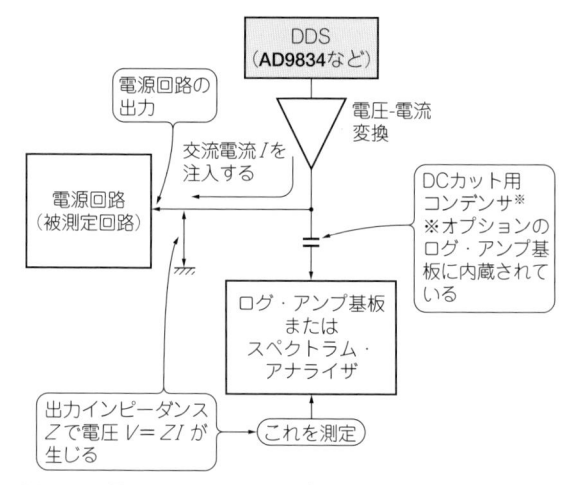

図 5-10 電源の出力インピーダンス特性の測定

します．電源回路の出力インピーダンス自体は（本来）低いものなので，得られる電圧降下は低いレベルになります．そのためオシロスコープでは観測が難しいかもしれません．そこで，オプションのログ・アンプ基板を使ってログ・レベルで大きさを検出できます（スペクトラム・アナライザも使える）．

電源回路とログ・アンプとの間は，DC カットします（ログ・アンプ基板には内蔵されている）．ログ・アンプ基板により，微小レベルの電圧降下も検出できるので，電源回路の出力インピーダンスの周波数特性を精度よく知ることができます．なお，電源回路のノイズを間違って測定しないように，注入する電流レベルは適切にする必要があります．

電源回路によっては，電流を注入する極性により（注入電流の半周期ごと）出力インピーダンスが同じになっていないかもしれませんが，これはオシロスコープで確認できるでしょう．

⑨ 容量/インダクタンス/共振周波数の測定

参考文献 (4) には，いろいろなインピーダンスの測定方法が紹介されています．インピーダンス測定回路の周辺部分は，一般の電子回路素子でなんとか実現できます．しかし，信号源となる発振回路部分は，精密に周波数を制御したり，広い周波数帯域にわたって安定した発振レベルにしなければなりません．このような用途に DDS は最適です．

● 数 kHz で特性が大きく変化する水晶振動子の共振周波数を測定できる

インピーダンスを計測する具体的な例は，参考文献

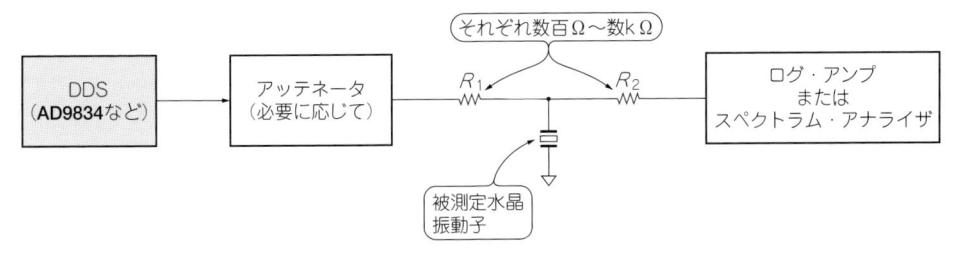

図 5-11 水晶振動子の直列共振周波数 f_S の測定

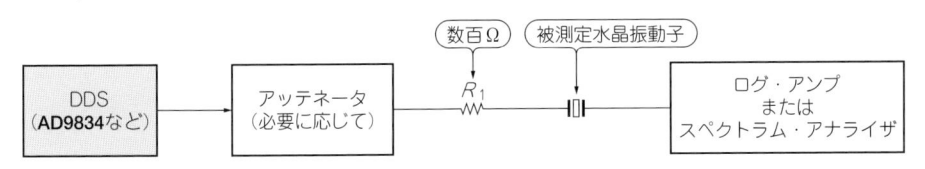

図 5-12 水晶振動子の並列共振周波数 f_P の測定

(4) を見てください．ここでは共振周波数の測定，それも水晶振動子の直列共振周波数と並列共振周波数を測定してみます．

水晶振動子の共振状態は，非常に先鋭な周波数特性になっています．そのため，数 k〜数十 kHz というとても狭い周波数範囲で特性が大きく変わるため，正確かつ高い分解能で信号源の周波数を設定する必要があります．DDS の性能から考えても，この用途に最適であることがすぐに理解できると思います（ただし DDS の基準周波数には十分高精度のものを供給すること）．

水晶以外の共振回路も，インピーダンスが狭い周波数範囲で大きく変わるので，これらの測定にも DDS を活用することができます．

● 測定方法

水晶振動子は，直列共振状態（周波数を f_S とする）と並列共振状態（同じく f_P とする）のそれぞれの特性があり，$f_S < f_P$ になっています．

▶ 直列共振周波数 f_S

図 5-11 に，水晶振動子の直列共振周波数 f_S の測定方法を示します（他の共振回路でも同じ）．抵抗 R_1 を経由して，水晶振動子に DDS から信号を加えます．さらに，抵抗 R_2 を経由して，ログ・アンプ基板に接続します（スペクトラム・アナライザでもよい）．

R_2 が必要な理由は，水晶振動子の直列抵抗が大きいときに共振点を見つけやすく（ログ・アンプ基板やスペクトラム・アナライザの入力インピーダンスが支配的にならないように）するためです．

DDS の周波数を水晶振動子の公称発振周波数の上下付近で動かして，信号をログ・レベルで検出するログ・アンプの出力レベルが最低になったところが直列共振周波数 f_S です．

▶ 並列共振周波数 f_P

図 5-12 は，並列共振周波数 f_P の測定方法です．水晶振動子の片側の端子に抵抗 R_1 を経由して DDS からの信号を加えます．もう一方の端子は，ログ・アンプ基板に接続します．

DDS の周波数を水晶振動子の共振周波数の上下付近で動かして，信号のログ・レベルを検出するログ・アンプの出力レベルが最低になったところが並列共振周波数 f_P です．

● 水晶振動子の最大定格「ドライブ・レベル」を超えないように

水晶振動子の直列抵抗が大きい場合は，f_S の観測が難しい場合もあるので注意してください．また，水晶振動子には「ドライブ・レベル」と呼ばれる，振動子が許容できる最大レベルがあります．アッテネータなどを使って供給電力を規格内に低減させて測定を行ってください．

⑩ 多相出力の信号源

複数の位相状態の信号が欲しくなる場合も多いのではないでしょうか．例を挙げると，三相交流源（120°ずつずれた三つの位相信号が必要）や，ベクトル・ネットワーク・アナライザ，IQ 変調（90°ずれた二つの位相信号が必要）などです．

スカラ・ネットワーク・アナライザの限界を先に説明しましたが，ベクトル・ネットワーク・アナライザを実現できれば，位相情報まで測定結果として得られるので，測定器としての用途が大きく広がります．

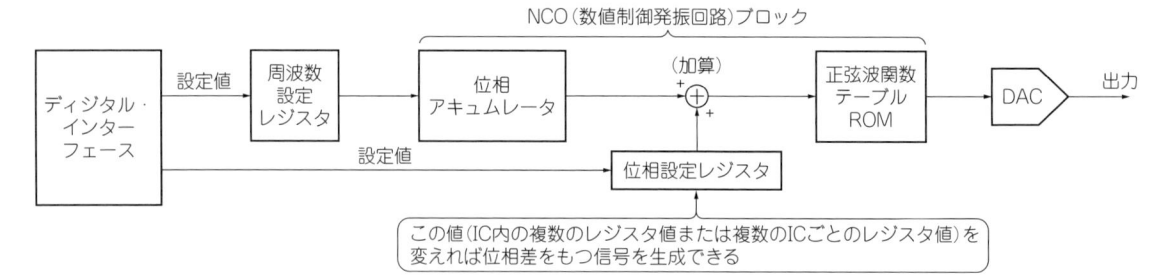

図 5-13 DDS の位相は位相制御レジスタで制御できる

● 多くの DDS は位相制御が可能なレジスタを持っている

多くの DDS は，位相制御が可能なレジスタを持っています．これは，DDS 内の位相アキュムレータに一定量のオフセットを付加するように動作します．これにより位相を変化させることができます．図 5-13 に，この構成を示します．

位相なので相対量になり，一つの IC であれば複数の位相設定レジスタ間での位相差になりますし，複数の IC を同期させて動作させるのであれば，それぞれの IC の出力間の位相差になります．

● AD9834 の位相設定レジスタ

DDS 付属基板の AD9834 は，位相設定レジスタを 2 本もっており，異なる位相状態を作ることができます．片側の位相設定レジスタで動作させておき，同時にもう一方の位相設定レジスタもプログラムして，完了後にレジスタを切り替える PSELECT ピンをトグルすることにより，ダイナミックに任意の位相に変化させることができます．

● 複数の DDS IC を同期して動作させる

複数の AD9834 で位相を同期させたい場合は，MCLK（マスタ・クロック）を同じクロック源から供給し，RESET ピンもハードウェア的に同一制御として，同時に複数個の AD9834 をクロックで同期させてリセットします．そうすると，すべての IC の位相アキュムレータが同期してスタートするので，この状態でそれぞれの位相設定レジスタをプログラムすれば，複数個の AD9834 間の位相を正しく制御できます．

複数の IC 間で同期が取れる，同期機能をもつ DDS IC（AD9859 など）もあります．

⑪ AM（ASK），FSK，PSK 変調信号波の生成

DDS を用いて変調波も作り出すことができます．例えば，AM（ASK）変調波を作るには，DDS の DAC 電流設定を変更する方法があります．これは，参考文献(2)に詳しく掲載されていますので，是非参考にしてください．

● FSK 変調を実現する

FSK は，二つの周波数のキャリアを交互に切り替えることで実現します．ただし，別々に用意した二つの信号を切り替えて FSK を作る方式では，周波数の切り替え点（ビットの切り替わり点）で信号波形が不連続になりよくありません．

図 5-14 のように DDS を用いれば，位相アキュムレータへの設定値，つまり位相の進むスピードを変えるだけなので，周波数の切り替え点で信号波形が不連続になることはありません．良好な FSK 変調波形を実現できます．

DDS 付属基板の AD9834 は周波数設定レジスタを 2 本もっており，それを FSELECT というピンで切り替えられます．これにより，簡単に周波数の切り替えを実現できます．

● PSK 変調を実現する

PSK についても同様です．PSK は，位相を切り替えて変調を行います．多くの DDS は周波数設定レジスタ以外にも位相設定レジスタを持っています．DDS 付属基板の AD9834 では，位相設定レジスタを 2 本もっており，それを PSELECT というピンで切り替えられます．各位相設定レジスタを 0°，180°にそれぞれ設定し，図 5-15 のようにビットごとに切り替えれば，BPSK（バイナリ PSK）変調を実現できます．

AD9830，AD9831，AD9832，AD9835 などは，4 個の位相設定レジスタを持っているので，QPSK（4 相 PSK）変調も実現できます．

⑫ PLL のリファレンス信号源

DDS では発生させることのできない，また性能を出すことの難しい，GHz 帯の高い周波数を発生させ

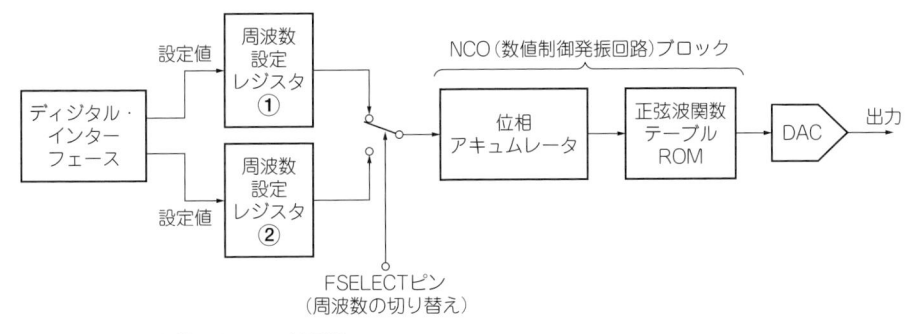

図5-14 DDSを使ったFSK変調器

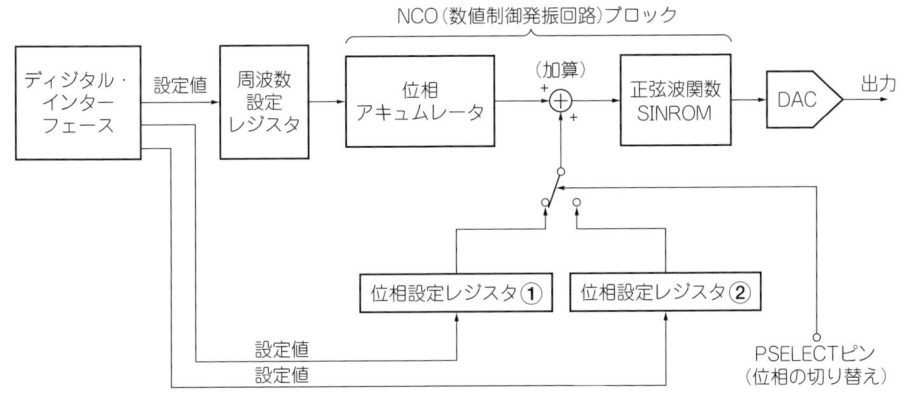

図5-15 DDSを使ったPSK変調器

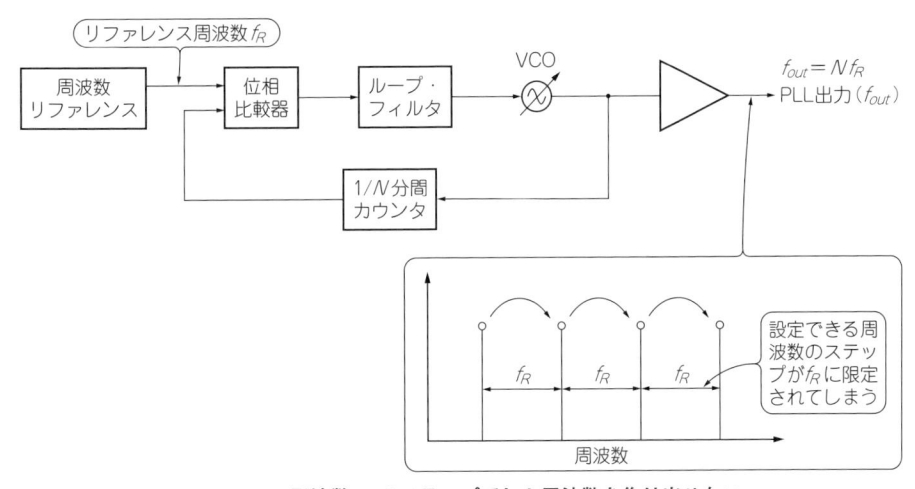

図5-16 PLLはリファレンス周波数 f_R のステップでしか周波数を作り出せない

るには，現在でもPLL方式を用いるのがベストです．

● **PLLの欠点**

とはいってもPLLは，図5-16のようにリファレンス周波数 f_R と呼ばれる基準周波数があり，このステップの分解能でしか周波数を作り出せません（整数N型PLLを用いた場合）．これを解決するにはフラクショナルN型PLLを用いるという方法もありますが，サイドバンド・スプリアスなどの問題があり，実現するのはけっこう難しいです．

● **リファレンス周波数にDDSを使えば周波数分解能の高いPLLが作れる**

このリファレンス周波数 f_R にDDSを用いることが

⑫ PLLのリファレンス信号源 **59**

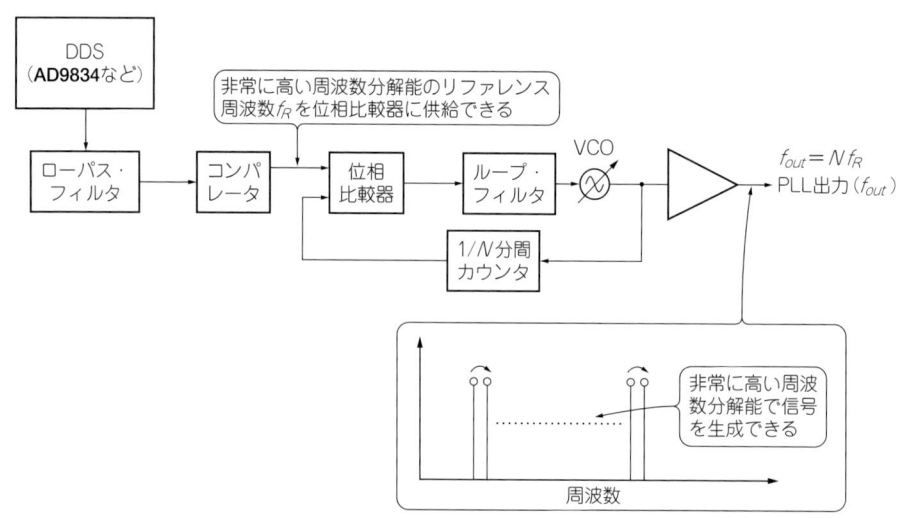

図5-17 リファレンス周波数にDDSを使えば周波数分解能の高いPLLが作れる

できます．本来，リファレンス周波数 f_R は固定周波数なので，それに応じたステップに PLL 出力周波数は固定されます．DDS を用いれば，**図 5-17** のように f_R を変えること，それも非常に高い周波数分解能で f_R を変更できるので，PLL の出力としても非常に高い周波数分解能の信号を生成できます．

このようにすると，PLL 回路と DDS 回路の「いいとこ取り」のシステムを実現できます．

◆ 参考文献 ◆

(1) http://www.analog.com/jp/dds
(2) http://www.analog.com/CN0156
(3) E. Murphy, C. Slattery; Direct Digital Synthesis (DDS) Controls Waveforms in Test, Measurement, and Communications, Analog Dialogue, Vol. 39, No. 3, 2005, Analog Devices.
(4) インピーダンス測定ハンドブック，2003年11月版，アジレント・テクノロジー．

第6章 GHz出力型からインピーダンス計測用まで
ディジタル周波数シンセサイザのいろいろ

石井 聡　Satoru Ishii

　本書のDDS付属基板には，DDS ICとしてAD9834（アナログ・デバイセズ社）を使用しました．AD9834は非常に高いフレキシビリティをもつDDS ICであり，多くの用途で使用できます．DDS ICには，これ以外にも多くの種類のICが存在します．

　そこで本章では，いろいろな種類のDDS ICについて，その利用法も含めて詳しく紹介していきます．現在のDDS ICは，単に「正弦波を発生させるだけ」の機能ではないことがおわかりいただけると思います．

DDSを信号源にしたインピーダンス計測用複合機能IC　AD5933/34

　AD5933/34（**写真6-1**）は，DDSを信号発生に応用して，被測定素子のインピーダンスを高精度に計測できる複合型ICです．このデバイスには，DDSと1MSpsの12ビットA-Dコンバータが内蔵されており，外部に接続する被測定素子（複素インピーダンス素子となる）にDDSから測定信号を供給します．**図6-1**に，AD5933/34のブロック図を示します．

● DDSで作られた信号を被測定素子に与え，流れる電流からインピーダンスを測定する

　DDS信号出力の抵抗成分と非測定素子のインピーダンスとが合成インピーダンスになり，またこの経路

写真6-1　DDS内蔵のインピーダンス計測用IC　AD5933の評価ボード
プレゼントあります．pp.5～6

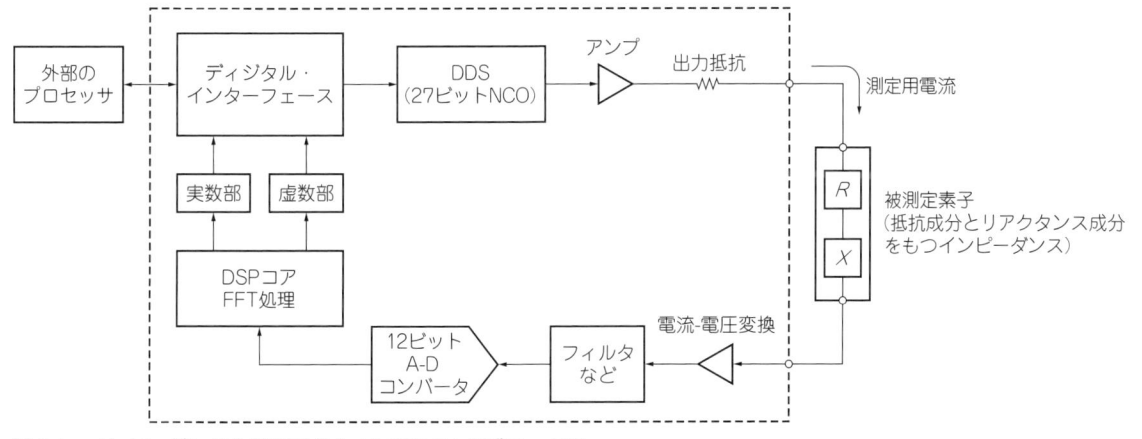

図6-1　インピーダンスを計測できるAD5933/34のブロック図
プレゼントあります．pp.5～6

を通してDDS信号出力から受信段に電流が流れます．

受信段では，未知インピーダンスである被測定素子を流れる測定電流を電流-電圧変換し，その後にアナログ的に増幅やフィルタなどの信号処理を行ったあと，この信号を12ビットのA-Dコンバータで，ディジタル・データに変換します．

A-D変換されたディジタル・データは，AD5933/34のDSPコアでFFT処理が行われます．この結果は実数部と虚数部が2個の16ビット・レジスタに格納され，この内容を外部から読み出して変換係数で数値変換することにより，被測定素子の複素インピーダンスを計測します．

● 周波数をスイープさせれば共振周波数も計測できる

非測定素子のインピーダンスの周波数特性$Z(\omega)$を知るために，周波数スイープ（掃引）も実行できます．また，RLC共振回路の測定では，共振周波数に同調させる必要もあります．RLC共振回路のインピーダンスが共振周波数で急激に変化するからです．

AD5933/34のDDSブロックは，27ビットのNCO（Numerically Controlled Oscillator，数値制御発振器．DDSのコアである位相アキュムレータと正弦波関数ルックアップ・テーブルで構成）を持っているので，周波数分解能を0.1Hzまで上げることができます．これはDDSを信号発生機能として利用しているからこそできる芸当と言えるでしょう．

● 応用例

用途例としては，駐車車両の検出があります．駐車位置の真下にコイルを設置し，AD5933/34から80k～100kHz程度の周波数の信号を出力します．

このコイルは，共振回路としてモデル化できます．車両がこのコイル上に駐車すると，コイルのインピーダンスや共振周波数が変化するため，車両の有無を検出できます．その他の応用も多数考えられます．

高速DDS IC AD9858/AD9859/AD9912/AD9913

● ミキサとPLL回路を内蔵したAD9858

AD9858は1GSpsで動作する高速なDDSです．無線通信に応用するためにミキサとPLL回路が内蔵されています（リファレンス・クロック逓倍器は内蔵していない）．これらを用いて，例えば図6-2のような出力周波数を任意に可変できる高周波信号発生器や，アップ・コンバージョン，ダウン・コンバージョンを実現できます．

周波数スイープ機能も内蔵しているので，チャープ・レーダなどに応用できます．PLL回路部分で生成されるキャリア信号をスイープするなど，いろいろな応用を考えることができます．

● 400MSps 10ビットDAC出力のAD9859

AD9859は，10ビットのDAC出力をもった400MSpsのDDSです．内部に「リファレンス・クロック逓倍器」というPLLを内蔵しているため，外部から数百MHzの高速なDDS動作クロックを与える必要がなく，内部でDDS動作クロックを生成できます．このため数十MHzのクロックを外部から入力し，それを4倍～20倍（AD9859の場合．DDS ICごとで異なる）に逓倍して，DDS動作クロックとすることができます．また，AD9859は複数チップの同期動作が可能です．

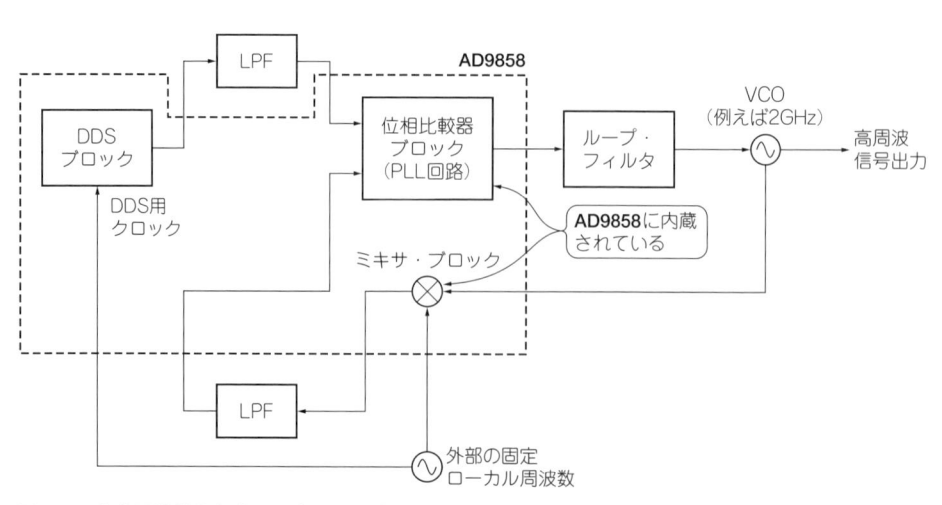

図6-2 出力周波数を任意に可変できる高周波信号発生器（AD9858使用）

● 1GSps 14ビットDAC出力のAD9912

AD9912は1GSpsで動作し、かつ14ビットのDACをもつDDSです。DACの分解能が高いことから、スペクトル純度の高い、スプリアスの少ない信号を生成できます。

NCO内の位相アキュムレータが48ビット幅であるため、4μHzステップで周波数を生成できます。得られた信号を内蔵コンパレータにフィードバックでき、コンパレータ出力を4μHzステップのクロック信号源として活用できます。

リファレンス・クロック逓倍器も2倍から33倍の逓倍が可能で、1GHzまでのDDS動作クロックを生成できます。

● 64倍のクロック逓倍器を内蔵する250Msps 10ビットDAC出力のAD9913

AD9913（写真6-2）は、10ビットのDACをもったDDSです。動作速度は250MSpsであり「超高速」といえるDDSではありませんが、1倍から64倍のリファレンス・クロック逓倍器を内蔵しているため、低いリファレンス入力周波数であっても、高い周波数のDDS動作クロックを実現できます。周波数スイープ機能もあります。パッケージも5mm×5mmの32ピンLFCSPと小型で、SPIでプログラム可能であり、非常に使いやすいICです。

直交ディジタル変調機能付き高速DDS AD9957

AD9957は、1GSpsで動作し、14ビットDACを内蔵した直交ディジタル変調機能付きの高速DDS ICです。有線通信または無線通信システムの情報伝送用として、ベースバンド信号を高周波信号に変換できます。AD9957、AD9856、AD9857で一つの直交ディジタル・アップ・コンバータ（QDUC; Quadrature Digital Up Converter）ファミリを形成しています。AD9957のブロック図を図6-3に示します。

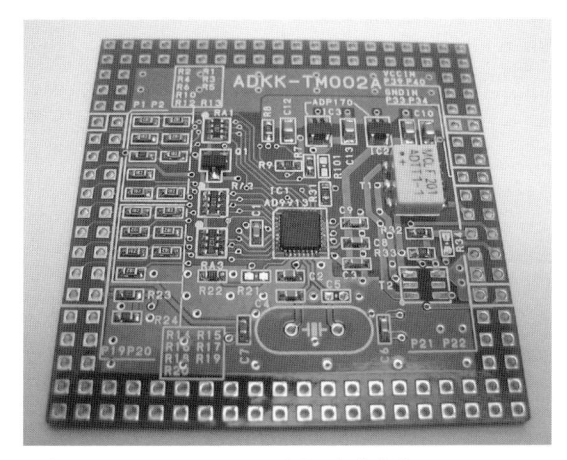

写真6-2 64倍のクロック逓倍器を内蔵する250MSpsのDDS AD9913
P板.comの「パネルdeボード」で購入できる

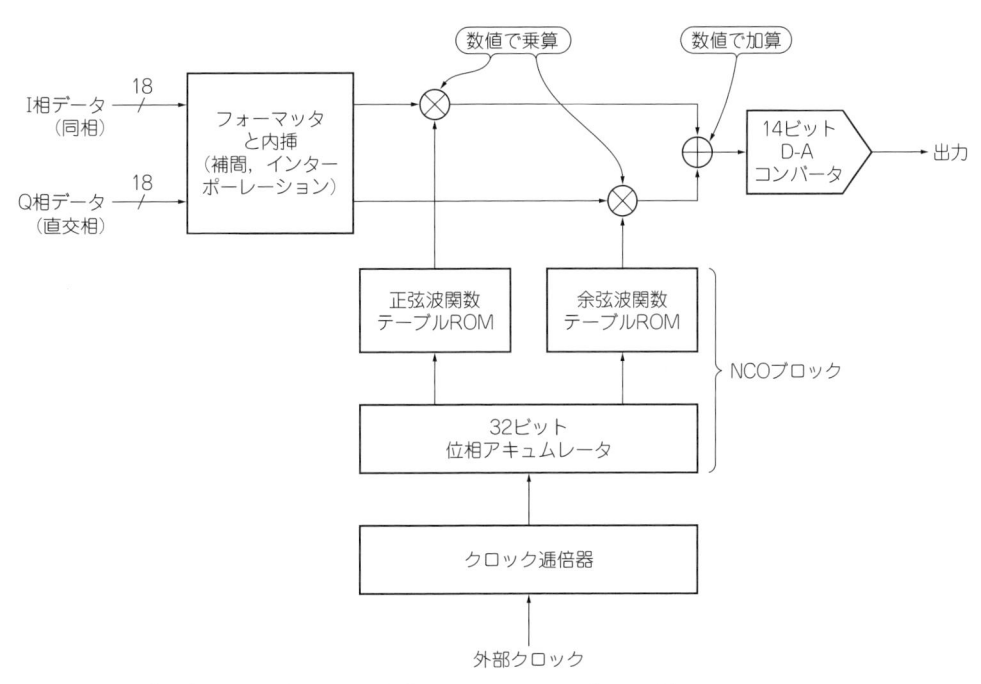

図6-3 直交ディジタル変調機能付きの高速DDS AD9957のブロック図

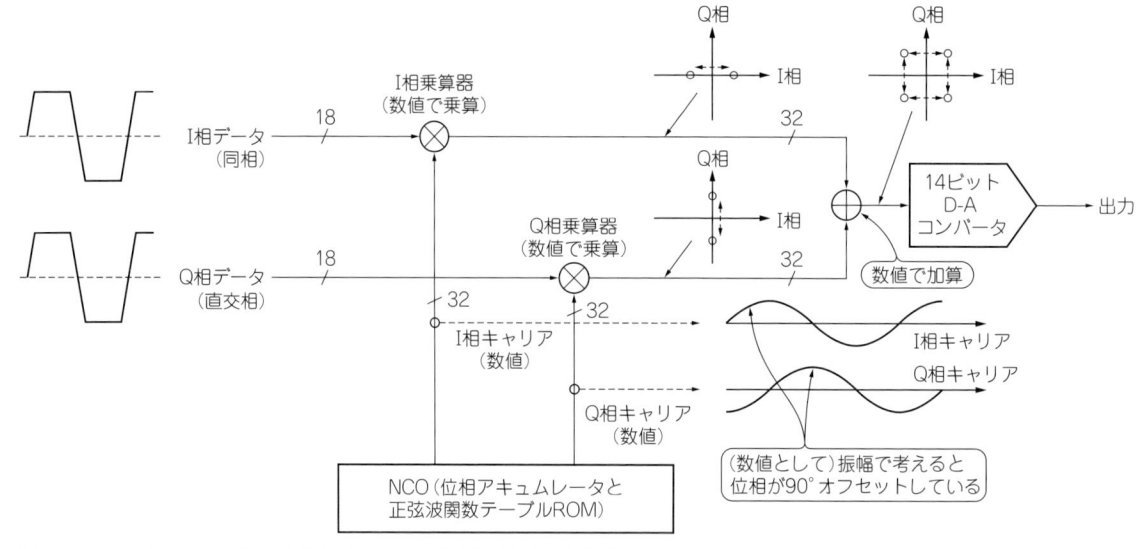

図6-4 DDSのNCOから出力されるキャリア信号数値データとそれがI/Q乗算,合成されるようす

● DDSに与えるディジタル信号自体にI/Q変調をほどこす

AD9957は18ビット幅のI/Qベースバンド・データをサポートしており,高精度の変調信号を生成することができます.I/Qデータのスループットは250 MHzのレートまで対応しています.

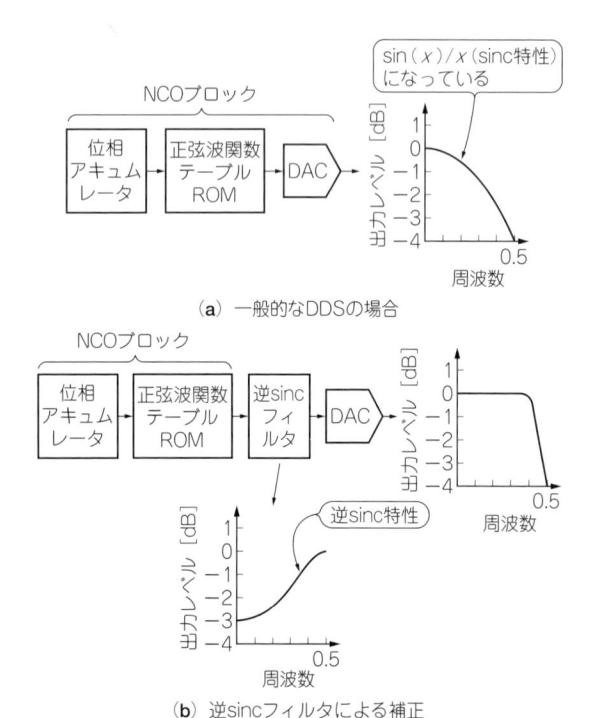

図6-5 DDSの出力スペクトルsinc特性と「逆sincフィルタ」による補正

(a) 一般的なDDSの場合
(b) 逆sincフィルタによる補正

ディジタル直交変調段にて,入力I/Qベースバンド・データの周波数を,DDSを用いて所望のキャリア周波数までシフトします(アップ・コンバージョン).キャリア周波数自体はDDSが制御しているので,きわめて高い精度かつ分解能で,所望のキャリア周波数を発生させることができます.

FPGAなどの汎用ディジタル回路でキャリア周波数と変調波を生成し,DACでアナログ波形にする変調方法と比較しても,低い周波数(ベースバンド周波数)で信号処理をすればよいだけなので,使い方は非常に簡便と言えるでしょう.

● ディジタル値の計算でI/Qそれぞれの直交キャリアのディジタル値が得られる

このようすを図6-4に示します.キャリアは,直交形式(90°の位相オフセット)のI/Qの2チャネルが必要なため,DDSのNCO(位相アキュムレータと正弦波関数ルックアップ・テーブル)からは90°オフセットした二つのキャリア信号がディジタル数値で生成されます.これがI相乗算器とQ相乗算器に送られ,それぞれI/Qベースバンド・データと数値で乗算され,さらに加算されて,直交変調された変調波(ディジタル値)が得られます.

これがさらに14ビットDACでアナログ信号に変換され,変調された実際のアナログ高周波信号が得られます.

変調自体はディジタル信号処理で行われるため,アナログ変調器のような位相オフセットやゲインのアンバランス,クロストークといった問題が生じることがありません.

図6-6 DDS内蔵の超高速D-AコンバータAD9789のブロック図

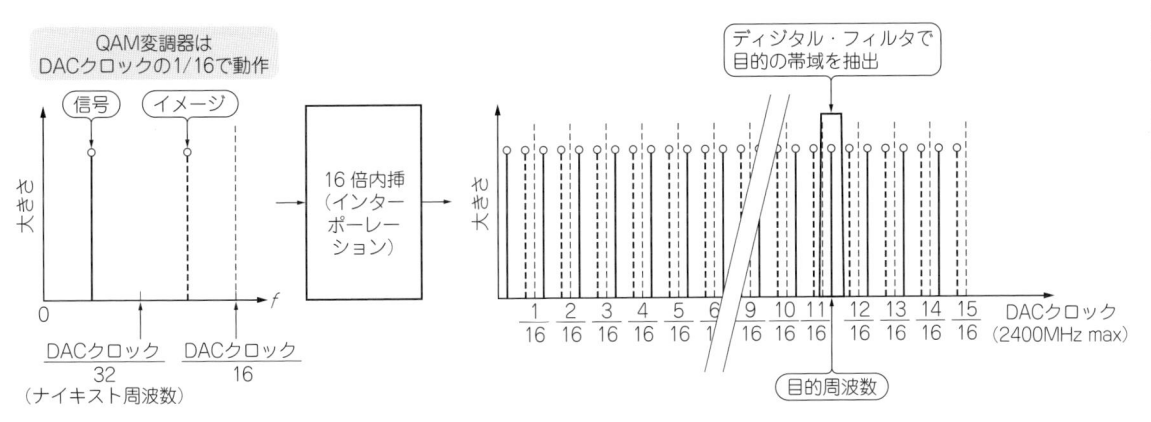

図6-7 GHz帯の周波数を生成できる超高速DDS付きD-AコンバータAD9789の動作

● 「逆sincフィルタ」による出力レベルの補正

このICには面白い特徴として，「逆sincフィルタ」というものがあります．DDSの出力スペクトル特性は$\sin(x)/x$（またはsinc特性と呼ばれる）周波数特性をもっています．このため，DDSが発生する周波数が高くなってくると，出力スペクトル・レベルが低下してくるという問題があります．

逆sincフィルタは，この補正を実現できます．逆sincフィルタはディジタルFIRフィルタとして実装されており，DAC前段でsinc周波数特性の逆数でディジタル的に補正することで，出力スペクトル・レベルの低下を抑えることができます（**図6-5**）．

2.4GHzで動く DDS付き超高速DAC AD9789

無線通信アプリケーションにおいて，複数の方式，複数の周波数の信号を1ユニットで取り扱えるマルチキャリア送信機が標準になりつつあります．これまでは，これを実現するには複雑なアナログ信号処理と低効率な電力合成器を実装するか，2チャネルDACと直交変調器で信号を生成するという方法をとってきました．しかし，これらは大変困難なものでした．

この送信信号の生成を簡単にできるようにしたものが，DDS内蔵の高速DACであるAD9789です．高速なキャリア信号をFPGAなどのディジタル回路で生成する必要がなく，低い周波数（ベースバンド周波数）で処理すればよいだけの，使い方が非常に簡便なICです．

● ディジタル変調用のQAM変調器に送信データを与えるだけ

AD9789は2400MSpsで動作する14ビットD-Aコンバータです．**図6-6**に示すように最大2400MHzの

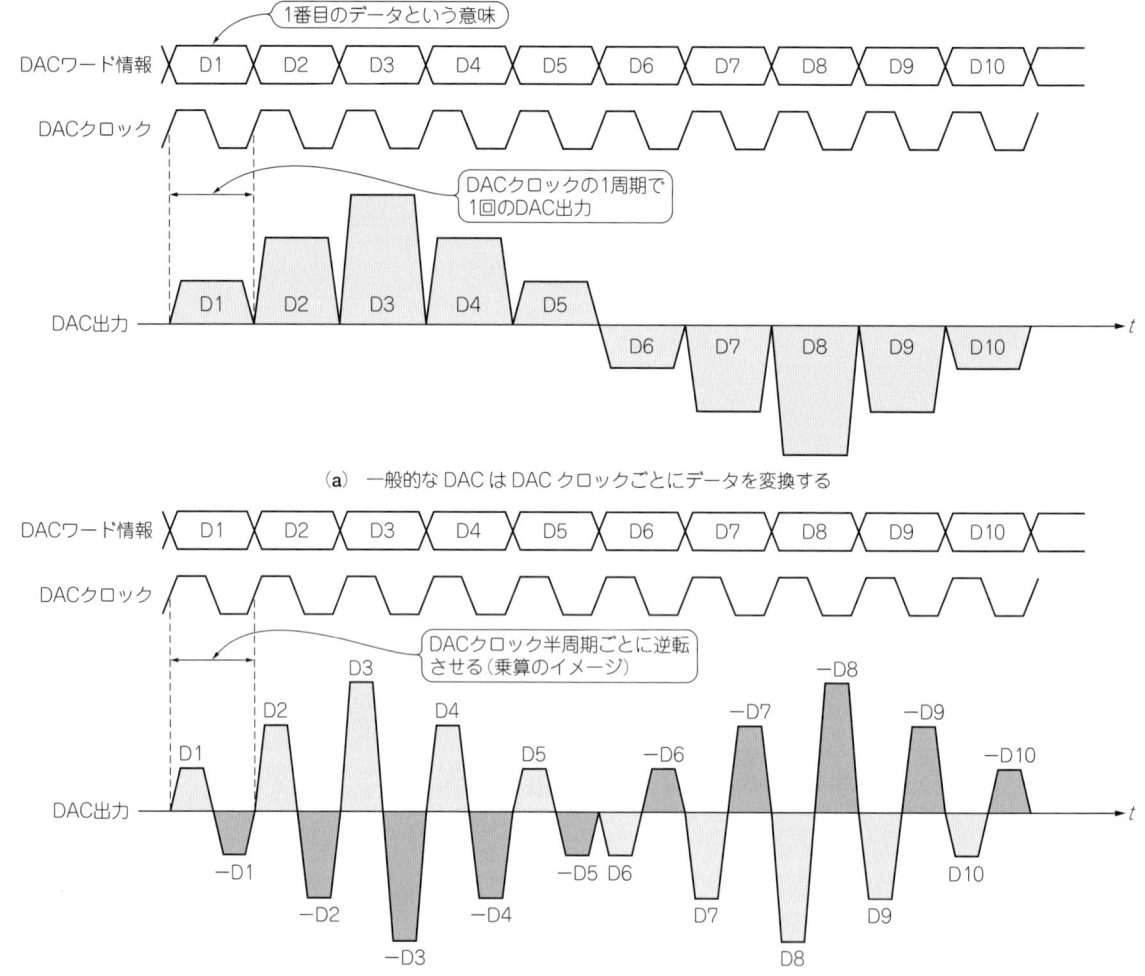

(a) 一般的な DAC は DAC クロックごとにデータを変換する

(b) ミックス・モードでは DAC 出力を DAC クロックの半周期ごとで逆転させる

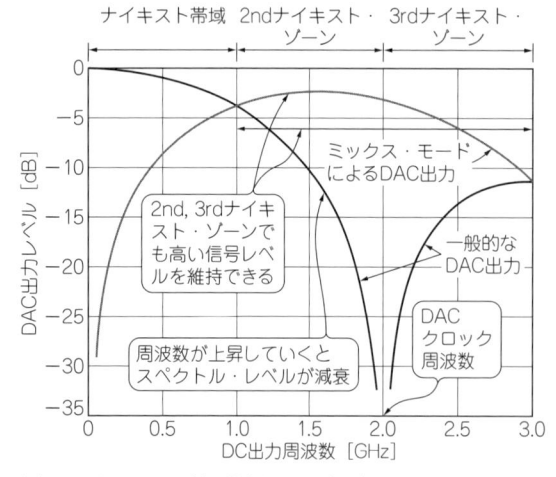

(c) ミックス・モードで得られるスペクトルのようす．ナイキスト周波数を超えても高いレベルを維持できる（DAC クロックは 2GHz）

図 6-8 「ミックス・モード」によりナイキスト周波数を超える信号を発生させる
D-A コンバータのクロック周波数は 2GHz

DAC クロックの 1/16 のレートで動作する部分に，ディジタル変調用の QAM 変調器が構成されており，この出力が NCO（位相アキュムレータと正弦波関数ルックアップ・テーブル）の値と数値的に掛け算されます（この QAM 変調器をバイパスして，外部から直接 I/Q データを入力し，NCO と乗算させることもできる）．

これは，図 6-7 のように DAC クロックの 1/16，さらにその 1/2 の周波数をナイキスト周波数とした形で動作しています．これを図 6-6 の後段に示すように，16 倍にインターポーレーションして，それをさらにディジタル・フィルタでフィルタリングし，目的の帯域を抽出することによって，DAC クロックのレートで動作する信号スペクトルを得ることができます．

この結果，最大 2400MHz の DAC クロックの 1/2 をナイキスト周波数とする，任意のアナログ周波数スペクトルを生成することができる驚異的な D-A コンバータ（DDS）です．

写真6-3 任意波形発生器が作れる DDS AD9834
P板.com の「パネル de ボード」で購入できる

表6-1 任意波形発生器として使える DDS

型名	クロック周波数	DAC分解能	NCOビット数
AD9837	16MHz	10ビット	28ビット
AD9838	16MHz	10ビット	28ビット
AD5930	50MHz	10ビット	24ビット
AD5933	16.776MHz	12ビット	27ビット
AD5934	16.776MHz	12ビット	27ビット
AD9833	25MHz	10ビット	28ビット
AD9834	75MHz	10ビット	28ビット

● ナイキスト周波数を超える周波数でも高い信号レベルが得られる「ミックス・モード」

AD9789には,「ミックス・モード」と呼ばれる機能が用意されています. これは, 図6-8(a)のような, 一般的なDACのデータ変換方法と異なります. 同図(b)のようにDACに与えるワード情報をDACクロックの半周期ごとで逆転させ, DAC出力からは, もともと得られる形のアナログ信号波形と, DACクロックとが乗算されたような信号波形が得られます.

同図(c)のように, 通常のDAC(DDS)出力として得られるスペクトルは, 周波数が上昇していくとsinc関数にしたがって低下していきますが, これを高いレベルを維持したままにできます.

これにより, ナイキスト周波数〜DAC周波数(2ndナイキスト・ゾーンと呼ばれる)やDAC周波数〜1.5×DAC周波数(3rdナイキスト・ゾーンと呼ばれる)で, 十分なレベルのDDS出力信号を生成できます.

任意波形発生器として利用できるDDS AD9834

DDS付属基板に使用したAD9834(写真6-3)は「DDS IC」ですが, もう少し広い視点で見てみると「任意波形発生器」とも言えるICです. AD9834は, 完全な「任意波形」ではありませんが, 正弦波だけではなく三角波も出力できる機能をもっています. 符号ビット出力(コンパレータ出力にもなる)を利用すれば, 矩形波も出力することができます.

このICと似たようなコンセプトのICには, 表6-1のようなものがあります. 他の種類のDDS ICと比較しても使いやすく, いろいろな場面で活用できるDDS ICです.

同期クロックを作り出せるディジタルPLL AD9547

SONET/SDHなどの光ネットワークや, その他のいろいろなシステム用に同期クロックを作り出すためのDDSも実用化されています.

● クリーンな同期クロックを生成できる

AD9547は, 2チャネル(差動)または4チャネル(シングルエンド)の外部リファレンス入力から, その一つのチャネルに同期した出力クロックを生成できるICです. 同期にはDDSがディジタルPLL(DPLL)として用いられています. 外部リファレンス入力の時間ジッタや位相ノイズを, DPLLのプログラマブル・ディジタル・ループ・フィルタによって大幅に低減させ, クリーンな同期クロックを作り出すことができます. 同様なICとしてAD9548やAD9549があります.

● 48ビットの位相アキュムレータで非常に高精度な周波数を生成

AD9547は48ビットの位相アキュムレータをもっているので, 高精度な周波数を発生させることができ, 出力DACも14ビット精度なのでスペクトル特性も良好です.

DPLLは, かなり広範囲な周波数で外部リファレンス周波数と位相比較が可能です. DPLLのループ・フィルタの特性もプログラムで設定できます. そのため, 例えばGPSの1ppsリファレンス信号と位相比較し, 10MHzのクロック信号を生成することもできます.

● DDSだからできる技「ホールド・オーバ機能」

DDSが用いられていることで, 同期クロック・システムに非常に有効な「ホールド・オーバ」という機能を実現できます. AD9547では, すべての外部リファレンス入力の基準周波数が喪失した疑いがある, または実際に喪失した場合に, DDS動作クロックが維持されている限り, 同期クロック出力を継続する機能を持っています. これはDDSだからできる「技」といえるでしょう.

ホールド・オーバ時の出力周波数は, ホールド・オーバが動作する前の同期クロック出力周波数を平均化した周波数になります.

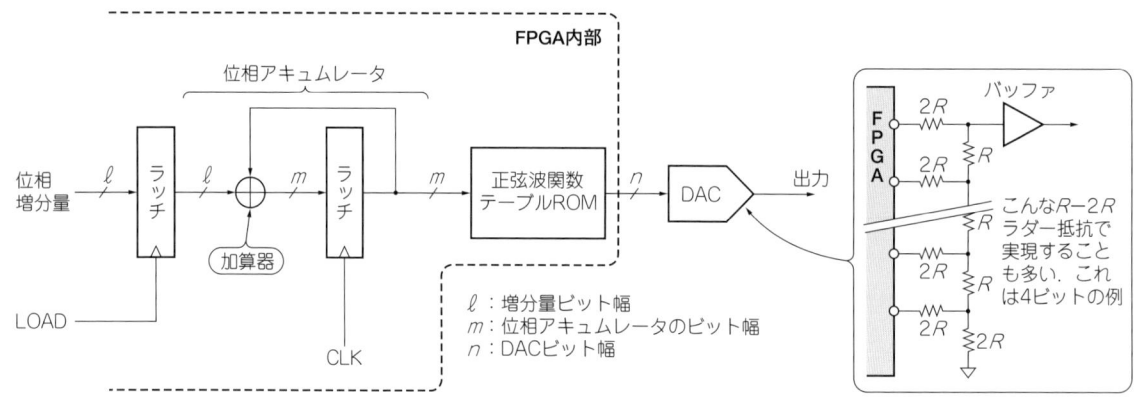

図6-9 FPGAで実現するDDS

もう一方の外部リファレンス入力が生きている場合にそちらに切り替えられる,マニュアルおよびオートでのスイッチ・オーバ機能も備えています.

4～20mA電流ループ伝送上で通信を実現するHARTモデム

計装/監視やプロセス・コントロールでは,従来から4～20mA電流ループ伝送が用いられてきました.近年,この伝送線の上でデータ通信を実現したい要望が増えており,その通信規格としてHART(Highway Addressable Remote Transducer)というものがあります.

● DDSを使えばFSKで約1200bpsの通信を実現できる

この規格は,1200Hzと2200Hzの二つの周波数をFSKで切り替えて,4～20mA電流ループ伝送線のうえで約1200bpsの通信を実現するものです.HARTモデム AD5700は,このFSK周波数発生にDDSを用いている,HART通信プロトコルに完全準拠したICです.

DDSによるFSK変調信号生成なので,非常に安定した変調信号を発生させることができます.変調回路部分は,DDSを用いて1200Hzと2200Hzの正弦波をディジタルに生成し,それをD-A変換します.DDSは位相が連続した信号を生成するので,FSKで周波数を切り替えるときに位相の不連続が生じない,という特徴も得られます.

● 受信回路もHART通信専用になっている

このICの受信回路もHART通信に最適化されているので,ノイズの多い過酷な環境下でもHART通信号を正確に復調できます.DDSで作られた変調回路と合わせて信頼性の高い通信を確保できます.

FPGAで作るDDS

ここまで説明してきたように,DDSはNCO(位相アキュムレータと正弦波関数ルックアップ・テーブル),D-Aコンバータの組み合わせでできています.そのため,DACさえ用意すれば,FPGAでもDDSを実現できます.

● 位相アキュムレータと正弦波関数ルックアップ・テーブルをディジタル回路で実現する

図6-9は,FPGAでDDSを実現する場合のブロック図です.実は,回路規模としては,正弦波関数ルックアップ・テーブルを実装するところが(とくにDACの分解能が高くなると)物理的なゲート規模が大きくなりがちで,注意すべきところです.

このサイズを削減するために,三角関数の加法定理を使ったり,CORDICという演算アルゴリズムを用いて,論理回路内に実装する方法が近年多用されています.

● FPGAで作るDDSの限界

「FPGAで簡単にどんなDDSでも作れるのか?」と思われるかもしれませんが,図6-9で示したようなR-2Rラダー抵抗で実現すると,抵抗を高精度でマッチングさせることは非常に困難です.そのためD-A変換精度が劣化し,スプリアスが増加したりする問題もあります.

さらにFPGA自体が高速になったとはいえ,DDSを実現する上では,DAC周辺の浮遊容量などで,動作速度には限界が出てくると考えられます.高速で高精度なDDSを実現することはかなり難しいと言えるでしょう.

◆ 参考文献 ◆
(1) http://www.analog.com/jp/dds

Column DDS基板企画の始まりは一杯飲み屋で…

　以前からDDSに関心があり，アナログ・デバイセズのAD9851の評価ボードを購入して遊んでいたりしたのですが，自分で基板を作るとなると費用もかかるのであきらめていました．

　ネットでDDSについて検索してみると，DDSで測定器を自作したり，旧式のアマチュア無線機のVFOをDDSに置き換えてみたりと，いろいろな人がDDSに興味をもっていることがわかりました．

　プロの技術者でも，ディジタル回路やソフトウェアが専門の人は，比較的高い周波数の正弦波信号が必要になったとき，どうやって信号を発生させたらよいかわからない，という話も聞きました．

　そんな折，DDSの評価基板を付録に付けた本を出そう，という話が持ち上がったのは，1年ほど前のことでした．

　トラ技のT編集長，筆者ほか数人が集まって一杯やっていた席で，CQ出版社から発行されている「今すぐ使える パソコン計測USBマイコン基板」という本が話題に上がり，それでは「DDSの評価基板を付録に付けた本はどう？」ということになりました．同時期に，共著者である石井聡氏からも同じ提案があり，企画が本格的に始まったのでした．

▶ こんなコンセプトで

　本に付けるわけですから，基板のサイズやコストにも制約があります．かといって，あまり機能の低いものでは面白くありません．できれば，ある程度実用的な性能の基板を作りたいと思いました．そこで何度か打ち合わせを行い，部品メーカにも推奨部品を提示していただいたりしながら，だんだんイメージが形に変わっていきました．

　そこで，大まかな仕様として次のように決まりました．

- パソコンのUSBポートにつなぐだけで，USBバス・パワーで動作する
- 出力できる周波数はなるべく広く，必要十分な信号レベル
- 読者がCPUのプログラムを作らなくても，すぐに動作させてみることができる
- オプション基板や自作基板と組み合わせて拡張できるようにする
- オプションのベース基板に取り付ければ，パソコンにつながなくても単独で使える
- P板.comの基板の高速試作サービス「パネルdeボード」と組み合わせることができる基板サイズにする

〈登地 功〉

Column DDS IC セレクション・ガイド　〈武田 洋一〉

型名	メーカ名	内部クロック周波数範囲[MHz] 最低	内部クロック周波数範囲[MHz] 最高	DAC分解能 ビット	周波数分解能 ビット	DAC SFDR（スプリアス・フリー・ダイナミック・レンジ）広帯域[dBc]	DAC SFDR（スプリアス・フリー・ダイナミック・レンジ）狭帯域[dBc]	S/N [dB]
AD5930		0	50	10	24	-52(0〜ナイキスト, f_{mclk}=50MHz, f_{out}=f_{mclk}/50)	-73($\pm$200kHz, f_{mclk}=50MHz, f_{out}=f_{mclk}/50)	53_{min}(f_{clk}=50MHz, f_{out}=f_{mclk}/4096)
AD5932		0	50	10	24	-52(0〜ナイキスト, f_{mclk}=50MHz, f_{out}=f_{mclk}/50)	-70($\pm$200kHz, f_{mclk}=50MHz, f_{out}=f_{mclk}/50)	53_{min}(f_{clk}=50MHz, f_{out}=f_{mclk}/4096)
AD5933		0	16.776	12	27	-56(0〜1MHz)	-85($\pm$5kHz)	60_{typ}
AD5934		0	16.776	12	27	-56(0〜1MHz)	-85($\pm$5kHz)	60_{typ}
AD9830		−	50	10	32	-50($\pm$2MHz)	-68($\pm$200kHz)	50_{min}(f_{clk}=f_{max}, f_{out}=2MHz)
AD9831A		−	25	10	32	-50($\pm$2MHz)	-70($\pm$50kHz@3V動作)	50_{min}(f_{clk}=25MHz, f_{out}=1MHz)
AD9832		−	25	10	32	-50($\pm$2MHz)	-70($\pm$50kHz@3V動作)	50_{min}(f_{clk}=25MHz, f_{out}=1MHz)
AD9833		−	25	10	28	-60(0〜ナイキスト)	-78($\pm$200kHz)	55_{min}(f_{mclk}=25MHz, f_{out}=f_{mclk}/4096)
AD9834	アナログ・デバイセズ	−	50	10	28	-56(0〜ナイキスト)	-67($\pm$200kHz)	55_{min}(f_{mclk}=50MHz, f_{out}=f_{mclk}/4096)
AD9835		−	50	10	32	-50($\pm$2MHz)	-72($\pm$50kHz)	50_{min}(f_{clk}=50MHz, f_{out}=1MHz)
AD9837		−	Aグレード：5, Bグレード：16	10	28	-65(0〜ナイキスト)	Aグレード：-94($\pm$200kHz), Bグレード：-97($\pm$200kHz)	-64_{typ} (f_{clk}=Aグレード5MHz, Bグレード16MHz, f_{out}=f_{mclk}/4096)
AD9838		−	Aグレード：5, Bグレード：16	10	28	Aグレード：-68(0〜ナイキスト), Bグレード：-66(0〜ナイキスト)	Aグレード：-97($\pm$200kHz), Bグレード：-92($\pm$200kHz)	-63_{typ} Aグレード (f_{mclk}=5MHz, f_{out}=f_{mclk}/4096), -64_{typ} Bグレード (f_{mclk}=16MHz, f_{out}=f_{mclk}/4096)
AD9850		1	125	10	32	46(40MHz)	84(4.513579MHz $\pm$200kHz・20.5MHz CLK)	−
AD9851		1	180	10	32	42(70.1MHz DC〜72MHz)	73(70.1MHz $\pm$200kHz)	−
AD9852 ASVZ		5	300（200MHzバージョンのASTZあり）	12	48	50(100〜120MHz)	83(119MHz$\pm$50kHz)	−
AD9854		DC	300	12	48	48(100〜120MHz)	83(119MHz$\pm$50kHz)	−
AD9856		5	200	12	12	50(80MHz)	80(70MHz$\pm$100kHz)	−

全高調波ひずみ率(THD) [dBc]	インターフェース	電源電圧 [V]	特 徴
-53_{max} (f_{mclk}=50MHz, f_{out}=f_{mclk}/4096)	シリアル	2.3～5.5	プログラム可能な周波数掃引および出力バースト機能を内蔵．バースト/リッスン機能．正弦波/三角波/矩形波出力．既知の位相で波形開始
-53_{max} (f_{mclk}=50MHz, f_{out}=f_{mclk}/4096)	シリアル	2.3～5.5	プログラマブルな周波数スキャン機能．正弦波/三角波/矩形波出力
-52_{typ}	シリアル	2.7～5.5	ネットワーク・アナライザ機能(周波数発生器と1MSpsの12ビットADC，DSPで構成)．送信周波数範囲：1～100kHz，分解能0.1Hz．温度センサ内蔵(±2℃精度)
-52_{typ}	シリアル	2.7～5.5	ネットワーク・アナライザ機能(周波数発生器と250kSPSの12ビットADC，DSPで構成)．送信周波数範囲：1～100kHz，分解能0.1Hz
-53_{max} (f_{mclk}=f_{max}, f_{out}=2MHz)	パラレル	5	SIN ROM内蔵，パワーダウン制御端子あり
-53_{max} (f_{mclk}=25MHz, f_{out}=1MHz)	パラレル	3.3または5	SIN ROM内蔵，パワーダウン制御端子あり．3V/5V電源，低消費電力タイプ
-53_{max} (f_{mclk}=25MHz, f_{out}=1MHz)	シリアル	3.3または5	位相変調，周波数変調可能．パワーダウン・モードで低消費電力化
-56_{max} (f_{mclk}=25MHz, f_{out}=f_{mclk}/4096)	シリアル	2.3～5.5	正弦波/三角波/方形波出力．2.3～5.5V動作．位相設定可能．パワーダウン機能あり．小型10ピンMSOPパッケージ
-56_{max} (f_{mclk}=50MHz, f_{out}=f_{mclk}/4096)	シリアル	2.3～5.5	正弦波/三角波出力．位相変調/周波数変調可能．2.3～5.5V動作．パワーダウン制御端子あり
-52_{max} (f_{mclk}=50MHz, f_{out}=1MHz)	シリアル	5	COS ROMタイプ．パワーダウン・ビットで低消費電力化
-68_{max} (f_{mclk}=Aグレード5MHz, Bグレード16MHz, f_{out}=f_{mclk}/4096)	シリアル	2.3～5.5	周波数と位相を設定可能．正弦波/三角波/方形波を出力可能．電圧出力．2.3～5.5V動作．パワーダウン機能あり．小型10ピンLFCSPパッケージ
-64 (f_{mclk}=Aグレード5MHz, Bグレード16MHz, f_{out}=f_{mclk}/4096)	シリアル	2.3～5.5	正弦波/三角波出力．クロック発生用に矩形波も出力可能．位相変調と周波数変調可能．2.3V～5.5V動作
−	パラレル，シリアル	3.3または5	5ビットの位相変調/位相オフセット可能．コンパレータ内蔵
−	パラレル，シリアル	2.7～5.5	5ビットの位相変調と位相オフセット可能．コンパレータ内蔵．AD9850とピン互換
−	パラレル，シリアル	3.3	$\sin(x)/x$補正，振幅変調機能，FSK・PSKデータ・インターフェースを内蔵．FM掃引機能/双方向の自動周波数掃引可能．コンパレータ内蔵
−	パラレル，シリアル	3.3	2チャネル，FSK/BPSK/PSK/AM変調可能．$\sin(x)/x$補正，FSK・BPSKデータ・インターフェースを内蔵，FM掃引機能/双方向自動周波数掃引可能
−	パラレル	3	$\sin(x)/x$補正．双方向性コントロール・バス・インターフェース．AD8320/AD8321 PGAケーブル・ドライバに直接インターフェース可能

型名	メーカ名	内部クロック周波数範囲[MHz]		DAC分解能 ビット	周波数分解能 ビット	DAC SFDR（スプリアス・フリー・ダイナミック・レンジ）		S/N [dB]
		最低	最高			広帯域[dBc]	狭帯域[dBc]	
AD9857	アナログ・デバイセズ	1	200	14	14 DataBus	−60（60～80MHz）	−85（80MHz±250kHz）	−
AD9858		10	1000（デバイダON時は2GHz）	10	32	50（360MHz）	85（360MHz±1MHz）	−
AD9859		1（乗算器不使用時）	400	10	32	50（120～160MHz）	80（160MHz±1MHz）	−
AD9910		60	1000	14	32	−	−87（±500kHz）	−
AD9911		1	500	10	32	−53（150～200MHz）	−81（200.3MHz±1MHz）	−
AD9912		250	1000	14	48	−59（398.7MHz）	−86（398.7MHz）	−
AD9913		−	250	10	32	−	−	−
AD9914		500	3500	12	32	1396.5MHz出力時 −52（0～1750MHz）	1396.5MHz出力時 −92（±500kHz）	−
AD9915		100	2500	12	32	978.5MHz出力時 −60（0～1250MHz）	978.5MHz出力時 −92（±500kHz）	−
AD9951		1	400	14	32	52（120～160MHz）	81（160MHz±1MHz）	−
AD9952		1	400	14	32	52（120～160MHz）	81（160MHz±1MHz）	−
AD9953		1	400	14	32	52（120～160MHz）	81（160MHz±1MHz）	−
AD9954		1	400	14	32	52（120～160MHz）	81（160MHz±1MHz）	−
AD9956		1	400	14	48	−55（160MHz）	−83（120MHz±1MHz）	−
AD9957		60	1000	14	32	SFDRシングルトーン：−54（397.8MHz）	−	−
AD9958		1	500	10	32	−53（150～200MHz）	−81（200.3MHz）	−
AD9959		1	500	10	32	−53（150～200MHz）	−81（200.3MHz）	−
TC170C0 30AF001	ウェルパインコミュニケーションズ	DC	72	外付け 10	26	−	−	−

DDS IC セレクション・ガイド

全高調波ひずみ率（THD）[dBc]	インターフェース	電源電圧[V]	特　徴
-	シリアル	3.3	$\sin(x)/x$補正，FSK可能，8ビットの振幅制御．3クアドラチャ他，三つの動作モード
-	パラレル，シリアル（SPI）	3.3（チャージポンプは5）	自動周波数掃引機能，チャージポンプ/位相周波数検出器/周波数ミキサを内蔵．高速周波数ホッピング，分解能微調整機能
-	シリアル	1.8	位相変調機能，複数チップでの同期可能．高速周波数ホッピング，分解能微調整機能．大部分のディジタル入力ピンは5Vレベルをサポート
-	パラレル，シリアル	1.8, 3.3	8つの周波数/位相オフセット・プロファイル内蔵可能．$\sin(x)/x$補正，1024×32ビットRAM内蔵．位相変調/振幅変調，複数チップ使用時の同期動作可能
-	シリアル	1.8	複数周波数/テスト・トーン変調．周波数/位相/振幅の直線スイープ機能．16レベルまでのFSK/PSK/ASK対応．DACフルスケール電流プログラム可能
-	シリアル	1.8, 3.3	4μHz周波数分解能．最大750MHzクロック・ダブラー．CMOS出力コンパレータ
-	パラレル，シリアル	1.8	自動リニア周波数掃引．8種類の周波数または位相オフセット・プロファイルを内蔵可能．位相変調機能
-	パラレル，シリアル	1.8, 3.3	モジュラス・カウンタはプログラマブル．出力信号の周波数，位相，振幅を高速に変化できる．最高周波数分解能271pHz
-	パラレル，シリアル	1.8, 3.3	モジュラス・カウンタはプログラマブル．出力信号の周波数，位相，振幅を高速に変化できる．最高周波数分解能194pHz
-	シリアル	1.8または1.8, 3.3	位相変調機能．複数チップ使用時の同期動作可能．ディジタル入力のほとんどの端子は5V入力レベルをサポート
-	シリアル	1.8または1.8, 3.3	200MHzトグル・レートの高速コンパレータ内蔵．複数チップ使用時の同期動作可能．ディジタル入力のほとんどの端子は5V入力レベルをサポート
-	シリアル	1.8または1.8, 3.3	位相変調機能．複数チップの同期動作可能．周波数スイープ用1024×32のRAMを内蔵．ディジタル入力のほとんどの端子は5V入力レベルをサポート
-	シリアル	1.8または1.8, 3.3	自動リニア/ノンリニア周波数スイープ機能．超高速アナログ・コンパレータ内蔵．1024×32ビットRAMを内蔵．最高160MHzの正弦波可能．ディジタル入力のほとんどの端子は5V入力レベルをサポート
-	シリアル	1.8, 3.3	200MHz入力の位相検出器/655MHz入力のチャージポンプを搭載．八つの位相/周波数プロファイル動作．CMLモードPCELドライバ内蔵
-	シリアル	1.8, 3.3	I/Q変調器，アップコンバータ．$\sin(x)/x$補正．位相変調機能．マルチチップ同期．RAM内蔵
-	シリアル	1.8, 3.3	2チャネルの同期DDS，独立した周波数/位相/振幅制御．最大16レベルの周波数/位相/振幅変調．周波数/位相/振幅のリニア・スイープ機能
-	シリアル	1.8, 3.3	4チャネルの同期DDS．チャネル間で独立した周波数/位相/振幅制御．周波数/位相/振幅変化に対して遅延が一致．周波数/位相/振幅のリニア掃引機能
-	パラレル，シリアル	5	連続位相可変可能．最高出力周波数16MHz（72MHz入力時）．シリアル接続時，最大8個まで動作可能．4ch周波数メモリ内蔵でFSK変調対応．高速位相比較器内蔵

型名	メーカ名	内部クロック周波数範囲[MHz]		DAC分解能 ビット	周波数分解能 ビット	DAC SFDR(スプリアス・フリー・ダイナミック・レンジ)		S/N [dB]
		最低	最高			広帯域[dBc]	狭帯域[dBc]	
DS852	Euvis, Inc.	−	2200	11	32	SFDR 最低値:50超		−
DS855		−	2200	11	32	SFDR 最低値:50超		−
DS856		−	3200	11	32	SFDR 最低値:50超		−
DS872		−	3000	11	32	SFDR 最低値:50超(DC〜1.5GHz 第1ナイキスト周波数 3.0GHzクロック・レート時)		−
DS875		−	2800	11	30	SFDR 最低値:50超(DC〜1.4GHz 第1ナイキスト周波数 2.8GHzクロック・レート時)		−
DS875A		−	2500	11	24	SFDR 最低値:50超(DC〜1.2GHz 第1ナイキスト周波数 2.5GHzクロック・レート時)		−
HSP45102	インターシル	−	33 または 40 (品種による)	外付け (12ビット・データ出力, HI5731)	32	−69以上		−
HSP45106		−	25.6 または 33 (品種による)	外付け (16ビット・データ出力, HI5731 または HI5741)	32	−90以上		−
HSP45116A		−	52	外付け	32	−90以上		−
ICL5314		−	125(5V), 100(3.3V)	14	48 (パラレル・モード), 40 (シリアル・モード)	40 (f_{clk}=125MSps, f_{out}=40.4MHz)	93 (f_{clk}=100MSps, f_{out}=5MHz, 5MHz スパン)	−

注:"−"はデータシートに規定されていないことを示す.
動作電圧が変わると最高動作周波数が変わる.

DDS IC セレクション・ガイド

全高調波ひずみ率(*THD*) [dBc]	インターフェース	電源電圧 [V]	特　徴
－	パラレル	－5	正弦波最高周波数1.2GHz，コンプリメンタリ出力(50Ω)．11ビットSIN ROM．LV-TTLまたはCMOS信号入力
－	パラレル	－5	正弦波最高周波数1.2GHz(クロック・レート2.5GHz時)，コンプリメンタリ出力(50Ω)．13ビットSIN ROM．11ビット位相変調入力ポート付き，LV-TTLまたはCMOS信号入力
－	パラレル	－5	正弦波最高周波数1.6GHz，コンプリメンタリ出力(50Ω)．13ビットSIN ROM．LV-TTLまたはCMOS信号入力
－	パラレル	－5	正弦波最高周波数1.5GHz(第1ナイキスト周波数)，4.5GHz(第3ナイキスト周波数)．コンプリメンタリ出力(50Ω)．13ビットSIN ROM．位相変調入力ポート付き，LV-TTLまたはCMOS信号入力．Return-to-Zeroモードで第2，第3ナイキスト周波数にも対応
－	パラレル	－5	正弦波最高周波数1.4GHz(クロック・レート2.8GHz時)，コンプリメンタリ出力(50Ω)．12ビットSIN ROM．位相変調入力ポート付き，LV-TTLまたはCMOS信号入力．Return-to-Zeroモードで第2，第3ナイキスト周波数にも対応
－	パラレル	－5	正弦波最高周波数1.2GHz(第1ナイキスト周波数)，3.7GHz(第3ナイキスト周波数)．FM/PM/AM/QAM変調．8ビット位相変調入力．8ビット振幅変調入力は周波数/位相設定入力と同期．コンプリメンタリ出力(50Ω)．12ビットSIN ROM．位相変調入力ポート付き，LV-TTLまたはCMOS信号入力．Return-to-Zeroモードで第2，第3ナイキスト周波数にも対応
－	シリアル	5	BFSK/QPSK変調，位相変調用端子あり．周波数分解能の最低値 0.009Hz
－	シリアル，パラレル	5	16ビット位相制御，8レベルのPSKサポート，sinとcosの2出力．FM/PSK/FSK/MSK変調可能．周波数分解能0.008Hz以上＠33MHz
－	パラレル	5	sin，cos出力を後段で外部16ビット入力と乗算可能．AM/FM/PSK/FSK/QAM変調に応用可能．周波数分解能0.013Hz以上＠52MHz
－	シリアル，パラレル	5	周波数オフセット・レジスタにより高速FSKに対応．PSK変調応用可能

第3部 DDS付属基板をより詳しく知りたい人へ

第7章 発振器の一番重要な「位相雑音」や波形をチェック
DDS付属基板の実力

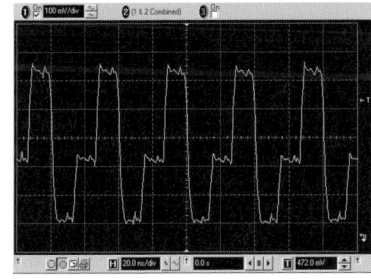

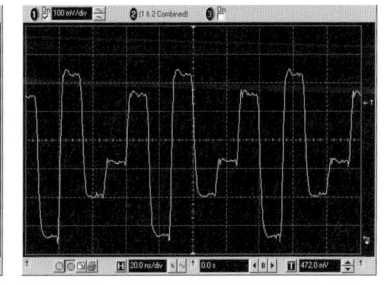

登地 功　Isao Toji

DDS付属基板に搭載されたDDS IC

AD9834のD-Aコンバータ出力波形を直接見てみました．ローパス・フィルタを通す前ですから，$\sin(x)/x$の形でスプリアスが出ているはずですが，実際にはどのような波形になっているのでしょうか．

● DDSのD-Aコンバータ出力の理論値と実際の値

図7-1にD-Aコンバータの出力波形を，**図7-2**にスペクトルを示します．波形を見ると，1MHzではノイズが目立つものの正弦波と言ってよさそうですが，7.5MHzになると階段状になり，それ以上の周波数になるととても正弦波とはいえません．

スペクトルは，いちばん大きな信号はDDSによる設定周波数ですが高調波が目立ちます．周波数によっては，高調波以外にも低い周波数にスプリアスが出ています．

● D-Aコンバータの出力レベルは理論値と一致している

図7-2(a)の1MHzのスペクトルを見ると，出力信号f_{out}のレベルは-18.6dBmですが，インピーダンス変換PADの損失が16.97dBありますから，-1.63dBm相当の電圧です（**コラム**参照）．

$\sin(x)/x$カーブで計算すると，1MHzのf_{out}の信号レベルはDC付近の信号に比べて0.0025dB小さいだ

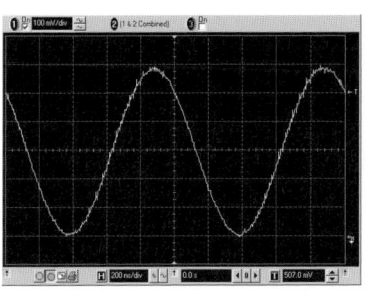

(a) 1MHz（200ns/div）　(b) 7.5MHz（20ns/div）　(c) 15MHz（20ns/div）

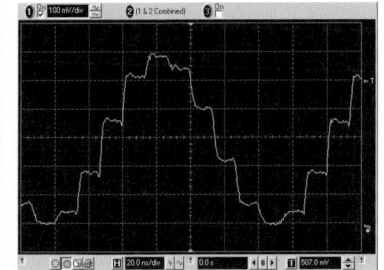

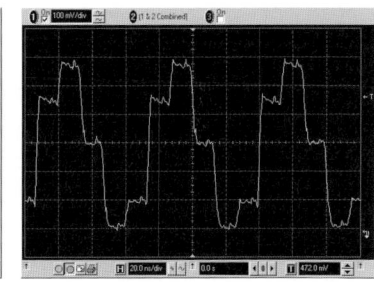

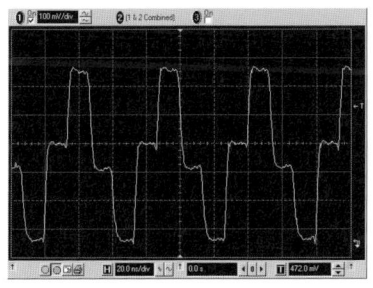

(d) 18.75MHz（20ns/div）　(e) 25MHz（20ns/div）　(f) 30MHz（20ns/div）

図7-1 付属基板に搭載されているDDS IC（AD9834）に内蔵されたD-Aコンバータの出力波形
DDSの出力周波数が1MHzくらいまでは正弦波に見えるが，周波数が高くなるとD-Aコンバータのサンプル点が少なくなって波形が階段状になってくる．75MHzクロックの1/4である18.75MHzになると，とても正弦波とは言えない波形になっている

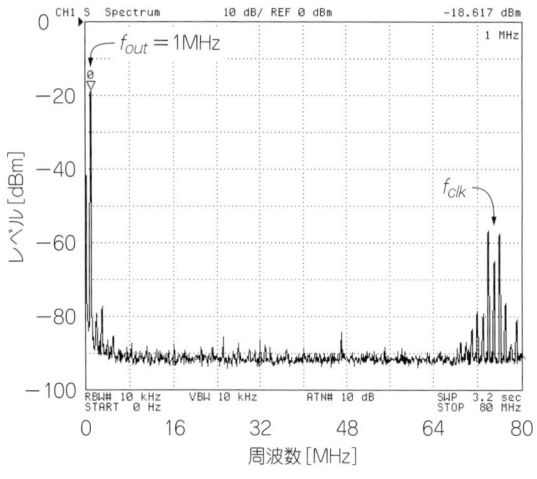

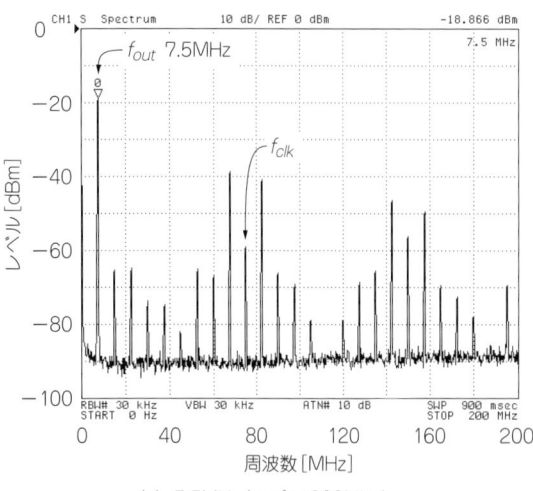

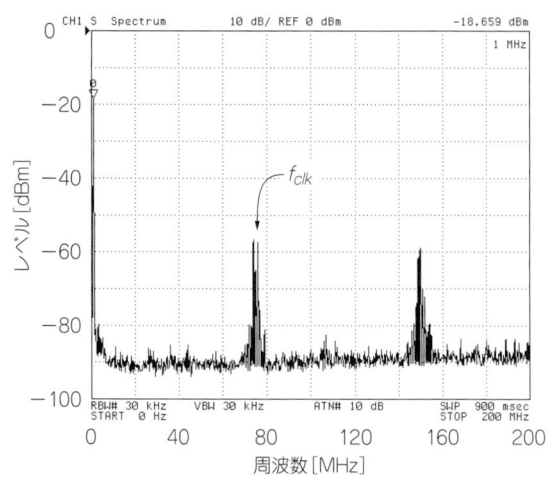

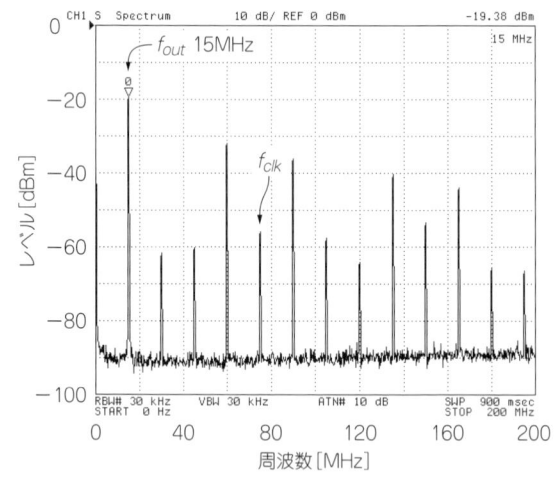

図7-2 ローパス・フィルタ前のD-A変換出力のスペクトラム
ローパス・フィルタを通す前のD-Aコンバータ出力．三角形のマーカを置いているところが目的の信号だが，他にスプリアスがたくさん出ている．広いスパンで見ると，クロックの整数倍の近くにも信号が見られる

表7-1 いくつかの周波数における信号レベル

周波数	1MHzとのレベル差	理論値
1MHz	0	—
7.5MHz	−0.25dB	−0.14dB
15MHz	−0.76dB	−0.58dB
18.75MHz	−1.14dB	−0.91dB
25MHz	−1.9dB	−1.7dB
30MHz	−2.78dB	−2.4dB

けですから，これを基準にしていくつかの周波数における信号レベルを見てみると表7-1のようになります．差はわずかですから，測定誤差を考えるとだいたい計算通りです．

図7-3は，出力がクロック周波数 f_{clk}(75MHz)の1/5つまり15MHzのスペクトルです．出力周波数 f_{out} の信号レベルは低周波に比べ，$\sin(x)/x$ カーブによる計算値は−0.58dB低くなります．最初の理論的スプリアス周波数 $f_{clk} - f_{out}$ = 60MHzのレベルは低周波に比べて $\sin(x)/x$ カーブにより計算上−12.6dBなので，f_{out} と最初のスプリアスのレベル差は12.02dBになります．スペクトラム・アナライザの波形でもレベル差は約12dBと読み取れるので，計算値と一致しています．

他の出力周波数でも，f_{out} のレベルと理論的スプリアスのレベルは，おおむね計算上の値と一致しています．その他，f_{out} の高調波とクロック f_{clk} のリークが現れています．

● ナイキスト周波数に近づくと
このDDSのクロック周波数は75MHzですから，ナイキスト周波数は1/2の37.5MHzです．そこで，

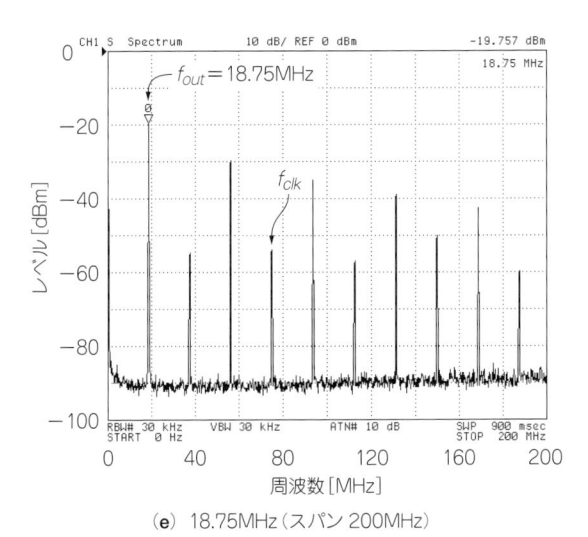

(e) 18.75MHz（スパン200MHz）

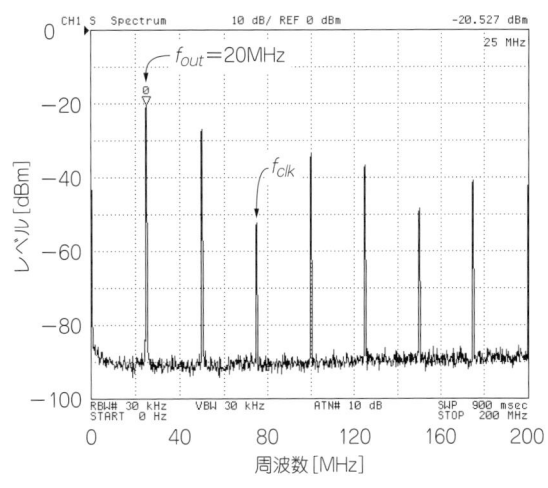

(f) 25MHz（スパン200MHz）

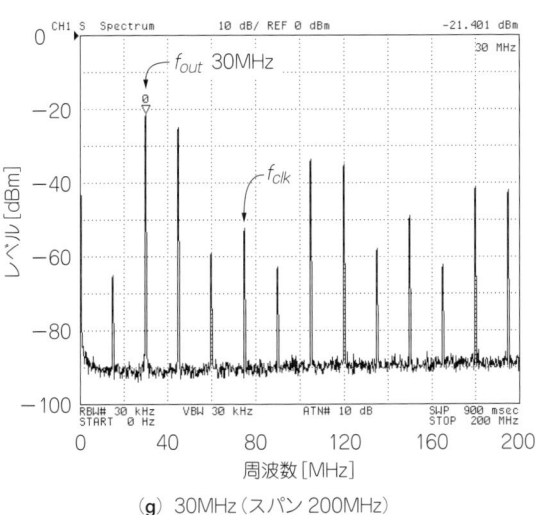

(g) 30MHz（スパン200MHz）

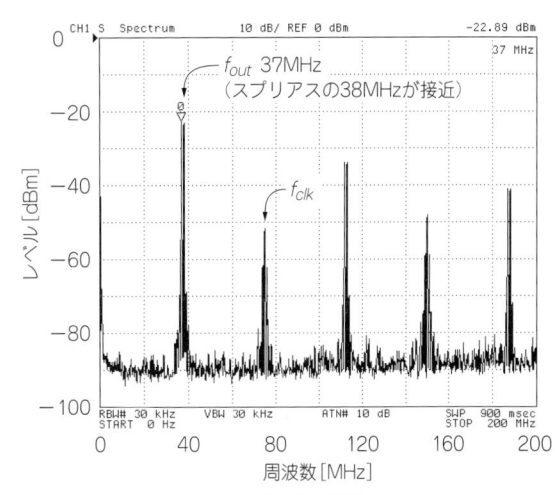

(h) 37MHz（スパン200MHz）

これに近い37MHzのオシロ波形（**図7-4**）を見ると，振幅変調をかけたような波形です．出力正弦波の1/2に近い周波数ですから，D-Aコンバータが正弦波の0°と180°に近いところで出力すれば出力振幅は小さくなります．逆に，90°と270°に近いところなら出力振幅は大きくなります（**図7-5**）．

DDSの周波数設定値は，位相アキュムレータで2回加算してレジスタのフルスケールに少し足りない値ですから，2回加算するごとに少しずつ位相アキュムレータの値が小さくなる，つまり位相が進みます．

この変化はナイキスト周波数に近づくほど緩やかになりますから，D-A出力の振幅も緩やかに変化して，振幅変調をかけたような波形になります．

出力周波数は37MHzですから，スプリアス周波数は75MHz − 37MHz = 38MHzになるはずですが，実際**図7-6**のように，ちょうど1MHz離れた38MHzのところに一番大きなスプリアスが出ています．

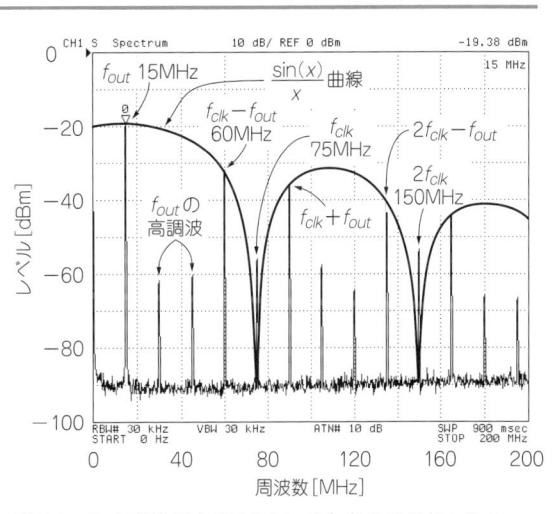

図7-3　D-A変換出力が15MHzのときのスペクトラム
スプリアスは$\sin(x)/x$曲線で出るもののほか，クロックとその高調波，出力周波数の高調波が主なもの．$\sin(x)/x$曲線にきれいに乗っている．他の周波数でもだいたい同じような感じ

Column　DDS 内の D-A コンバータの出力特性を測定する方法

ローパス・フィルタを通る前の D-A コンバータの出力信号を直接観測する方法を考えてみます．

● スペアナでスペクトラムを観測する

ローパス・フィルタの入出力インピーダンスは 390Ω です．DDS の D-A コンバータは電流出力型なので，出力インピーダンスは若干の静電容量を除いてほぼ無限大と考えられます．また，OPアンプの入力インピーダンスも同様に高いので，これを無視すればフィルタの両端が 390Ω の抵抗がつながっているように見えます．

フィルタの通過帯域の周波数では，フィルタの入出力は図 7-A のように短絡されているのと同じですから，DDS の D-A コンバータから見た負荷抵抗は 2 本の 390Ω 抵抗が並列になった 195Ω に見えます．

スペアナの入力インピーダンスは一般的に 50Ω ですから，D-A コンバータから見てフィルタが接続されたのと同じ条件で信号を測定するためには，スペアナの入力インピーダンスを 195Ω に合わせなければなりません．そこで，入力側が 195Ω，出力側が 50Ω の抵抗アッテネータを入れてインピーダンスを合わせます．アッテネータの損失は小さい方がよいのですが，損失 0dB は実現できません．

理論的に最小損失になるインピーダンス変換用アッテネータを最小損失パッドといいます．195Ω：50Ω の最小損失パッドは，図 7-B のようになります．計算値どおりの抵抗値で作るのは難しいですから，近い値の抵抗値に丸めて作りました．フィルタの測定で使う 390Ω：50Ω の値も入れておきます．

オシロスコープで波形を観測するときにも同じ回路が使えます．この場合，オシロスコープの入力インピーダンスは 50Ω に設定します．

● オシロで波形を観測

写真 7-A は，基板から信号を取り出しているところです．D-A コンバータの出力と GND 間に 195Ω の抵抗を入れて，FET プローブで信号を観測する方法もあり，オシロスコープで D-A 出力波形を観測したときは FET プローブを使用しています．FET プローブを使えば，動作中の回路の信号をそのまま観測できるので便利です．

ただし，FET プローブの周波数特性の平坦度は抵抗アッテネータに比べるとよくありません．また，プローブ自体がひずみを発生しますから，とくに複数の信号が入り混じっている場合には，混変調ひずみで余計なスプリアスを発生してしまうおそれがあります．

―＊―

スペアナは，オシロよりダイナミック・レンジが広いので低レベルのひずみでも目立ちます．最小損失パッドなら抵抗だけで構成されていますから，ひずみはほとんど発生しません．ただし，損失があるので測定系の S/N 比は悪くなります．

スペアナの表示単位は dBm ですが，回路インピーダンスが 50Ω ではなく 195Ω なので，50Ω 1mW のときの電圧 223.6mV を 0dB とした dB 読みの電圧です．

また，最小損失 PAD の減衰量が電圧比で 16.97dB ありますから，実際の電圧を知るにはこの分を加算する必要があります．

図 7-A　DDS の D-A コンバータの出力インピーダンス

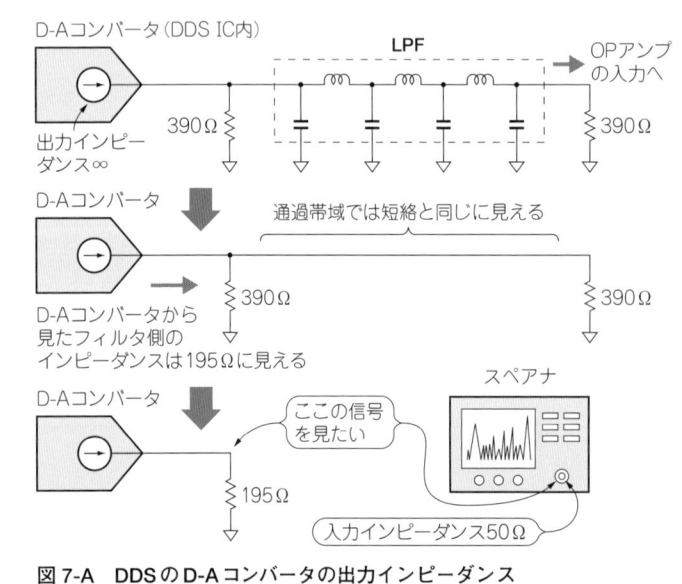

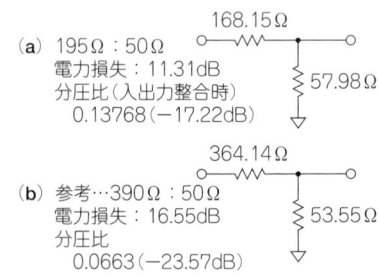

(a) 195Ω：50Ω
電力損失：11.31dB
分圧比（入出力整合時）
0.13768（-17.22dB）
168.15Ω　57.98Ω

(b) 参考…390Ω：50Ω
電力損失：16.55dB
分圧比
0.0663（-23.57dB）
364.14Ω　53.55Ω

図 7-B　最小損失パッド

写真 7-A　DDS 内の D-A コンバータの出力信号の波形を直接観測するときの接続状態

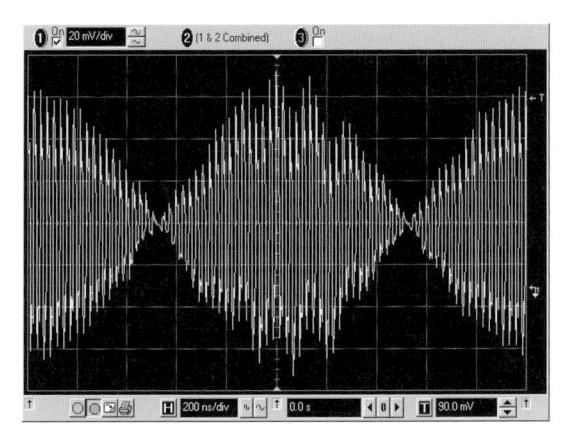

図7-4 D-A変換出力が37MHzのときの波形
振幅変調をかけたような波形．スペクトラム・アナライザで見ると二つの近接した周波数成分でできていることがわかる．図7-5で，このような波形になる理由を説明している

図7-5 D-A変換出力はデータの更新位相によって振幅が変化する
位相アキュムレータで周波数設定値を2回加算した結果，フルスケールに少し足りないため，その分，次の加算を始める位相が進んでいく．ゆっくりD-Aのサンプリング時刻が変わるため，図のように初期位相によって波形が大きくなったり小さくなったりする

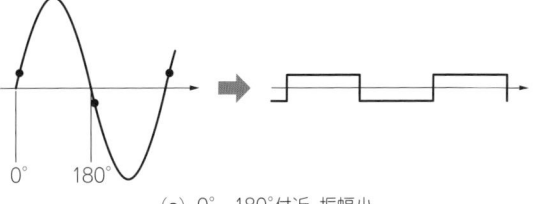

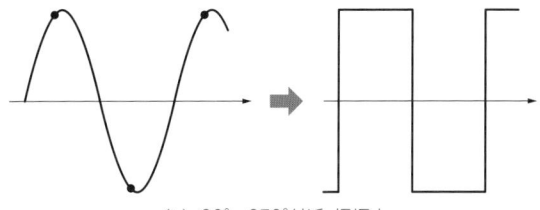

(a) 0°, 180°付近 振幅小
(b) 90°, 270°付近 振幅大

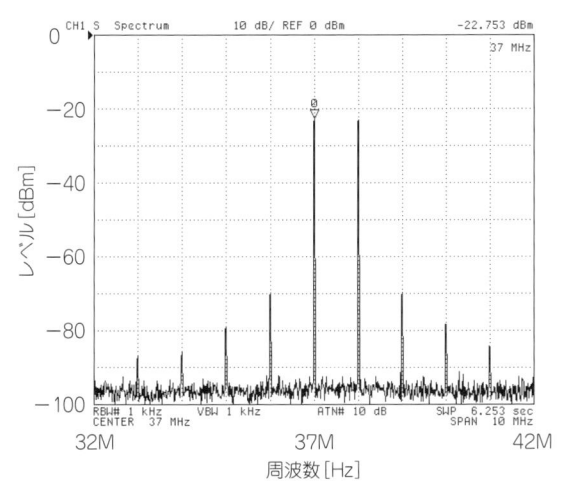

図7-6 D-A変換出力が37MHzのときのスペクトラム（スパン10MHz）
37MHzと39MHzに同じくらいのレベルの信号がある．こんなに周波数が接近していてはフィルタで分離するのは困難．DDSの出力周波数は，クロック周波数の1/2.5くらいまでが実用範囲なので，クロック75MHzでは出力周波数30MHzまで，ということになる

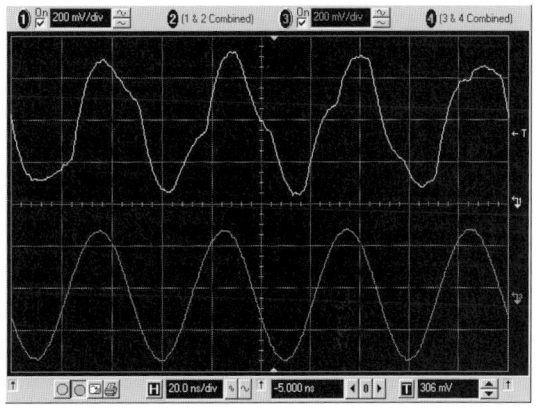

図7-7 フィルタ前の波形とアンプ出力の20MHz波形
（上：フィルタ前のAD9834の出力信号，下：フィルタとアンプを通った出力信号）
フィルタ前の信号は，フィルタの入力インピーダンスの影響で，階段状にならず鈍っている

DDS付属基板の出力信号のスペクトラムを見る

● オシロスコープで波形を見る

図7-7が，オシロで観測したフィルタ前の波形とアンプ出力の波形です．上の波形がフィルタ前のAD9834の出力信号，下の波形がフィルタとアンプを通って基板から出力される信号です．フィルタ前の信号はFETプローブで，アンプ出力はオシロ入力を50Ωにして直接入力しました．

フィルタ前の波形は，明らかにひずんでいますが，図7-1のAD9834に抵抗負荷だけを付けて測定した波形とはかなり違っていて，階段状だった部分がかなり鈍っています．

これは，D-Aコンバータの負荷抵抗にLCフィルタの入力インピーダンスが並列に入っているためです．LCフィルタの入力インピーダンスは無限大ではありませんから，入力波形も変化します．

下側のフィルタとアンプを通って出力された信号はきれいな正弦波になっています．

高調波の周波数成分にもよりますが，基本波に対して−40dB以下になると，オシロの画面で見てもひずんでいるかどうかわかりません．

(a) 1kHz（スパン 10kHz）

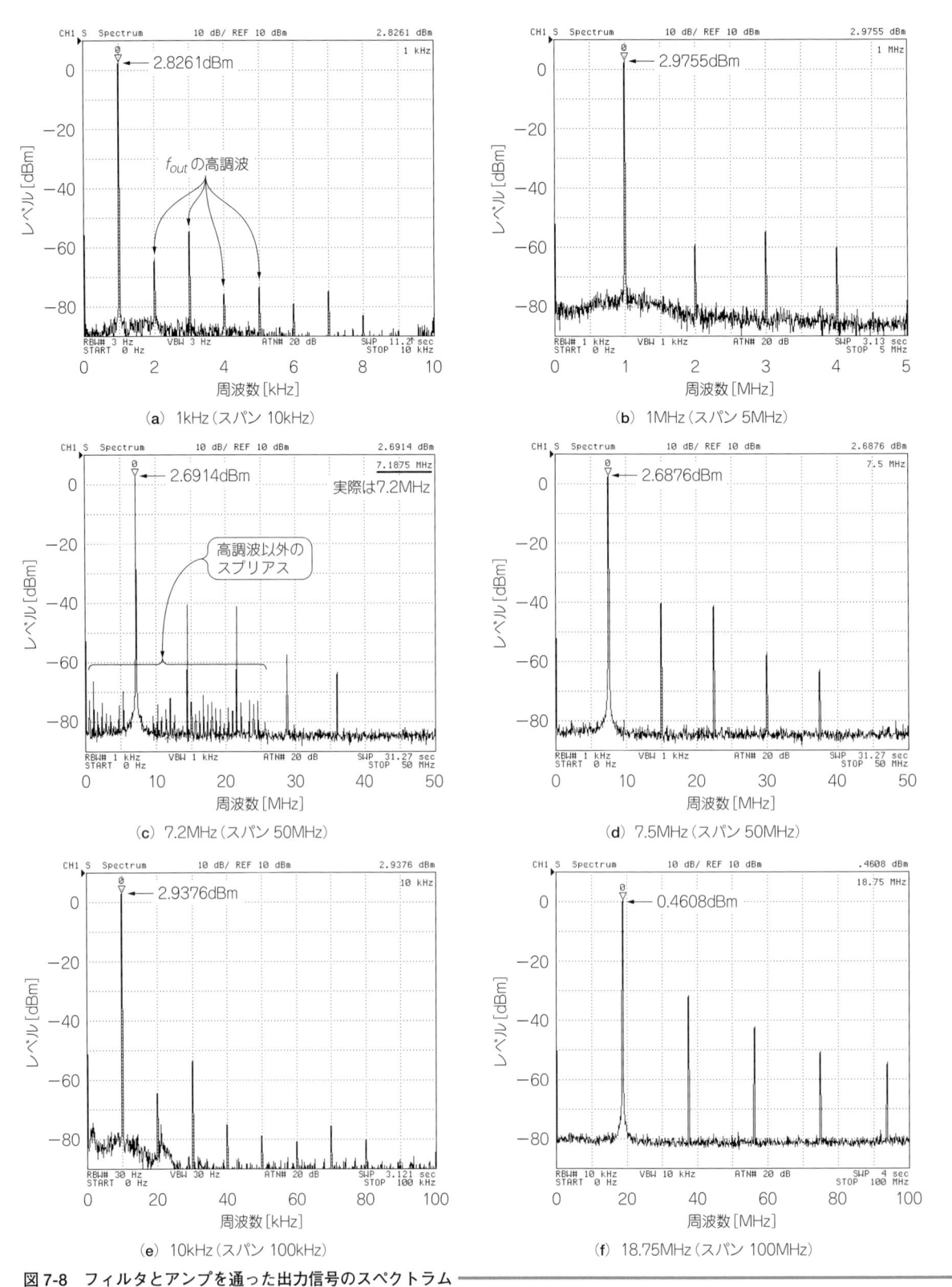

(b) 1MHz（スパン 5MHz）

(c) 7.2MHz（スパン 50MHz）

(d) 7.5MHz（スパン 50MHz）

(e) 10kHz（スパン 100kHz）

(f) 18.75MHz（スパン 100MHz）

図7-8　フィルタとアンプを通った出力信号のスペクトラム
出力周波数とその高調波が主な成分．20MHzや22MHzのように周波数によっては出力周波数より低いところにスプリアスが出ている．クロックと出力の周波数比が単純な整数になる場合はスプリアスが出にくいが，割り切れない場合は複雑なスプリアスが出る．ローパス・フィルタのカットオフ周波数は25MHzなので，25MHz以上に出ているスプリアスは出力アンプのひずみで発生した高調波と考えられる

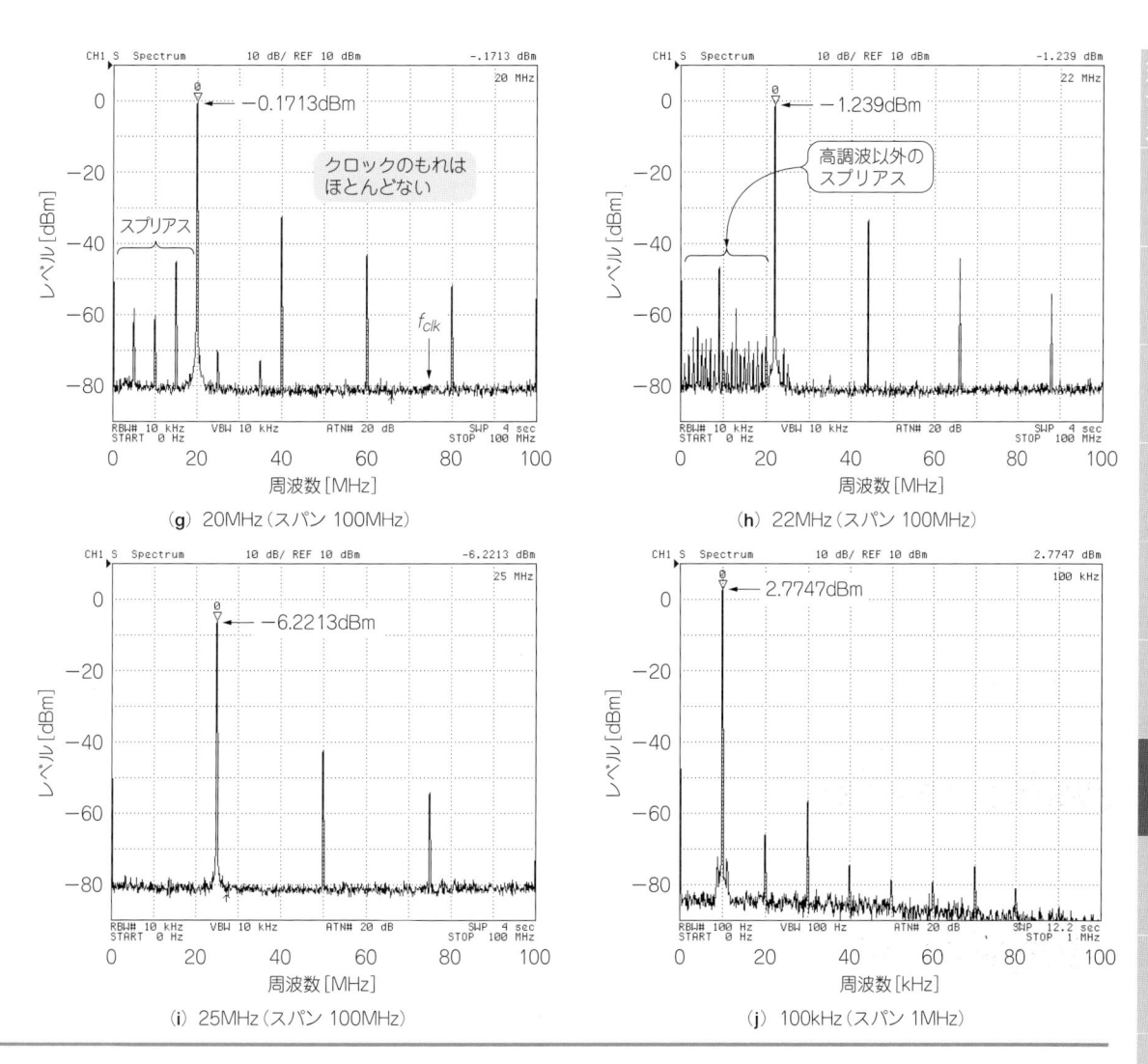

(g) 20MHz（スパン100MHz）

(h) 22MHz（スパン100MHz）

(i) 25MHz（スパン100MHz）

(j) 100kHz（スパン1MHz）

FFT機能付きのオシロでもダイナミック・レンジが狭いので，詳細に観測するのは難しいでしょう．ひずみを評価するには，スペクトラム・アナライザなど他の測定器が必要です．

図7-8が，ローパス・フィルタとアンプを通った後の出力信号のスペクトラムです．

● 出力する周波数によってスプリアスの出かたが違う

図7-8の波形を見てわかることは，高調波以外のスプリアスの出かたが，周波数によってずいぶん違うということでしょう．

出力周波数7.1075MHzと7.5MHzという比較的接近した二つの周波数で見ても，7.5MHzに比べて7.2MHzの方にスプリアスがたくさん出ています．高調波のレベルは，どちらもあまり変わりません．

DDS付属基板のクロック周波数は75MHzです．7.5MHzはちょうど1/10の周波数ですから，クロック周波数と整数比になっています．それに対して7.2MHzと75MHzは整数比になっておらず，1：10.41666…という中途半端な比です．

出力周波数20MHz，22MHz，25MHzを比べてみても，かなりスプリアスの出かたが違います．25MHzは，高調波以外のスプリアスはほとんどありません．20MHzと22MHzは，出力周波数以下にもスプリアスが出ていますが，22MHzの方が狭い周波数間隔でたくさん出ています．

クロック周波数との比を計算すると，25MHzと75MHzはちょうど3：1ですが，22MHzと75MHzは1：3.409090…，20MHzと75MHzは1：3.75です．

● 出力周波数がクロック周波数の整数分の1だとスプリアスが少ない

DDSの動作原理で説明したように，クロック周波数と出力周波数が整数比，つまり出力周波数でクロック周波数を割り切ることができる関係になっている

と，DDSのD-Aコンバータ出力の波形が毎サイクル同じになるのでスプリアスが出にくいのです．同じ波形の繰り返しなら，フーリエ級数展開すれば基本波とその高調波しか存在しません．

整数比でないと，DDSの位相アキュムレータのスタート位相が少しずつずれていき，毎サイクルのD-A出力波形が変化します．この変化の周期は，出力周波数によっては出力周波数の周期よりずっと長くなり，出力周波数より低いところにスプリアスが現れる可能性があります．

出力周波数が20MHzのとき，20と75の最大公約数は5ですから，20MHzと75MHzの周期の最小公倍数，つまり位相アキュムレータのスタート位相がもとに戻るのは1/(5MHz)になります．20MHzのDDS出力スペクトラムを見ると5MHzおきにスプリアスが出ています．

DDSが理想的な回路であればこのスプリアスは出ないのですが，D-Aコンバータの非直線性やディジタル信号のスキューなど，いろいろな原因でスプリアスが出てしまいます．

● 低周波では

オーディオ・アンプの調整などに使う1kHzくらいの周波数の特性はどうでしょうか．

1kHzのスペクトラムを見ると，3次高調波が基本波より−60dBくらいのところに出ています．

ひずみ率計が手元になかったのですが，−60dBcはひずみ率にすると0.1%ですから，他の高調波も含めて0.2%くらいでしょう．

ノイズ・フロアが3kHzくらいまで盛り上がっています．低い周波数のノイズがやや多いようです．10kHzの方も，高調波は1kHzと同じくらいです．

出力周波数1MHzくらいまでは出力レベルの変動はほとんどありませんから，アンプの周波数特性を調べるには十分な特性ですが，ひずみは市販の安価なファンクション・ジェネレータと同じくらいの特性ですから，ひずみ率測定の信号源としては，少し力不足な感じです．

通常，ひずみ測定は20Hz，1kHz，10kHzあたりの3点くらいの周波数で測定しますから，高調波とノイズを取り除くために，狭帯域でひずみが小さいバンドパス・フィルタを測定周波数ごとに用意しておけば低ひずみ信号源として使えるでしょう．

出力信号のレベル

出力信号のレベルを測定してみました（図7-9，図7-10）．測定はスペアナのマーカで読んでいます．

高周波側でレベルが下がっているのは，DDSの$\sin(x)/x$特性，ローパス・フィルタの肩特性，アンプの周波数特性が関係しています．低周波側は，AC結合になっている出力アンプの低域特性によるものです．

● フィルタとアンプの周波数特性

フィルタの周波数特性は前章で測定したので，出力アンプとフィルタ+アンプの特性を測定してみました．

図7-11は，アンプ単体の特性です．アンプの電圧ゲインを11dB（3.56倍）と，高周波アンプとしては大きめにとったこともあって，高域の−3dB周波数は約20MHz程度です．

平坦部の電圧ゲインは，計算上はアンプの電圧ゲイン11dBから，出力に入っている51Ω抵抗（R_8）と負荷の50Ωとの分圧による損失−6.1dBを加えて4.9dBですが，実測でも同じくらいです．

1MHzから10MHzあたりの周波数で，ゲインが0.3dBほど持ち上がっていますが，測定系の配線のせいかもしれません．アンプの入力をフィルタから切り

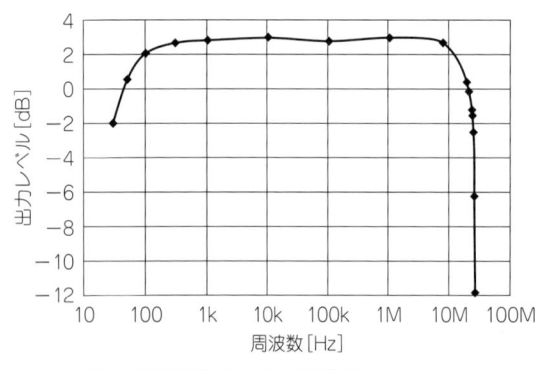

図7-9 DDSの周波数-出力レベル特性
出力レベルの周波数特性を測ってみた．低域は100Hzくらいからレベルが下がっている．低域のカットオフ周波数をもっと下げる方法をコラムで紹介している

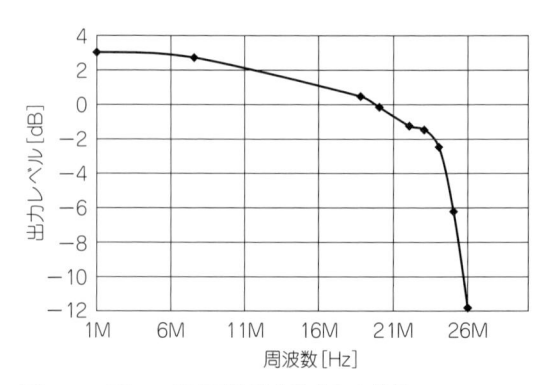

図7-10 図7-9の高周波側を拡大した特性
10MHz以上ではアンプのゲインも下がってくる．カットオフ周波数の近くで特性が段付きになっているのは，フィルタの特性と思われる

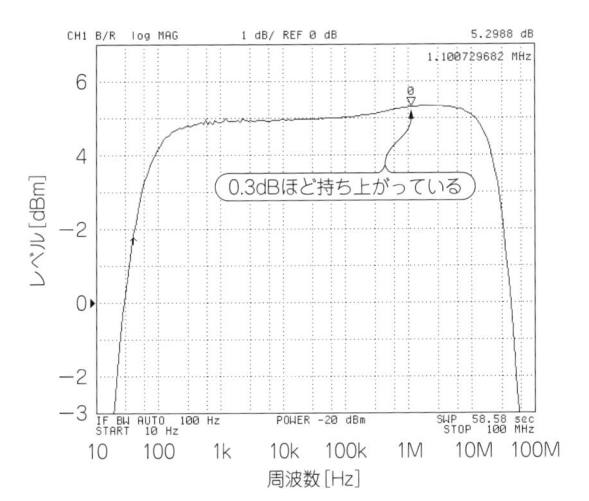

図7-11 出力アンプ単体の周波数特性
フィルタはローパス特性なので，低域の周波数特性はアンプで決まる．1MHzから上の周波数帯で0.3dBほど持ち上がっているのがわかる．測定用の配線の影響かもしれない

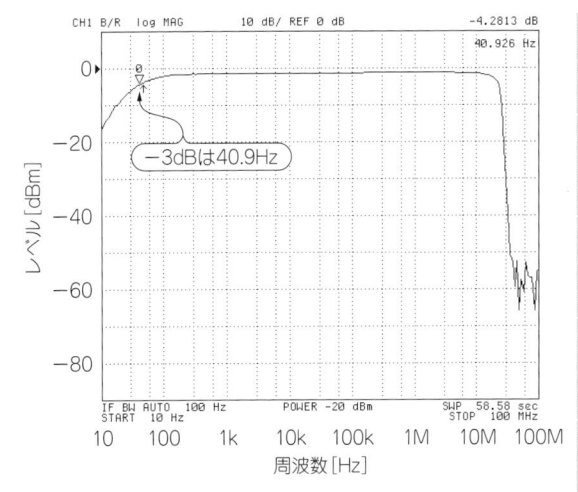

図7-12 ローパス・フィルタ＋出力アンプの周波数特性
高域側はローパス・フィルタが入っているため，急激にゲインが下がっている

離して，51Ωの抵抗と同軸ケーブルをはんだ付けしているので，影響が出ている可能性があります．

フィルタ＋アンプの周波数特性が**図7-12**（10Hz～100MHz，10dB/div），高周波側を拡大したのが**図7-13**（100kHz～100MHz，1dB/div）です．

低域側の－3dBカットオフ周波数は約40Hz，高周波側は約22MHzでした．

位相雑音

DDS付属基板の出力信号の位相雑音を測ってみました．スペアナでは測れない微小なレベルなので，アジレント・テクノロジー社の協力で位相雑音測定専用の信号源アナライザ（Appendix 2）という測定器を使って測っていただきました．

● DDSの位相雑音は小さい

DDSは，PLLなどのアナログ発振器をベースにした信号源に比べて，原理的に位相雑音が小さい特徴があります．スペアナで測定しようとするとスペアナ自体の位相雑音に近いレベルになり測定が困難です．

スプリアスは比較的大きいので，位相雑音とスプリアスが混じり，測定結果がよくわからなくなります．

今回，位相雑音測定に使用したアジレント・テクノロジーのE5052B信号源アナライザは，相関法という測定手法を用いて，高品質の水晶発振器など極めて小さな位相雑音も測定できます（**写真7-1**）．

図7-14に，10MHzと20MHzの位相雑音測定結果を示します．

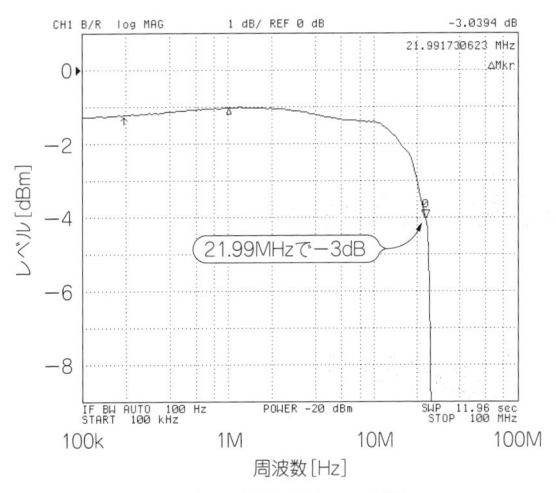

図7-13 図7-12の高周波側を拡大した特性
1MHzを基準にすると，3dB下がる周波数は22MHz．おおむねこの周波数までがDDS付属基板の出力範囲

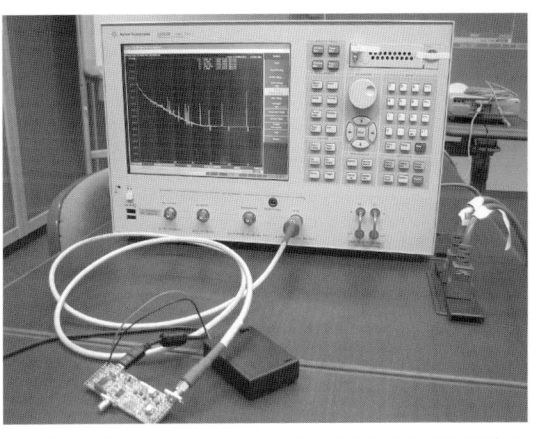

写真7-1 信号源アナライザ（E5052B）による位相雑音の測定のようす

E5052Bでは，スプリアスと位相雑音を分離して表示することができます．波形にトゲトゲが出ている部分がスプリアス，ベース部分の波形が位相雑音です．10MHzの位相雑音を見ると，キャリアから10kHzオフセット（離れたところ）で，約－128dBc/Hzくらいです．これはスペアナの残留位相雑音に近い値ですから，スペアナで位相雑音を測定しようとしても，測定器自身の位相雑音に埋もれて測定は困難です．

● USBからは雑音がまわりこむ

図7-15は，先ほどと同じ10MHzと20MHzの位相雑音ですが，USBバス・パワーに代えて単3乾電池4本を電源にして動作させたところです．

USBケーブルでバス・パワーを供給していたときと比べて，10kHzオフセットでの位相雑音が8dBほど良くなっています．さらに，DDSのクロック源である75MHz水晶発振器の位相雑音を観測してみました（図7-16）．

電池動作のときは，10kHzオフセットで－156dBc，100Hzオフセットでも－114dBcと水晶発振器らしく低い位相雑音レベルです．

それに比べて，USBバス・パワー動作では，10kHzオフセットで－120dBc，100Hzオフセットで－88dBc程度になってしまいました．

E5052Bは，電源ラインなどのノイズを測定する機能があります．高感度のスペアナといった感じのものです．これでUSBバス・パワー動作時の電源ノイズを測定したのが，図7-17です．周波数スパンは100Hzから5MHzですが，100kHzくらいまで－25～－125dBm/Hz程度のノイズが見られます．

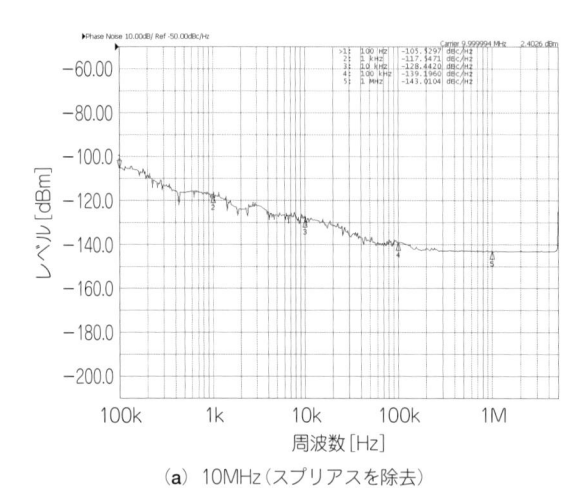

(a) 10MHz（スプリアスを除去）

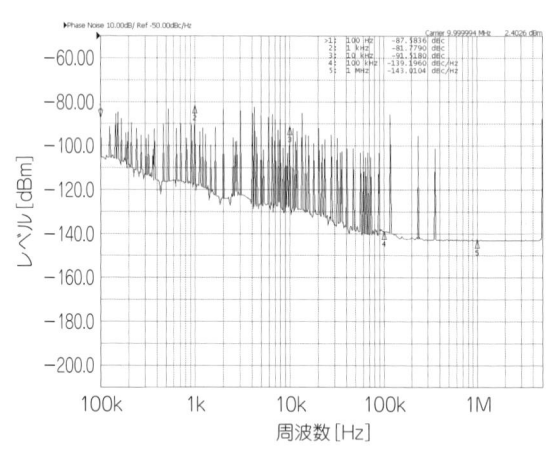

(b) 10MHz（スプリアスを含む）

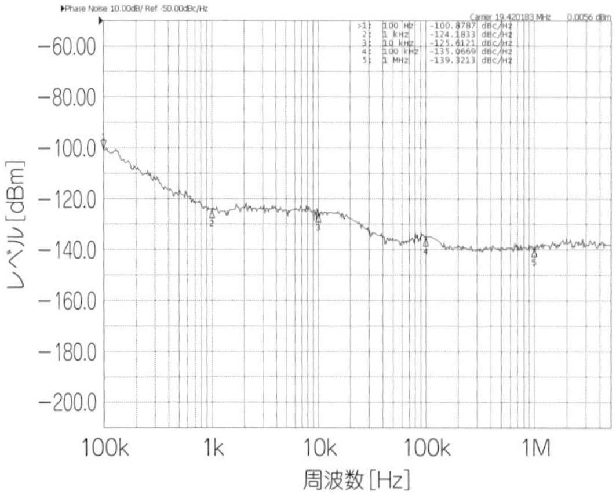

(c) 20MHz（スプリアスを除去）

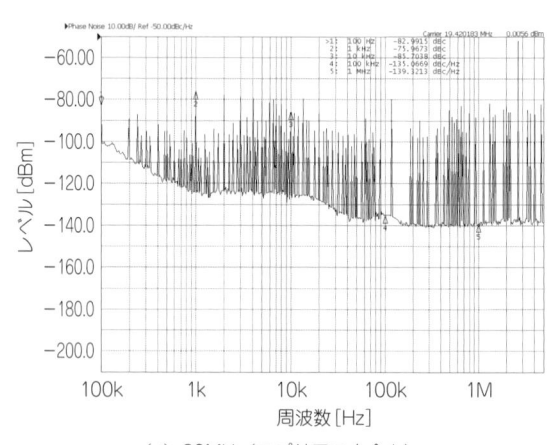

(d) 20MHz（スプリアスを含む）

図7-14 DDS付属基板の位相雑音（USBバス・パワーの場合）

シグナル・ソース・アナライザ E5052B（アジレント・テクノロジー）で測定．DDS出力の位相雑音．中心周波数から10kHzオフセット（離れた）での位相雑音は，出力周波数10MHzのとき－128dBc/Hz，20MHzのとき－125dBc/Hz．位相雑音は「周波数のゆらぎ」といった感じのもので，ゆらいでいるので中心周波数から離れたところにも少し信号成分がばら撒かれる．中心周波数から離れたところで，1Hzの帯域の中に存在するばら撒かれた信号の電力を，中心周波数の信号の電力に対する比で表したのが位相雑音である．右側の波形でトゲトゲしているのはスプリアスであり，位相雑音ではない

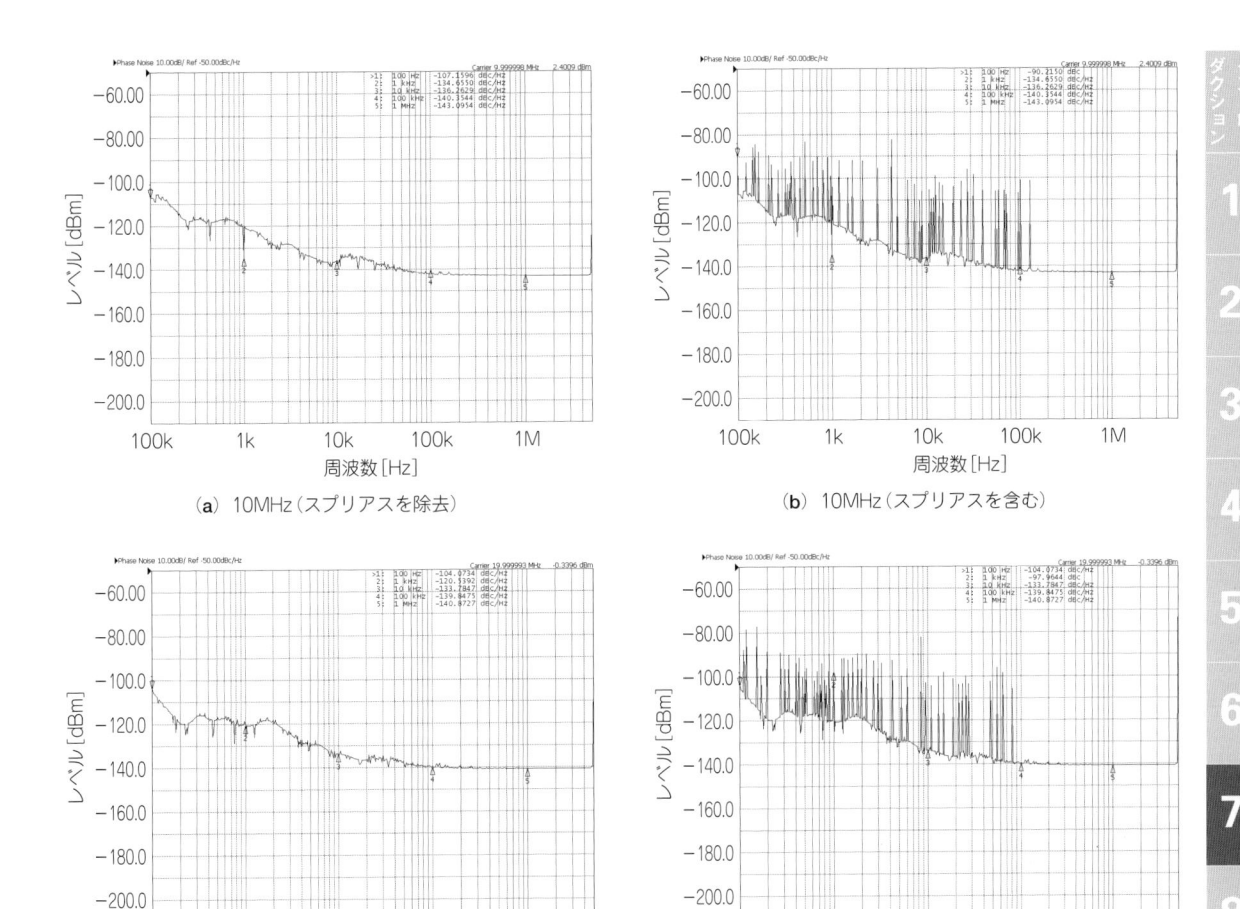

(a) 10MHz（スプリアスを除去）

(b) 10MHz（スプリアスを含む）

(c) 20MHz（スプリアスを除去）

(d) 20MHz（スプリアスを含む）

図7-15 DDS付属基板の位相雑音（バッテリ動作の場合）

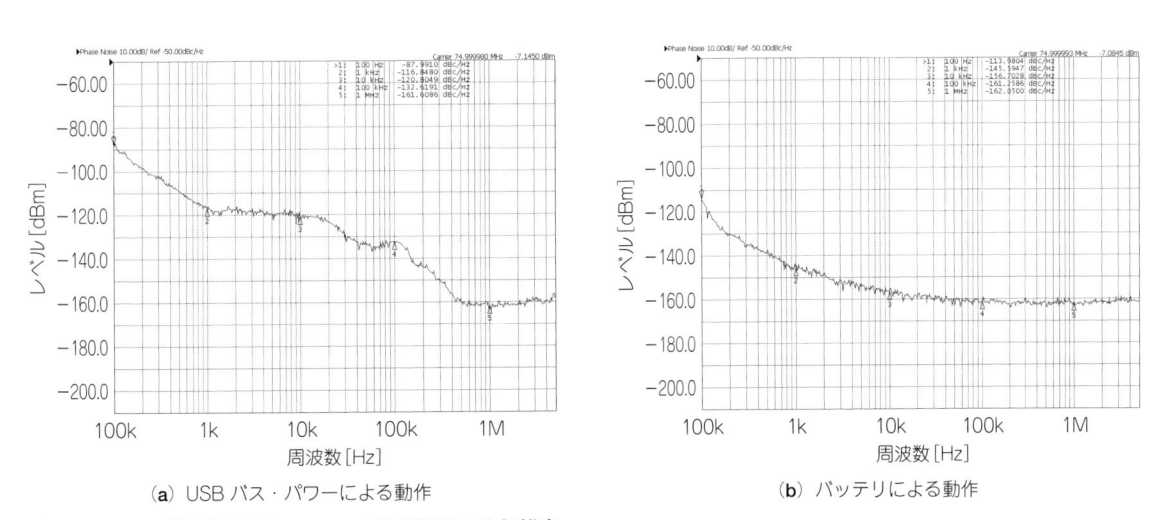

(a) USBバス・パワーによる動作

(b) バッテリによる動作

図7-16 DDS付属基板上の75MHz水晶発振器の位相雑音
シグナル・ソース・アナライザE5052B（アジレント・テクノロジー）で測定．10kHzオフセットでの位相雑音は，USBバス・パワー動作時−120dBc/Hz，バッテリ動作時−156dBc/Hzだった．発振器自体の位相雑音が小さいだけに，USBからのノイズの影響が大きくなって，36dBも違いがある．波形から，USBバス・パワーではオフセット周波数が300kHz以下のところで，位相雑音が持ち上がっているのがわかる

位相雑音 87

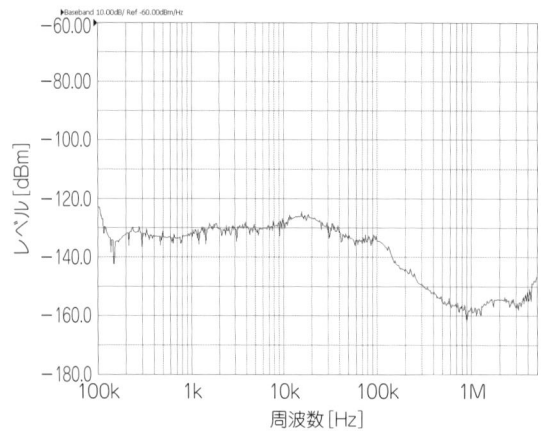

図 7-17 電源ノイズ（USB バス・パワー動作時）
シグナル・ソース・アナライザ E5052B（アジレント・テクノロジー）で測定．USB バス・パワー動作時に，電源に乗っているノイズを観測してみた．300kHz くらいから下の周波数でノイズが大きくなっている

水晶発振器の位相雑音を見ると，電池動作のときとUSB バス・パワー動作のときの違いは，なんとなくこの電源ノイズが乗っているのが原因のように思われます．

● **PLL 位相雑音と比べてみた**

PLL シンセサイザと DDS の位相雑音は，どのように違うのでしょうか．AD9834 と同じアナログ・デバイセズ社の PLL IC ADF4350 の評価ボード（**写真 7-2**）で，出力信号の位相雑音を測定してみました．

ADF4350 は 2200MHz ～ 4400MHz のオクターブ幅で可変できるオンチップ VCO と，プログラマブル分周器を集積して，137.5MHz ～ 4400MHz という広い範囲の信号を発生することができる PLL IC です．

AD9834 とは周波数範囲がだいぶ異なりますが，ワンチップで正確な信号を発生できるという機能が共通しているので，比較してみました．

▶ **ADF4350 の位相雑音はけっこう低い**

図 7-18 が位相雑音の測定結果です．周波数は 200MHz，1000MHz，4400MHz で測定しています．周波数オフセットが大きくなるにしたがって，いったん位相雑音レベルが持ち上がり，そこからまたレベルが単調に降下していくという PLL の典型的な位相雑音特性です．

PLL の場合，周波数オフセットが小さいところの位相雑音の減少と，位相雑音レベルが持ち上がる肩特性は，PLL のループ周波数特性に依存します．

DDS の場合はこのようなことはありませんから，周波数オフセットが大きくなるにしたがって位相雑音がしだいに減少しますが，なめらかな変化でなく多少のデコボコが見られます．

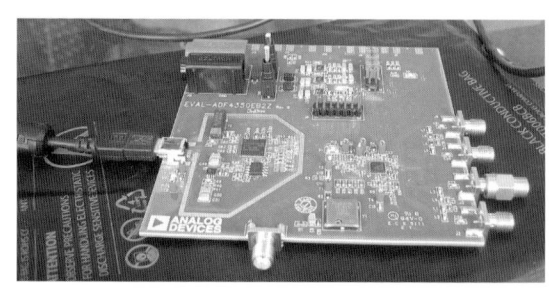

写真 7-2　PLL IC ADF4350 評価基板
137.5M ～ 4400MHz の周波数可変範囲を実現する PLL 発振器

位相雑音のレベルは，DDS の AD9834 では 20MHz のとき 10kHz オフセットでバッテリ動作時に －133dBc でした．AD4350 では，200MHz のとき 10kHz オフセットで －113dBc です．

周波数のゆらぎの程度が同じであれば，同じ周波数オフセットの点での位相雑音レベルはキャリア周波数に比例しますから，1/10 の周波数では －20dB 下がるので，200MHz での －113dBc/Hz は 20MHz での －133dBc/Hz に相当します．

偶然ですが，同じ周波数に換算すると ADF4350 と AD9834 の位相雑音レベルは同じということになります．

逆に，AD9834 の出力を逓倍して高い周波数を得た場合の位相雑音は，ADF4350 の位相雑音と同じくらいになります．

ちなみに，ADF4350 の 4400MHz，10kHz オフセットでの位相雑音は －84.2dBc/Hz で，200MHz の位相雑音から計算した値が －86.2dBc/Hz ですから，だいたい一致します．

● **ADF4350 の VCO はカバー帯域を細分化している**

従来，オンチップの VCO は Q が高いコイルをチップに作り込むことが難しいこともあって，信号純度が高く位相雑音が小さい発信器を作るのは困難で，位相雑音などのスペックに対する要求があまり厳しくないディジタル回路のクロック源などの用途が主でした．

無線通信や高周波計測器など，低位相雑音が要求される PLL では，VCO は都度設計するか，比較的高価なモジュール製品を使わざるを得ませんでした．

ADF4350 は発振周波数帯域の 2200MHz ～ 4400MHz を 3 個の VCO に分割し，さらに共振回路のコンデンサをスイッチで切り替えるという手法で発振周波数範囲を細分化して，広い周波数帯域をカバーしているにもかかわらず，低い位相雑音を実現しています．このレベルの位相雑音なら，比較的信号純度に対する要求が厳しい無線通信でも十分使用可能と思いますし，簡易な標準信号発生器としても使えそうです．

ADF4350 は内部に 1/2/4/8/16 分周器を内蔵してい

(a) 200MHz

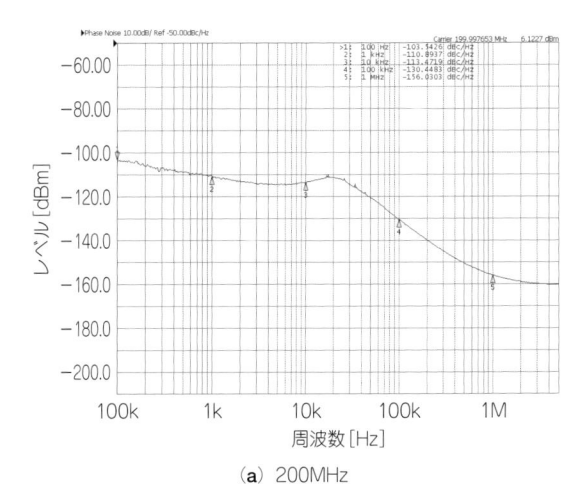

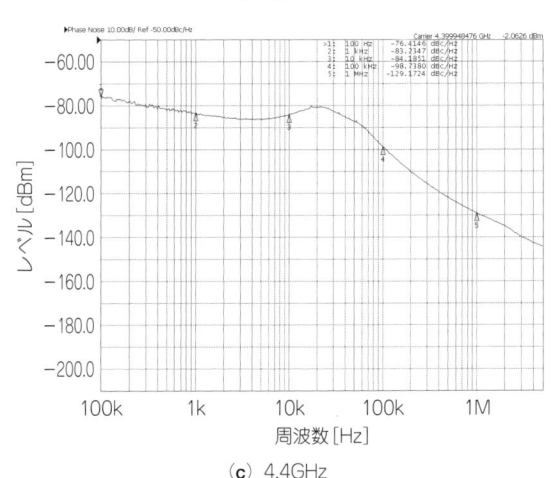

(b) 1GHz

(c) 4.4GHz

図7-18 PLL IC ADF4350の位相雑音
シグナル・ソース・アナライザ E5052B（アジレント・テクノロジー）で測定．10kHzオフセットでの位相雑音は4.4GHzで−84dBc/Hz，1GHzで−99dBc/Hz，200MHzで−133dBc/Hz．周波数オフセットが小さい方（グラフ左側）で位相雑音が抑えられているのがPLLの特徴

て，135MHzまで出力できますが，ディジタル分周器の出力ですから，正弦波でなく方形波に近い波形です．

分周比を64分周まで拡大したADF4351というICもあります．

方形波出力波形をチェック

AD9834のSIGN BIT OUTピンは，AD9834の内蔵コンパレータ出力かDDSのSIN ROM出力のMSBを選択して出力することができます．

● 内蔵コンパレータを使う

方形波出力が必要なときは，通常はフィルタを通したきれいな正弦波からコンパレータで方形波を切り出します．

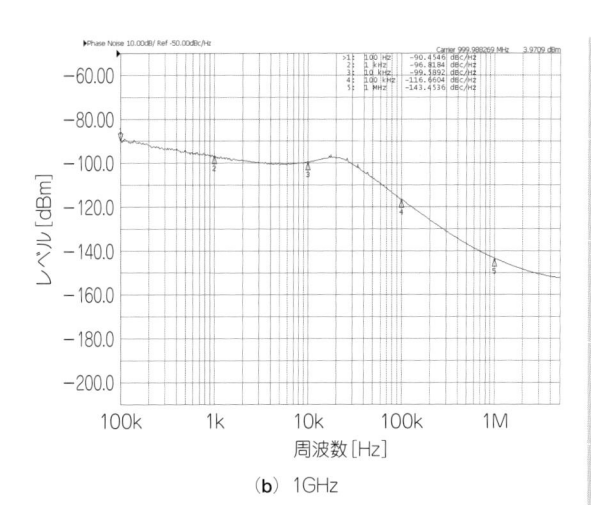

コンパレータが動作すると正弦波出力にスプリアスが出ますから，DDS付属基板では通常はフィルタ出力とコンパレータ入力VINピンを切り離しています．正弦波出力をコンパレータに入力するには，非実装になっている抵抗R_{15}，R_{21}に0Ω〜100Ωくらいの抵抗を取り付けてください．AD9834内部のレジスタ設定も変更して，コントロール・レジスタのOUTBITEN = 1，SIGN/PIB = 1に設定する必要があります．詳しくは，レジスタの解説を参照してください．

出力波形を**図7-19**に示します．周波数20MHz，上がクロック出力（CLK_OUT，JP2の12ピン），下が正弦波出力です．比較的きれいな方形波が得られました．

● コンパレータの最低動作周波数に注意

AD9834のコンパレータ入力にはハイパス・フィルタが入っているので，あまり低い周波数の信号を入力することができません．データシートでは，コンパレータの最低動作周波数は4MHzになっています．実験したところ，1MHz以下の周波数ではコンパレータの出力にランダムなパルスが出てしまいました．

図7-20は出力周波数100kHzのときのコンパレータ出力ですが，発振したような状態になっています．

DDSの動作原理の章でも説明しましたが，コンパレータに入力する正弦波の周波数が低いと出力方形波のジッタが大きくなってしまうので，低い周波数のクロックが必要な場合は，ある程度高い周波数のクロックを作っておいてカウンタで分周するようにします．

● SIN ROMデータのMSB出力を使う

正弦波$\sin\theta$の値は，+1から−1の間の値をとります．一方，AD9834のD-A出力電流はICから流れ出す向きだけです．つまり，出力にはフルスケールの約

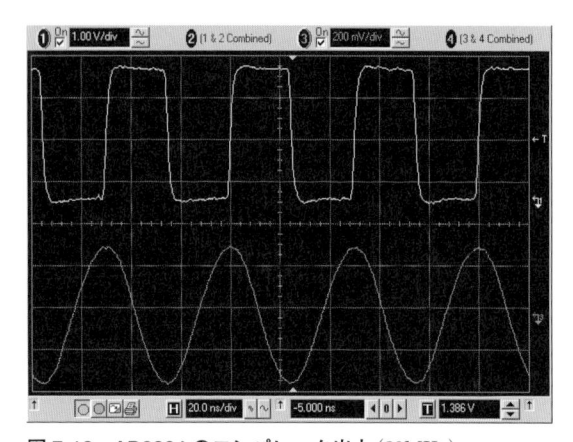

図 7-19 AD9834 のコンパレータ出力(20MHz)
20MHz ではきれいな方形波出力が得られる．デューティ比もほぼ50%．この波形は FET プローブを使って測定した

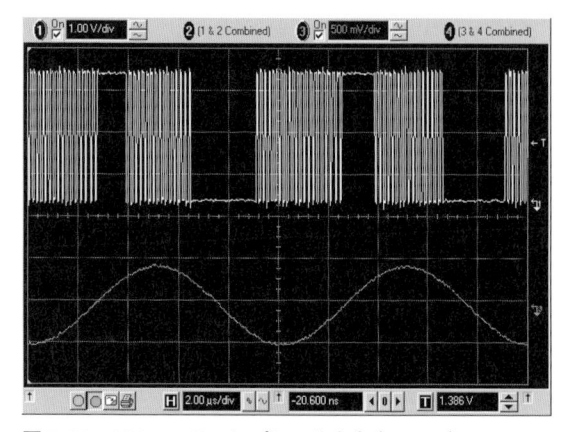

図 7-20 AD9834 のコンパレータ出力(100kHz)
コンパレータの最低動作周波数は 4MHz まで．100kHz を入れてみたところ，コンパレータ出力が発振したような状態になった

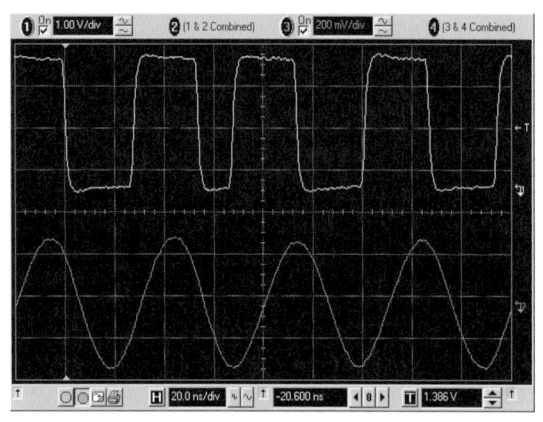

図 7-21 SIN ROM の MSB 出力(20MHz)
方形波出力の変化タイミングが周期ごとに異なり，方形波の周期が同じではなくなっている．方形波の変化点が正弦波の位相と無関係になっている．図 7-19 のコンパレータ出力と比べると，波形がずいぶん違うことがわかる．長時間の平均周波数は正弦波の周波数と同じ

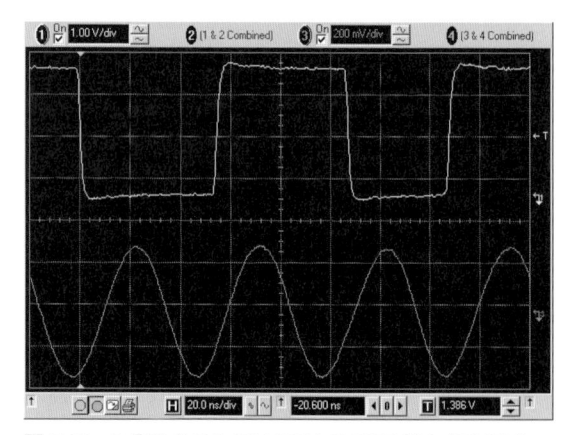

図 7-22 2 分周させた SIN ROM の MSB 出力(20MHz)
2 分周しても方形波出力の周期は崩れたまま

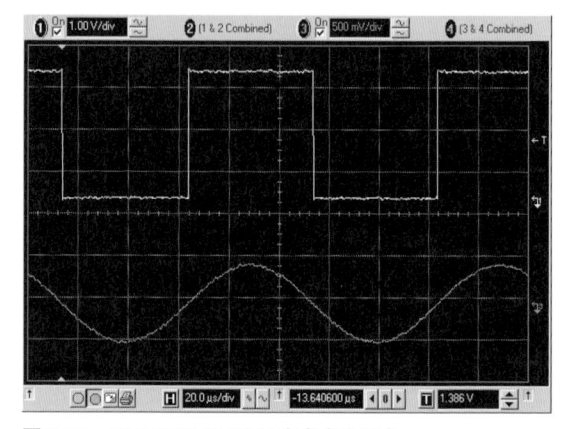

図 7-23 SIN ROM の MSB 出力(10kHz)
周波数が低くなると，方形波出力の周期は均等になり，デューティ比も 50%になる．正弦波出力を使わなければ，動作に関係するのはディジタル回路だけなので，コンパレータ出力のように不安定な現象は起きない

1/2 のオフセットがかかっています．

　AD9834 の D-A コンバータの入力データ，すなわち SIN ROM データは 10 ビットですから，0 から 1023 までの値をとります．0 のとき出力電流が最小，1023 のとき最大と考えてよいでしょう．つまり，正弦波出力が負の半サイクルのとき SIN ROM データは 0 〜 511，正の半サイクルのとき 512 〜 1023 です．

　したがって，SIN ROM データの MSB は正弦波出力の正の半サイクルの間だけ 1 になるので，これを使えば正弦波出力と同じ周波数の方形波が得られるはずです．

▶ **周波数が高くなるとデューティ比が崩れる**

　図 7-21 は 20MHz のときの SIN ROM の MSB 出力，図 7-22 は同じく 2 分周した出力です．

　どちらもよく見ると，方形波出力のデューティ比が 50%ではなく，パルス幅が変化していることがわかります．

　これは，出力周波数が比較的高いため，位相アキュ

Column 低周波側の特性を伸ばす改造

　オーディオ・アンプの調整には，10Hzくらいのメカトロのサーボ系のテストなどの信号源として1Hz以下の正弦波信号が欲しいことがありますが，DDS付属基板は出力アンプがC-R結合の交流増幅器になっているので，低域のカットオフが数十Hzです．

　本書の付属基板の設計を終えた後で気づいたのですが，DDSのD-A出力はプラス側にしか振れませんので，レール・ツー・レール入力のOPアンプならレベルを合わせ込めばDCカットせずに入力できます．ついでに，フィードバック回路に入っているコンデンサも不要です．

　もし，低周波側の周波数特性を伸ばしたいのでしたら，図7-Cのように改造してください．コンデンサ C_{12}，C_{30} を短絡し，抵抗 R_5 を取り外します．アンプの出力はGNDぎりぎりまで振るより，少しプラス側にオフセットしておく方がOPアンプの特性上好ましいので，R_4 は残しておきます．

　出力のコンデンサ C_9 は取り除けないのでDCから出力はできませんが，負荷抵抗が大きければ1Hzくらいまで出力できるようになります．

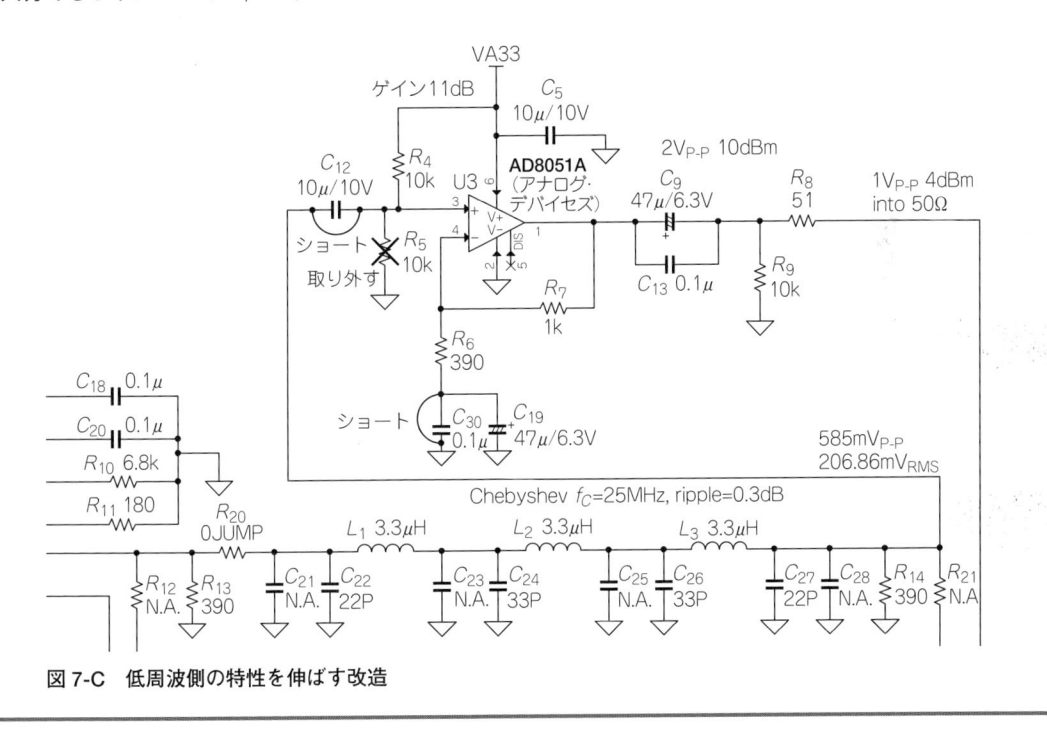

図7-C　低周波側の特性を伸ばす改造

ムレータ出力の変化が粗くなってしまい，SIN ROMデータのMSBが変化する点が正弦波出力の中心にならないのが原因です．出力周波数20MHzでは，正弦波の1サイクル期間にSIN ROM出力は3.75回しか更新されません．

　DDSのD-A出力も階段状になっていましたが，D-Aのデータも同様に粗くしか変わらないため，正確な50%デューティにならず，大きなジッタが残ります．**図7-23**は10kHzのときのSIN ROMのMSB出力ですが，きれいに50%デューティになっています．

▶ 高周波ではコンパレータ，低周波ではSIN ROMのMSB出力を使う

　AD9834のコンパレータは4MHz以下では使用できませんし，仮に低周波で使えるコンパレータを内蔵したDDS ICでも，低周波ではコンパレータの入力にノイズが乗るなどしてジッタが大きくなるので，正弦波をコンパレータで切り出して方形波を作るのは高周波向きです．

　逆に，SIN ROMのMSBを方形波出力として使う場合は，高周波ではジッタが大きくなってしまいますから，低周波向きです．AD9834では，どちらの出力でも選ぶことができるので，周波数によって使い分けるとよいでしょう．

　特に低ジッタが要求される場合は，高周波でコンパレータを使って方形波を作り，カウンタで分周すると良い結果が得られます．

Appendix 2

測定器自身の雑音をキャンセルして
fsオーダのジッタも測る

小さな位相雑音も測定できる専用アナライザ E5052B

大津谷 亜士　Ashi Otsuya

● 増えるクロック・ジッタの測定機会

現在のデータ通信では，通信速度が高速化されるに伴い，クロック・ジッタを解析する必要性が増えています．高速データ通信においては，ps（ピコ秒）オーダの超低クロック・ジッタでさえビット・エラー・レートやアイ開口率に影響を与えるためです．

このような超低ジッタを解析するには，従来行われてきたオシロスコープによるジッタ測定では，測定対象よりもオシロスコープのジッタの方が大きくなるので測定ができません．そこで，位相雑音からクロックの揺らぎを測定し，ジッタに換算する方法が採用されています．

● 位相雑音を測定するには

E5052B シグナル・ソース・アナライザは，クロス・コリレーション法と呼ばれる技術を用いた低位相雑音測定機能をもっています（写真 A-1）．そのため，fs（フェムト秒）オーダの低クロック・ジッタの評価を行うことが可能です．

図 A-1 に，一般的な PLL 法を用いた位相雑音測定システムのブロック図を示します．測定対象であるクロック信号源と，測定器内部にある基準信号源の位相差をミキサで比較します．ミキサからは，2信号の位相差の大きさに応じた電圧が出力されます．その電圧を A-D コンバータで測定し，FFT などで信号処理を行うことにより位相雑音の測定結果を表示します．

基準信号源がまったく揺れていなければ，測定対象の揺らぎ成分だけがミキサで検出されます．しかし，実際には基準信号源は揺らぎ成分を持ちます．基準信号源の位相が揺れていると，ミキサからは測定対象の位相雑音の真値に相当する電圧よりも大きな電圧を出力してしまいます．

その結果，基準信号源よりも小さい位相雑音（ジッタ）をもつクロック信号源を測定することはできません．

● クロス・コリレーション法を採用した E5052B

PLL 法は，基準信号源がもつ揺らぎ成分が低位相雑音測定の限界を決めます．その限界を打ち破るのが，E5052B のクロス・コリレーション法です．

E5052B は PLL 法を用いていますが，同じ測定系を2系統もっていることが従来とは異なる特徴です．

図 A-2 に示すように，測定対象クロック信号源からの信号はスプリッタで2分岐され，各コンポーネントを通過して ADC-1 と ADC-2 によりそれぞれ A-D 変

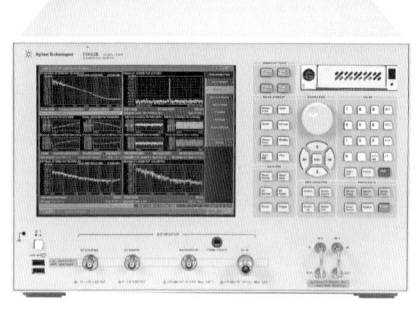

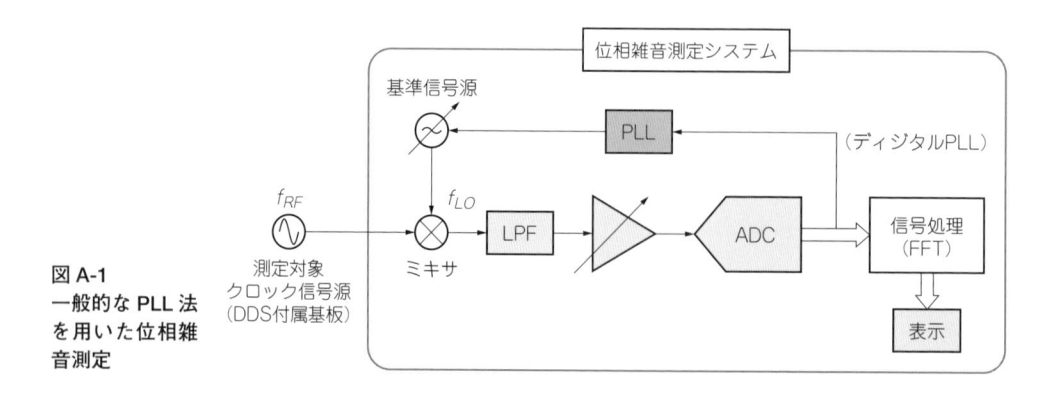

写真 A-1　シグナル・ソース・アナライザ E5052B（アジレント・テクノロジー）
第7章で示されている DDS 付属基板の雑音性能はこの E5052 で測定されたもの

図 A-1　一般的な PLL 法を用いた位相雑音測定

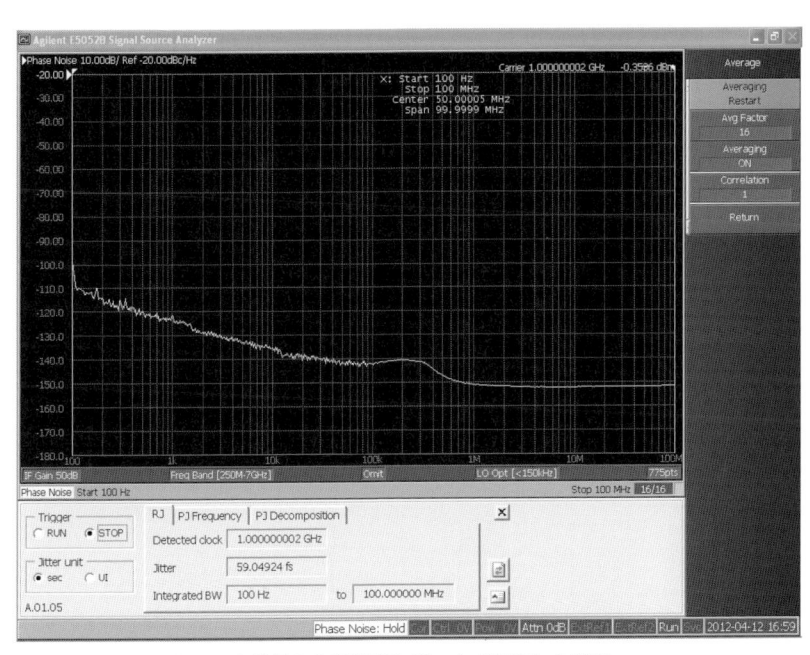

図 A-2 クロス・コリレーション法による低位相雑音測定

図 A-3 1GHzのクロック信号の位相雑音とジッタを測定した結果

換されます．これらADC-1とADC-2で測定される測定対象からの信号は「同じ信号」です．一方で，基準信号源-1と基準信号源-2からの信号もADC-1とADC-2でそれぞれA-D変換されます．これらADC-1とADC-2で測定される基準信号源からの信号は「異なる信号」になります．最終的に，ADC-1とADC-2で測定された2信号を比較するという処理を行います．

この比較というのは，「2系統で異なる信号（基準信号源の位相雑音）は消して，同じ信号（測定対象の位相雑音）は残す」という処理です．これをクロス・コリレーション法と言い，測定器内部にある基準信号源の位相雑音よりも小さな位相雑音を持つ測定対象を測定できます．

したがって，従来のオシロスコープや位相雑音測定システムでは困難だった超低位相雑音（超低ジッタ）測定が，E5052Bによって簡単にできるようになりました．

図 A-3に，E5052Bによる1GHzのクロック信号の位相雑音およびジッタ測定結果を示します．約60fsという超低ジッタを安定して測定できています．

第8章　内部回路の詳細からレジスタの設定方法まで
付属基板に搭載された定番DDS IC AD9834の使い方

脇澤 和夫　Kazuo Wakisawa

AD9834の内部構成と端子の機能

　AD9834（アナログ・デバイセズ）は，ワンチップのダイレクト・ディジタル・シンセサイザICで，非常に優れた特性をもつ波形合成ICです．ほとんどの機能をディジタル回路で実現し，データから合成された波形をD-Aコンバータから出力します．ひずみの小さい正弦波をはじめとして，各種の波形を合成できます．AD9834は，ROMに内蔵されている正弦波のほか，三角波や方形波を作ることができます．

　波形は，最大75MHzの高い周波数から合成されます．28ビットの周波数分解能があり，約0.28Hz単位という細かさで周波数の設定が可能です．周波数を設定するレジスタは2本あり，これを切り替えることでFSK変調も可能です．

　そのほかにも，位相レジスタが2本あって，位相も細かく設定できるので，PSK変調も可能です．このように，非常に応用範囲の広い波形合成ICであり，さらに高精度，低価格，低消費電力といった多くの特徴もあります．

　図8-1は，AD9834のデータシートにあるブロック図を書き直したもので，マルチプレクサは省略してあります．表8-1に，AD9834の端子機能を示します．AD9834の電源は，図8-2（a）に示すようにディジタル回路とアナログ回路で分離するようにします．できれば，平滑コンデンサの根元で分け，それぞれにバイパス・コンデンサを付けます．

　分離するのが難しい場合は，図8-2（b）のように途中に抵抗かコイルを入れて電源からのノイズを減衰させるようにすると効果があります．バイパス・コンデンサは，メーカの資料などには，「0.1μF程度のセラ

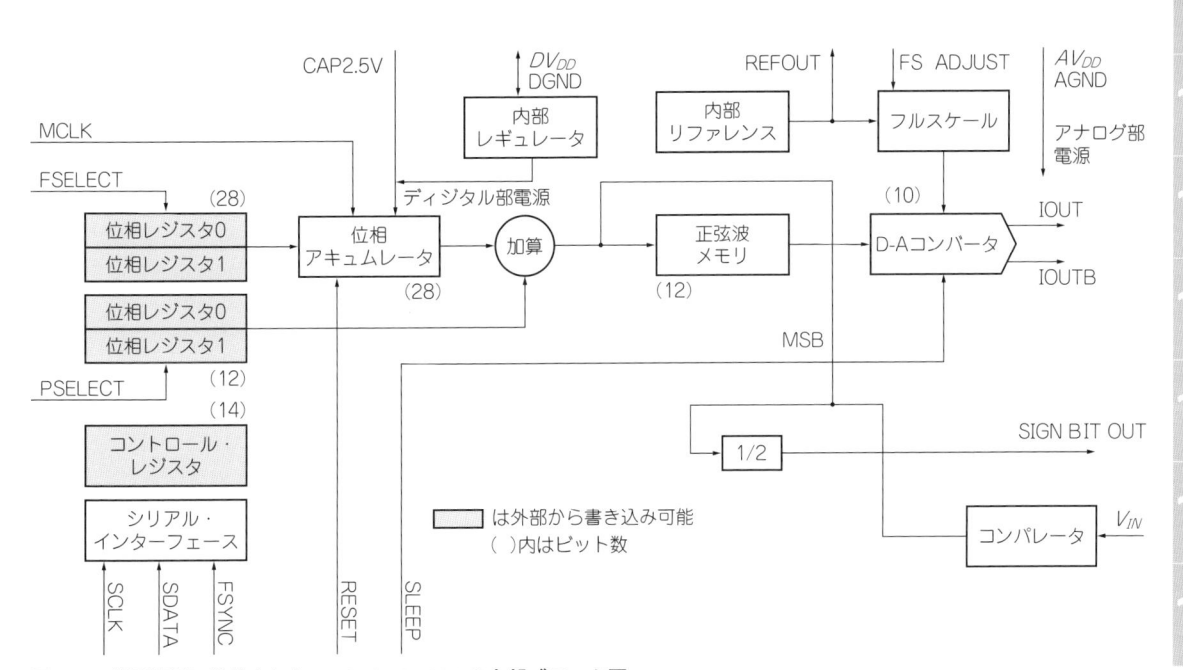

図8-1　付属基板に搭載されたDDS IC AD9834の内部ブロック図

表8-1 付属基板に搭載されているDDS IC AD9834の端子機能

■アナログ信号の入出力端子	
FS ADJUST (1)	電流加算型D-Aコンバータの基準電流設定端子に相当．内部基準電圧源の1.20Vとグラウンドの間に流れる電流を基準にして，D-Aコンバータが動作する．標準では，アナログ・グラウンドとの間に6.8kΩの抵抗を接続する
REFOUT (2)	内部基準電圧源の出力端子．普通の電圧リファレンスとは違い，インピーダンスが200Ω程度あるので取り出す場合には注意が必要．通常，0.1μFのコンデンサでアナログ・グラウンドにバイパスする
COMP (3)	内部D-Aコンバータのバイアス用デカップリング端子．アナログ電源ピンに0.01μFで接続する
VIN (17)	内蔵コンパレータ入力端子．コンパレータのもう一方の入力は内部で自己バイアスとなっている．そのため，低い周波数の入力には向いていない．アナログ・デバイセズ社のデモ・ボードではIOUT出力端子から300Ωの抵抗を通して信号を入力している．マニュアルには，「適切なフィルタを通してから入力」することが推奨されており，DDS付属基板ではチェビシェフ型のLCフィルタを通って入力がされている
IOUT (19), IOUTB (20)	D-Aコンバータの出力．相補型の高インピーダンス電流出力．出力は電流ソースなので，アナログ・グラウンドとの間に200Ωの抵抗を接続して信号を取り出す必要がある．片方だけを使用する場合でも，両方の端子とアナログ・グラウンドとの間に200Ωの抵抗を接続する．使用しない側は直接アナログ・グラウンドに接続してもよいが，推奨はされていない．低ノイズ，低ひずみの出力を得たいときは，AD8130などの平衡入力アンプ，インスツルメンテーション・アンプなどを使って信号を取り出すとよい
■電源やグラウンドをつなぐ端子	
AGND (18)	アナログ回路用のグラウンドに接続する端子．ICの下部にはアナログ・グラウンドの広いパターンを敷き詰める
DGND (7)	ディジタル回路用のグラウンドを接続する端子．AGNDとDGNDは内部で分離されている
AV_{DD} (4), DV_{DD} (5)	電源端子は，IC内部でアナログ系とディジタル系が分離されている．AD9834内部のディジタル回路は2.5Vで動作するが，この2本のピンには2.3Vから5.5Vまでの電圧を与えることができる．互いに独立しているので，電源電圧が違っても動作させることができる．そのため，独立したレギュレータを使ってノイズを減らすことも可能．AV_{DD}端子とDV_{DD}端子の間に10Ω程度の抵抗やフェライト・ビーズ，コイルなどを入れてデカップリング効果を高めることも可能．これらの端子には，それぞれ0.1μF以上のバイパス・コンデンサを入れること

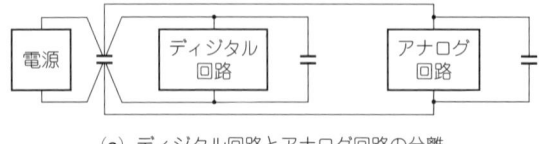

(a) ディジタル回路とアナログ回路の分離

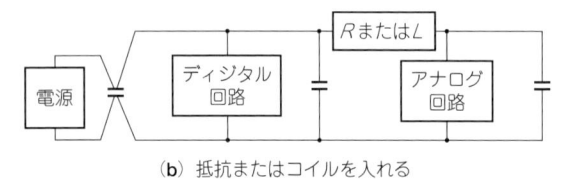

(b) 抵抗またはコイルを入れる

図8-2 DDS ICのAD9834に電源を供給する方法

ミック・コンデンサと10μF程度のタンタル・コンデンサ」を並列使用するようにと書かれていますが，最近では10μFを超える容量の超小型積層セラミック・コンデンサがあるので，小型化する場合にはそれを使用すると便利です．

ただし，電源をOFFにしたときの逆流などには注意してください．

DDS ICの アナログ信号生成のメカニズム

● アナログの限界

従来，電子回路で正弦波を生成するにはウィーンブリッジを使った回路が使われていましたが，正確な波形を作るにはかなり調整が必要でした．トランジスタなどは，周波数や周囲温度などで特性が変化するため，それを補正する回路がいろいろ必要だったのです．

擬似的に正弦波を作る方法として，三角波を非直線的な回路に通して山と谷を丸める方法もありました．インターシル社のICL8038は，画期的なファンクション・ジェネレータとして昔は人気がありました．しかし，このICを使って広い周波数帯域で正確な波形を作るのは簡単ではなかった記憶があります．

● ディジタル回路でアナログの限界を超える

ディジタル回路では，電圧や電流といった物理量ではなく数値を扱います．それも，単純にするため整数を扱います．

CAP/2.5V (6)	ディジタル回路用電源は，内部のレギュレータで2.5Vが作られている．DV_{DD}に2.7V以上の電圧を与える場合は，この端子には$0.1\mu F$のデカップリング・コンデンサをDGNDとの間に取り付ける．DV_{DD}が2.7V未満の場合は，DV_{DD}端子に直接接続する．この端子の最大印加電圧は2.75Vなので注意すること
■ディジタル・インターフェース制御用の端子	
MCLK (8) （マスタ・クロック入力）	この端子に与えるクロック信号がAD9834の動作の基準になるので，できるだけ安定したC/N（キャリア/ノイズ比）の高い水晶発振器を選び，質のよい周期信号を入力すること．出力周波数精度や位相雑音などの性能は，このクロックで決まる
FSELECT (9)	外部端子で周波数を切り替える場合に使用する．コントロール・レジスタのPIN/SWビットが1のとき，この端子への入力が有効になり，FREQ0レジスタとFREQ1レジスタの切り替えができる．使用しない場合は，CMOSレベルの"H"または"L"に固定する
PSELECT (10)	外部端子で位相を切り替える場合に使用する．コントロール・レジスタのPIN/SWビットが1のとき，この端子への入力が有効になり，PHASE0レジスタとPHASE1レジスタの切り替えができるようになる．使用しない場合は，CMOSレベルの"H"または"L"に固定する
RESET (11)	外部端子で位相アキュムレータなどのレジスタをリセットする場合に使用する．FREQレジスタ，PHASEレジスタ，コントロール・レジスタの内容は変化しない．このピンを使うには，コントロール・レジスタのPIN/SWビットを1にセットする．使用しない場合は，"L"に固定しておく
SLEEP (12)	D-Aコンバータを低消費電力状態にする．この端子を使うにはコントロール・レジスタのPIN/SWビットを1にセットする．使用しない場合は，"L"に固定しておく
SDATA (13) SCLK (14) （立ち下がりタイミング） FSYNC (15) （フレーム同期入力，負論理）	これら3本の端子により，外部からのコントロール・ワードやデータを受け取る．データ伝送はSCLKが"H"のとき，FSYNCの立ち下がりで始まり，SCLKの立ち下がりごとにSDATAからデータを受け取る．16ビットのデータ伝送が終わったらFSYNCを"H"に戻すことでデータ伝送が終了する
SIGN BIT OUT (16)	CMOSロジック・レベルの方形波を出力．コントロール・レジスタの設定によりコンパレータ出力，または位相アキュムレータの最上位ビット（符号ビット），その2分周信号が出力される

注：かっこ内の数字は端子番号

　整数は「とびとびの値」ですが，数値の桁を増やしていくと，見かけ上の間隔をせばめることができ，アナログ回路の限界よりも細かい間隔にすれば，実際にはアナログで生成する信号よりも精度の高い信号を作り出すことができます．

　これは時間についても同じで，発生する周波数よりもずっと短い時間間隔で信号を生成できれば，周波数（1周期の時間の逆数）についても精度の高い信号が作れます．

　さて，どれぐらいの時間周期で信号を生成すれば「正しい」信号が作れるでしょうか．生成する時間周期をT_s（サンプリング時間），信号の周期をTとしたとき，サンプリング定理では，

　　　$T_s \geq T \times 2$

のとき，信号が正しく生成できることになっています．それは本当でしょうか．

　図8-3にその例を示します．一定の幅をもった格子を考え，その格子を通して向こう側にある曲線を見たときにどのように見えるかを考えます．格子の間隔が同じでも，曲線がゆるやかであれば，隠れて見えない部分も簡単に想像できます．しかし，曲線が速く変化していれば，どのような曲線なのかわかりにくくなり

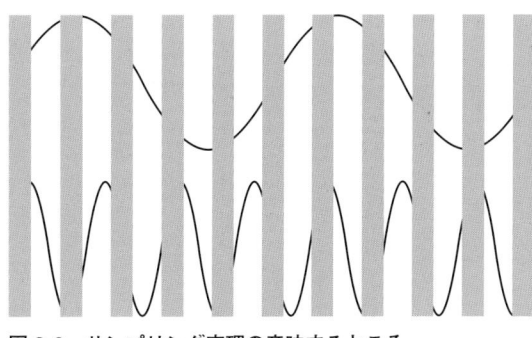

図8-3 サンプリング定理の意味するところ

ます．

　曲線が周期的な（同じ形が繰り返される）場合，繰り返しの幅の半分がちょうど格子の幅になると格子の位置によって曲線が見えたり隠れたりします．見える割合は半分になります．

　これがサンプリング定理のナイキスト周波数に相当します．つまり，サンプリング周期（格子の幅）が信号周期（曲線の繰り返し幅）の半分であるとき，曲線の「半分」が見える，ということです．技術的にいうと，サンプリング周期の2倍の周期の信号（サンプリング周波数の2分の1の周波数）で-3dBの減衰があり，その周波数までが帯域幅になる，ということです．

Column　PLL と DDS を比べてみる

● 動作原理

　ある周波数の信号を作りたいと思ったとき，どのような方法があるでしょうか．

　水晶発振器モジュールなどを使えば，固定周波数の信号は簡単に得られます．ワンチップ・マイコンのタイマやPWM発生モジュールも便利ですし，DSPやメモリとD-Aコンバータを用いれば，ほとんどどんな波形でも合成できる時代です．

　しかし，それぞれに一長一短があります．PLL（位相ロック・ループ）を使った周波数シンセサイザでできるのは，基本的に「周波数合成」です．波形合成はできません．その代わり，分周/周波数変換ができる範囲であれば，どんな高い周波数でも作れます．

　DDS（直接ディジタル合成）は，D-Aコンバータが出力できる範囲であればどのような波形でも合成できます．が，原理的には基準周波数の半分の周波数までしか合成できません（スーパーナイキスト動作という手法もあるが，…けっこう困難）．

● PLLの性質

　PLLは発振した原信号を分周したり，周波数変換したりして低い周波数まで下げ，基準となる周波数と位相を比較して，ロックさせることで原信号の周波数を合成させます．以前は，（比較する周波数）×（プリスケーラ分周比）を単位にして変化ステップが決まっていましたが，最近のPLLはフラクショナル動作（分数動作）によって，もっと細かいステップでの周波数合成が可能になっています．

　例えば，1GHzの信号を作るとき，1MHzの基準周波数を使うなら，いきなり1000分の1のカウンタを通すのではなく，個別部品で作るなら8分の1のプリスケーラ＋125分周して位相比較を行います．1GHzを直接カウントするのはあまり簡単ではないからです．パルス・スワロー方式など，いろいろ工夫されていますが，やはり高い周波数での分周比は固定の方が楽です．

　その回路では，位相比較器が整数型となると1GHzの信号に対して8MHzずつのステップしか実現できません．分周比を大きくし，比較周波数を低くするとステップは細かくなるのですが，位相雑音が増えます．また，周波数可変範囲もだいたい2倍以内で設計しないと制御信号のわずかなノイズが出力のキャリア/ノイズ比を悪化させたりします．また，PLLは位相がロックするまでそれなりの時間が必要です．

● DDSの性質

　DDSは，波形メモリの内容をD-Aコンバータに順番に送ることで波形合成を行いますから，D-Aコンバータの動作周波数（サンプリング周波数）の制約があります．サンプリング周波数の2分の1にあたるナイキスト周波数までが数値上の限界ですが，実際にはメモリの波形データと同じ波形を得ようとすれば，サンプリング周波数の3分の1〜10分の1程度が限界に思えます（波形によって異なる）．

　十分に低い周波数であれば非常に正確な波形が得られ，また，その位相もディジタルで正確にコントロールできます．従来のウィーンブリッジ発振器では周波数を変化させると歪が増えたり，振幅が安定するまで時間がかかったりしましたが，DDSではレジスタに書き込んで動作させた瞬間から正確な波形が得られます．PLLのようにロックするまで待つ，という必要もありません．周波数ステップも非常に細かく設定できます．

—＊—

　どちらも特徴があり，うまく使い分けることが大切です．だいたい150MHz以下はDDS，150MHz以上ではPLLで合成するのがよいでしょう．

DDSで正弦波信号を生成する場合は，サンプリング周波数（クロック周波数）の4分の1から3分の1程度までがおおまかな実用の目安です．

● AD9834が正弦波や三角波や方形波を合成するメカニズム

　DDSでは，メモリに記憶できさえすれば，どのような波形でも理論的には合成可能です．図8-4は，DDSによる正弦波合成を模式的に書いたものです．図の円の矢印を時計の針と考えると，針の回転角が1度ごとに「高さ」をプロットすれば，かなり正確な波形が得られます．それを0.1°ごとにすればもっと正確に描画できます．合成する周波数がDDSの動作周波数よりもずっと低ければ（時計の針の回転角を細かくすれば1周するのに長い時間がかかるので，周波数が低くなる）よいのですが，動作周波数に近くなってくるとどうなるでしょうか．

　1回転を30°ごとにプロットしていくと1周は12

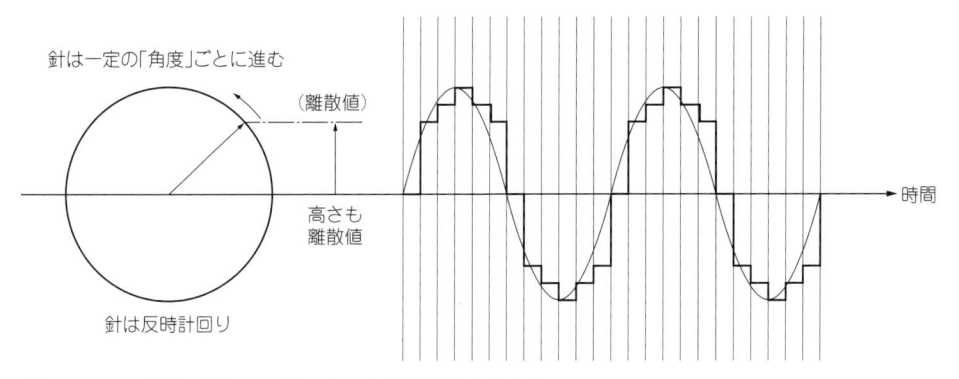

図8-4 DDSはディジタル・データから正弦波を合成する

個の点になります．10°ごとなら36個の点です．これで正確な波形が得られるでしょうか．

そこで，図8-3の格子と曲線の例を見ると「だいたい正しい」波形が得られる限界があることがわかります．実際の回路では，「フィルタ」を使って間をうまくつないでいくことにより正確な波形を得ています．

DDSでは，1回の出力ごとに針を角度にして何度進めるかを与えてやることで，いろいろな正弦波を正確に作ることができます．この「角度」は，360をきちんと割れる数である必要はありません．例えば，17°ずつ進めていくこともできます．進める角度ステップを覚えておくのが周波数レジスタで，今の角度を示すのが位相アキュムレータと呼ばれます．

AD9834では，周波数レジスタと位相アキュムレータは28ビットあり，1周を2の28乗分の1にまで分割できるため，75MHzという高い周波数のマスタ・クロックから約0.28Hzステップで波形を合成できます．また，周波数レジスタが2本あるため，切り替えることによって二つ以上の周波数を高速に切り替えることもできます．

75MHzのマスタ・クロックごとに周波数レジスタの値を位相アキュムレータに加算していくわけですから，出力される周波数は，

出力周波数 = 75MHz × 周波数レジスタの値 ÷ 2^{28}
= 75000000 × 周波数レジスタの値 ÷ 268435456

という単純な式で表されます．逆に，

周波数レジスタの値 = 2^{28} × 希望する周波数 ÷ 75MHz

と計算することができます．

● **波形の半分をメモリに蓄える**

正弦関数は，角度にして180°ごとに左右対称（鏡像）になっています．そこで，円の半周ごとに折り返しても出力される波形は同じです．それならば，波形を記録しておくメモリは半分でもよいわけです．

また，AD9834に内蔵されているD-Aコンバータは10ビットなので，あまり細かいところまで波形を記録しても出力ができず，無駄になります．メモリ位置を示す位相アキュムレータは28ビットありますが，その全部がメモリ位置を表すわけではなく，上位12ビットのみがメモリ位置を示すのに使われています．

この位相アキュムレータの出力を直接D-Aコンバータに入力すれば，メモリに記録されている正弦波ではなく，三角波を出力することができます．

● **方形波出力**

AD9834では，出力波形の中点から方形波を作るアナログ的な方法による方形波出力と，位相アキュムレータの最上位ビットを出力する方形波出力，最上位ビットを2分周する方形波出力があります．

低い周波数では，位相アキュムレータの出力がほぼ正確にH：Lが1：1になりますが，周波数が高くなると「針の進み方」が速くなり，正確さがなくなってきます．

アナログ的な方形波生成は内蔵コンパレータ（比較器）が自己バイアス方式なので低い周波数では正確な動作は難しく，3MHz以上の高い周波数でより正確な波形が得られます．方形波を出力して使用する場合は，どちらを使うか，ユーザが選ぶ必要があります．

AD9834に見るDDS ICのもう一つの特徴「位相制御」

● **DDSは正確な位相差をどんな周波数でもバッチリ再現できる**

従来のアナログ回路では非常に難しかった機能をDDSは実現しています．それは，正確な位相差をいつでもどんな周波数でも再現できる，ということです．

時計の針の例でいえば，スタートを3時の位置からではなく，どこからでも自由にスタートさせられる，

ということです．

二つのDDSを同じ周波数で同期して動作させ，片方の位相を正確に90°ずらすことも容易です．そして，両方の周波数を同時に変化させたときも位相はきっちり90°のずれを保つことができます．もちろん，振幅も変わりません．ずらす角度も90°のみならず，DDSのレジスタの分解能の範囲であれば自由に制御できます．

三つのDDSを使って，120°ずつ位相をずらして正確な三相交流を作ることもできます．これは，アナログ回路で実現しようとすると大変です．位相差だけを変化させようとしても振幅まで変化したり，周波数変化に対応できなかったりします．

AD9834は位相レジスタを2本もっているので，ほぼ瞬時に位相を切り替えることが可能です（後述）．

レジスタを設定してから波形が出力されるまでの遅れ

DDSでは，シリアル周辺インターフェース（SPI）でレジスタにデータを書き込んでから，波形の合成が開始されるまでわずかな遅れがあります．この遅れのことを「レイテンシ」と呼びます．

AD9834の場合，マスタ・クロックの8～9周期分の遅れになります．75MHzクロックの場合は，この時間は0.15μs程度なのでほとんど「即時に波形合成が始まる」といっても差し支えない遅れです．一般に，PLLで周波数合成を行う場合は，周波数が安定する（ロックする）までにms程度の時間を要しますから，これに比べれば非常に速く正確な波形を合成できます．

> FSELECT/PSELECT端子の変化が出力に現れるまでの時間には，ちょっとした癖があります．マニュアルには掲載されていないので推測になりますが，出力周波数より短い周期でFSELECT/PSELECT端子を変化させると出力波形がおかしくなることがあります．
>
> FSK/PSKの変調をかけるにしても，キャリア周波数より高い周波数で変調をかけることは，普通は考えられないことなので，AD9834では内部動作のノイズ発生や消費電力の削減などの理由から，データに変化がなければD-Aコンバータへの書き込みを行っていない可能性もあります．これは通常の使い方ではまったく問題にはなりませんし，マニュアルにも掲載されていないようです．ただし，デバイスのリビジョンなどで変わる可能性もあります．

AD9834のレジスタへの書き込み

● インターフェースとレジスタ操作の手順

AD9834のレジスタへの書き込みは，シリアル周辺インターフェースを使って行います．SCLK（シリアル・クロック），SDATA（シリアル・データ），FSYNC（フレーム同期）の3本の信号をワンチップ・マイコンなどを使って制御すれば実現できます．

信号タイミングや操作方法は一般的なものです．手順は，

(1) SCLKとFSYNCを"H"にしておく
(2) FSYNC信号を"L"にする（このときSCLKは"H"でなければならない）
(3) データはSDATA信号で，最上位ビットから順に16ビットを送る
(4) AD9834はSCLKの立ち下がりでデータを受け取るので，SCLKを"H"→"L"→"H"にする
(5) SCLKの立ち上がりとSDATAの変化は同期しなくてよい
(6) 16ビット分が終了したらFSYNCを"H"にする

AD9834のシリアル・インターフェースはかなり高速なので，PIC18シリーズのようなワンチップ・マイコンなら特にウェイトを入れる必要はありません．

● 5個のレジスタに設定値を書き込んで制御する

AD9834には，外部から見ると5本のレジスタがあります．レジスタの一覧を**表8-2**に示します．レジスタへの書き込みは16ビット単位で行います．

(1) コントロール・レジスタ（14ビット）
(2) 周波数レジスタ0（28ビット）
(3) 周波数レジスタ1（28ビット）
(4) 位相レジスタ0（12ビット）
(5) 位相レジスタ1（12ビット）

コントロール・レジスタはAD9834の動作を設定するもので，14ビットのうち2ビットはメーカ予約ビットになっているので，実質12ビットです．

周波数レジスタは28ビットのものが2本あり，それぞれ2回に分けて書き込むか，上位だけ，下位だけ書き込むことも可能です（コントロール・レジスタで指定する）．

位相レジスタは，12ビットのものが2本あり，位相の切り替えや複数のAD9834を使って位相をずらした動作をさせる場合などに使用します．

● コントロール・レジスタの各ビットの設定値と意味

▶ 周波数レジスタの書き込み方法

表 8-2 付属基板に搭載されている DDS IC AD9834 のレジスタ・マップ

ビット	D15	D14	D13	D12	D11	D10	D9	D8	D7	D6	D5	D4	D3	D2	D1	D0
名前			D28	HLB	FSEL	PSEL	PIN/SW	RESET	SLEEP1	SLEEP12	OPBITEN	SIGNPB	DIV2	予約済み	MODE	予約済み
コントロール・レジスタ	0 常にゼロ	0	0 0 周波数レジスタ下位14ビット		0 X 周波数レジスタ0を選択	0		0			X SIGN BIT OUT高インピーダンス +IOUT正弦波	X	X	0		
			0 1 周波数レジスタ上位14ビット		1 X 周波数レジスタ1を選択	0					0 0 SIGN BIT OUT高インピーダンス +IOUT三角波	X	0	1		
			1 X 周波数レジスタ連続書き込み		0 0 位相レジスタ0を選択						1 0 SIGN BIT OUT MSB方形波 (周波数1/2)+IOUT正弦波					
					1 0 位相レジスタ1を選択						1 1 SIGN BIT OUTMSB方形波 (周波数1/1)+IOUT正弦波					
							0 0 通常動作				1 1 SIGN BIT OUTコンパレータ方形波 +IOUT正弦波					
							0 1 内部リセット動作			上記以外の組み合わせは予約済み						
								0 X 0 通常動作								
								0 X 0 ディジタル部ディセーブル								
									0 X X 0 通常動作							
									0 X X 1 D-Aコンバータ・ディセーブル							
									1 X X X ピンによる制御 (SLEEP1の機能はピンにはない)							
周波数レジスタ	0	1	周波数レジスタ0													
	1	0	周波数レジスタ1													
位相レジスタ	1	1	0	X	位相レジスタ0											
	1	1	1	X	位相レジスタ1											

コントロール・レジスタ(レジスタ指定ビット:D14 = 0,D15 = 0)のビット13(D28),ビット12(HLB)の2ビットで,周波数レジスタの書き込み方法を指定します.

D28 = 1ならば,周波数レジスタは2回のアクセスで書き込みが行われます.このとき,HLBは無視されます.順序は1回目が下位14ビット,2回目が上位14ビットです.このとき,SPIインターフェースでは16ビット動作が2回行われますが,レジスタ指定ビット(D14,D15)は1回目と2回目で必ず同じにします.

D28 = 0でHLB = 0のとき,周波数レジスタの下位14ビットにのみ書き込みが行われます.

D28 = 0でHLB = 1のとき,周波数レジスタの上位14ビットにのみ書き込みが行われます.

周波数をスイープして使う場合や周波数分解能があまり必要でない場合など,レジスタへの書き込みを少なくすることができます.

▶ レジスタの切り替え/リセット/パワーダウン制御

D11(FSEL),D10(PSEL),D9(PIN/SW),D8(RESET),D7(SLEEP1),D6(SLEEP12)とFSELECT/PSELECT端子により,周波数レジスタと位相レジスタの切り替え,レジスタのリセット,パワーダウン制御を行います.

周波数と位相のレジスタはそれぞれ2本あり,周波数を切り替えればFSK(周波数変調)信号が,位相を切り替えればPSK(位相変調)信号が得られます.レジスタ0を使っている間にレジスタ1を更新すれば,

Column: AD9834 一つで位相の違う2信号を生成する実験

AD9834に限らず，DDS ICは生成している信号の周期より短い周期で位相や周波数を切り替えることは考慮されていないようです．しかし，実験をしてみると，1個のAD9834で二つの位相の信号を発生させることができました．

写真8-Aに基板のようすを，写真8-Bに出力波形を示します．DDS付属基板と2個の安価なIC，抵抗，コンデンサのみで可能です．ただし，マニュアルに規定されておらず，本来の使い方でもないので，ICのリビジョンによっては実現できないかもしれません．その点はご了承ください．

DDS付属基板の周波数は1kHz程度までの低い周波数のみが得られます．というのは，ソフトウェアでもピンでも，AD9834内部の遅れ（レイテンシ）があり，ソフトウェア制御では16ビットの書き込みにかかる時間により限界が出てきます．

手順は次のようにします．
- AD9834は普通に初期化し，1kHz以下の正弦波を出力させる．
- 位相レジスタ0には000Hを，位相レジスタ1には400H（90°の場合）をセットする．
- コントロール・レジスタのPIN/SWビットは0にしておき，PSELビットは1と0を交

写真8-A 実験基板

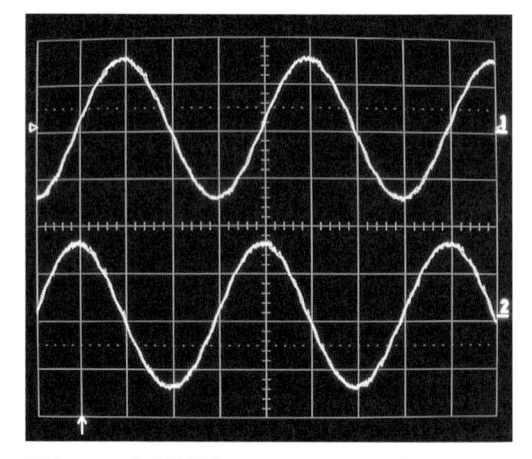

写真8-B 出力波形（0.5ms/div，0.5V/div）

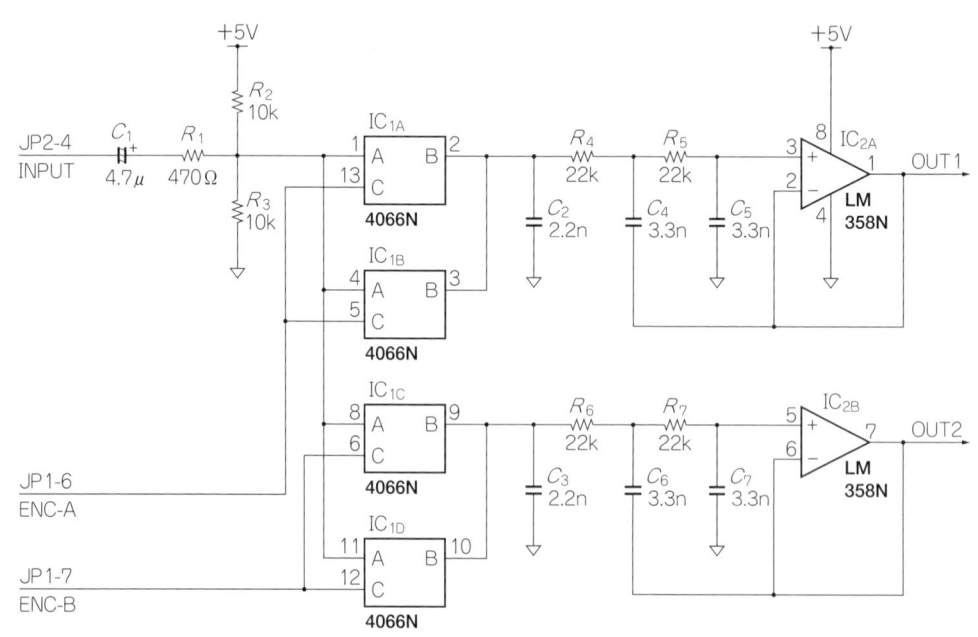

図8-A AD9834の実験回路

互に書き込む．
- 位相レジスタ切り替えタイミングを出力周期の10分の1程度（同期しなくてもよい）にすると二つの位相が交互に切り替わる出力が得られる．
- 得られた出力をアナログ・スイッチで分ける（切り替え信号はPICから出す）．
- OPアンプを使ってフィルタリングする．

というものです．外部からハードウェア（PSELECTピン）でコントロールしてみたのですが，その方法ではあまりうまく動作しませんでした．

DDSが発生するのはきれいな正弦波ですが，時分割してつなぎ合わせているので波形はあまりきれいではありません．フィルタを通ったあとでもかなりでこぼこがあります．

発生させる周波数をもっと低くして，50Hzや60Hzを作るのならそれなりに実用になるでしょう．位相差も90°ではなく120°にして，出てきた二つの位相を合成・反転したものと合わせれば3相交流が得られます．D級アンプで増幅し，三つのトランスで昇圧して組み合わせれば，三相電源ができるのではないでしょうか．

図8-Aに回路図を，リスト8-Aにプログラム例を示します．

リスト8-A　DDS AD9834を制御するPICマイコンのプログラム

```c
/*
** AD9834 interface routine
*/
#include <p18f14k50.h>

#define DDSMCLK 75000000L
#define DDSSCLK LATBbits.LATB6
#define DDSSDATA LATCbits.LATC0
#define DDSFSYNC LATCbits.LATC7

#pragma config CPUDIV = CLKDIV2
#pragma config USBDIV = OFF
#pragma config FOSC = HS
#pragma config PLLEN = ON
#pragma config PCLKEN = ON
#pragma config FCMEN = ON
#pragma config IESO = ON
#pragma config PWRTEN = ON
#pragma config BOREN = OFF
#pragma config WDTEN = OFF
#pragma config MCLRE = ON
#pragma config LVP = OFF
#pragma config DEBUG = ON

void
initialize( void )
{
  int i, j;

  TRISA = 0x3f;
  /*      ..11....  OSC
          ....1...  /MCLR
          ......11  ICSP    */
  PORTB = LATB = 0x40;
  TRISB = 0x00;
  /*      0.......  A0
          .0......  DDSSCLK
          ..0.....  DS_N
          ...0....  D3      */
  PORTC = LATC = 0x80;
  TRISC = 0x00;
  /*      0.......  DDS FSYNC
          .0......  A1
          ..0.....  ENC_A
          ...0....  ENC_B
          ....0...  A2
          .....000  D2-D0 DDSSDATA */
  for( i = 0; i < 500; i ++ )
      for( j = 0; j < 100; j ++ ) Nop();
}

/* DDS 1 byte output */
unsigned char
SPIOutByte( unsigned char d )
{
  unsigned char sr, i;

  sr = d;
  for( i = 0; i < 8; i ++ ) {
    if( 0 != ( 0x80 & sr ) ) DDSSDATA = 1;
    else                     DDSSDATA = 0;
    DDSSCLK = 0;
    DDSSCLK = 1;
    sr *= 2;
  }
  return d;
}

/* DDS write */
unsigned int
DDSWrite( unsigned int d )
{
  unsigned char dh, dl;

  dh = d / 256;
  dl = d & 255;
  DDSFSYNC = 0;
      /* DDS transfer start */
  SPIOutByte( dh );
  LATCbits.LATC4 = 0;
  LATCbits.LATC5 = 0;
  SPIOutByte( dl );
  DDSFSYNC = 1;
      /* DDS write complete */
  return d;
}

// DDS Initialize
void
DDSInitialize( void )
{
  int i;

  DDSFSYNC = 1;
  DDSSCLK = 1;
```

リスト8-A　AD9834の試験回路を制御するプログラム (つづき)

```c
  DDSWrite( 0x0100 );
/* 00...... ........ control register
   ......01 ........ software reset */
  DDSWrite( 0x0000 );
/* 00...... ........ control register
   ......00 ........ reset release */
  DDSWrite( 0x1000 );
/* 00...... ........ control register
   ..01.... ........ 14bit write mode(MSB)
   ....0000 ........ software control
   ........ 00...... normal operation
   ........ ..000... SIGN OUT disable
   ........ ......0. sin wave */
  DDSWrite( 0x4000 );  // Freq.0 register
  (MSB)
  DDSWrite( 0x0000 );
/* 00...... ........ control register
   ..00.... ........ 14bit write mode(LSB)
   ....0000 ........ software control
   ........ 00...... normal operation
   ........ ..000... SIGN OUT disable
   ........ ......0. sin wave */
  DDSWrite( 0x46fd );
        /* Freq.0 register(LSB) */
  DDSWrite( 0x1000 );
/* 00...... ........ control register
   ..01.... ........ 14bit write mode(MSB)
   ....0010 ........ software control
   ........ 00...... normal operation
   ........ ..000... SIGN OUT disable
   ........ ......0. sin wave */
  DDSWrite( 0x8000 );
        /* Freq.1 register(MSB) */
  DDSWrite( 0x0000 );
/* 00...... ........ control register
   ..00.... ........ 14bit write mode(LSB)
   ....0010 ........ software control
   ........ 00...... normal operation
   ........ ..000... SIGN OUT disable
   ........ ......0. sin wave */
  DDSWrite( 0x8100 );
        /* Freq.1 register(LSB) */
  DDSWrite( 0xC000 );
/* 110..... ........ phase 0 register
```

```c
   ....0000 ........ phase 0 degree */
  DDSWrite( 0xe400 );
/* 111..... ........ Phase 1 register
   ....0100 00000000 phase 90 degree */
}

/* Phase select signal generation */
void
PWMInitialize( void )
{
  PR2 = 0x80;
  CCPR1L = 0x40;
  TMR2 = 0x00;
  T2CON = 0x05;
  PSTRCON = 0x01;
  CCP1CON = 0x0C;
}

main()
{
  int i;

  initialize();
  DDSInitialize();
  /* PWMInitialize(); */
  for( ; ; ) {
    LATCbits.LATC4 = 1;
    DDSWrite( 0x0400 );
/* 00...... ........ control register
   ..00.... ........ 14bit write mode(LSB)
   ....0100 ........ phase1
   ........ 00...... normal operation
   ........ ..000... SIGN OUT disable
   ........ ......0. sin wave */
    LATCbits.LATC5 = 1;
    DDSWrite( 0x0000 );
/* 00...... ........ control register
   ..00.... ........ 14bit write mode(LSB)
   ....0000 ........ phase0
   ........ 00...... normal operation
   ........ ..000... SIGN OUT disable
   ........ ......0. sin wave */
  }
}
```

2値だけでなく多値のFSK/PSK信号の生成も可能です．

　PIN/SW＝0のとき，FSELとPSELのビットが有効になり，ソフトウェアによって周波数レジスタ，位相レジスタの選択が行われます．

　FSEL, PSELともに0のときは周波数レジスタ0, 位相レジスタ0を選択し，1のときは周波数レジスタ1, 位相レジスタ1を選択します．

　PIN/SW＝1のときは，FSELECT（9番）ピンとPSELECT（10番）ピンで周波数レジスタ，位相レジスタの選択をし，"L"のときに周波数レジスタ0, 位相レジスタ0を，"H"のときに周波数レジスタ1, 位相レジスタ1を選択します．

　リセットは，AD9834の電源を投入したあとで必ず行う必要があります．リセット機能を使っても，周波数レジスタ，位相レジスタは変化しませんが，位相アキュムレータなどの内部レジスタがリセットされます．そのため，位相レジスタが0であればD-Aコンバータの出力は中点になります．

　リセット機能もPIN/SWビットによって制御されます．PIN/SWビットが0のときはコントロール・レジスタのRESETビット（ソフトウェア）が1のとき，PIN/SWビットが1のときはRESET（11番）ピンが"H"のとき，アクティブになります．

　スリープ機能は，マスタ・クロック（MCLK）やD-Aコンバータの電源をコントロールして消費電流を抑える機能です．ソフトウェアでは二つの機能が，ピンによるハードウェアでは一つの機能が用意されていま

Column　がんばれば1GHzの高速アナログ回路は手作りできる

●最近のICはとにかく速い…

　ここ数年，ICは高集積・高機能化されており，サイズもどんどん小型化しています．動作周波数も上がっているので，ブレッド・ボードやユニバーサル基板による実験は困難になっています．

　筆者の経験では，ブレッド・ボードではアナログなら数百kHz，ディジタルで数十MHz以上で動作させることは難しく，ユニバーサル基板でも100MHzぐらいが限界だと思っていました．

　ところが技術の進歩は速く，動作周波数がGHzというICも普通に手に入ります．OPアンプでもゲイン帯域幅（ゲインが1になる周波数）が3GHzを越えるものまであります．そういうICを使って実験するのに，いちいち基板を設計して製造業者に頼んで実装して…を繰り返すのは，企業でさえ困難だったりします．基板の製造が安くできるようになったとはいえ，個人ではさらに難しくなっています．

●ユニバーサル基板で動かすには…

　そこで，筆者は次のような方法で高速回路の実験を行っています．

- 安いユニバーサル基板（ガラス・エポキシ）で薄い片面のものを使う
- はんだごては先の細いもの，中程度のものを用意する．絶縁のよいもの，きちんとグラウンドがとれていることなど，静電気対策は十分に注意すること
- はんだは必要に応じて，太さを数種類用意する
- 先端の合った細いピンセットを使う
- 普通なら部品を搭載する側に銅箔テープを貼る
- まずは紙の上で配置を考える（けっこう重要）．（バイパス・コンデンサは多めにする）
- ICを乗せる場所にポリイミドのテープを貼ってランドを絶縁する
- 両面テープでICを貼りつける（パッドが裏にしかないものは裏返して貼りつける）
- グラウンドはマチ針で銅箔に穴をあけて裏表を接続する
- ここからはルーペまたは双眼実体顕微鏡がお勧め．明るい場所で行うことも大切
- *LCR*類は1608サイズ以下のチップ部品を使って，ユニバーサル・ラウンドに縦横に配置する
- 配線はポリウレタン導線（0.2mm程度，信号用）とジュンフロン電線（信号・電源）で行う
- 配線するときは，手首・肘などをテーブルにつけて安定させる．基板も必要に応じてテープなどで固定する

—*—

　慣れと練習は必要ですが，1GHzぐらいまでのアナログ回路は作れます．また，IC内部で数GHzを扱っているものも，かなりの確率で安定に動作させられます（そこまでいくと空中配線でバイパス用チップ・コンデンサが必要だったりする）．

　写真8-Cは，現在実験中の基板です．

写真8-C
1GHzぐらいのアナログ回路ならなんとか手作りできる

す．スリープ機能も PIN/SW ビットによって機能が制御されます．

SLEEP1 は，内部のマスタ・クロックが停止します．そのため，この機能だけを使えば D-A コンバータ出力の更新が止まり，出力はその時点の電位を維持します．

SLEEP12 は，D-A コンバータが停止します．D-A コンバータからの出力が行われなくなります．ディジタル出力で方形波のみ（位相アキュムレータの最上位ビット）出力させる場合などに利用可能です．

PIN/SW ビットが 0 のときはコントロール・レジスタの SLEEP1，SLEEP12 ビットが有効になり，マスタ・クロック，D-A コンバータをそれぞれ停止させることができます．

PIN/SW ビットが 1 のときは SLEEP ピン（12 番）が有効になり，"H" のときに D-A コンバータが停止します．

▶ オプション出力端子の制御

D5（OPBITEN），D4（SIGNPIB），D3（DIV2）により，オプション出力（SIGN BIT OUT，16 番）ピンを制御します．これらのビットは，正弦波出力（MODE = 0）のときのみ使用できます．

OPBITEN（オプション・ビット・イネーブル）は，方形波出力を行います．OPBITEN が 0 のとき，SIGN BIT OUT ピンはハイインピーダンスになり，出力が停止します．OPBITEN が 1 のとき，SIGN BIT OUT ピンが許可され，ロジック出力が行われます．

SIGNPIB と DIV2 で SIGN BIT OUT ピンに出力する信号を選択します．SIGNPIB が 0 のとき，D-A コンバータに送られるデータの最上位ビットが出力されます．さらにこの場合，DIV2 ビットが機能し，0 のときは 2 分周され，1 のときは最上位ビットそのままの出力になります．SINPIB が 1 のとき，コンパレータ出力が SIGN BIT OUT ピンに出力されます．このとき DIV2 ビットは 1 に設定してください．

コンパレータは，自己バイアス方式なので低い周波数の入力では正確な動作ができません．3MHz 以上の入力で使用してください．また，D-A コンバータに送られるディジタル値の最上位ビットでは低い周波数では正確な出力が得られますが，周波数が高くなるとデューティ比が保証されません．

コンパレータの使用時は，分周器が使えません．

▶ 正弦波と三角波の切り替え

D1（MODE）により，D-A コンバータに送られるディジタル値を切り替え，正弦波波形メモリを通すか，通さないかを選択します．正弦波波形メモリは円周 1 周分ではなく，半周分で，アドレスを折り返すことで 1 周分の波形出力を行っています．

そのため，正弦波波形メモリに与えるアドレスを D-A コンバータに入力すると三角波が得られます．この三角波も従来の方法で作られる多くの三角波より正確な波形となります．

MODE = 0 で正弦波，MODE = 1 で三角波が出力されます．三角波出力のときは SIGN BIT OUT ピンは使用しないでください（OPBITEN = 0 とする）．

◆ 参考文献 ◆

(1) アナログ・デバイセズ，AD9834 日本語マニュアル REV.0（内容が少し古いので注意）．

(2) アナログ・デバイセズ，AD9834 英語マニュアル REV.C（こちらが最新）．

(3) R.P. ファインマン著，釜江常好，大貫昌子訳；光と物質のふしぎな理論―私の量子電磁力学，岩波書店．

第9章 パソコンとのインターフェースとDDSのコントロール
USBマイコンPIC18F14K50のファームウェア

山本 洋一 Yoichi Yamamoto

USBマイコン PIC18F14K50

DDS付属基板の制御に使用しているPIC18F14K50は，マイクロチップ・テクノロジー社のPIC18シリーズの中の8ビット・マイコンです．このマイコンは，ROMもRAMもそれほど容量が多くないため，大きなプログラムを書くことはできませんが，単純な用途に使用するには便利なデバイスです．今回使用してみて，サンプル・プログラムもよく考えられていると感じました．

● 最大のメリットはUSBを使えること

PIC18F14K50のROM/RAMの容量は少ないため，あまり複雑なソフトウェアを組むことはできません．複雑な処理が必要な用途には，別のチップを選択すべきです．また，プログラミング言語は，最近はアセンブラで書くことが少なくなっています．今回も，ソフトウェアはすべて無料で入手できるコンパイラを使ってC言語で記述しています．

このマイコンの最大の特徴は，簡単にUSBを使うことができるということです．現在は，USBを使えるマイコンが数多く販売されていますが，Webにおける豊富な情報量とマイコンの入手性，価格，そして優れたサンプル・プログラムという4点を考慮すると，アマチュアにとっては最も使いやすいUSBマイコンと言えるでしょう．

このマイコンは，単純なI/Oや外付けのICをパソコンに接続するときに，ちょっとだけ利用するというのが一番効果的な使用方法です．パソコンのUARTを使いたいのなら，FTDI社の変換チップを使用すれば目的は達成できます．最近では，SPIやI^{2}Cの機能を持ったICも販売されています．しかし，もう少し他のことをさせたい場合に，それらでは融通が利きません．例えば，シリアル接続のA-DコンバータやD-Aコンバータを複数接続したいときは，やはりマイコンが必要になります．

PIC18F14K50は，マイクロチップ・テクノロジー社の8ビット・マイコンの中では，高機能の部類に分類されます．その特徴は，
 (1) 端子数が少ない
 (2) 多機能である
 (3) メモリ容量が少ない
 (4) 外付け部品が少なくてよい
 (5) USBの豊富なサンプル・プログラムが用意されている

Column　Microchip-application librariesはアップデートされると互換性がなくなる

Microchip-application librariesはバージョンが異なると互換性がなくなるようです．

DDS付属基板のファームウェアを開発した際，あるPIC18F14K50のプロジェクトを入手しました．そのプロジェクトを使うために，プロジェクトで指定されたバージョンのMicrochip application librariesを入手しようとしたのですが，できなかったので，仕方なく最新版をインストールしました．するとコンパイルできませんでした．

Microchip application librariesは，どんどんアップデートされてしまい，過去のバージョンは入手不可能になってしまいます．したがって，プロジェクトを固める場合には，MPLAB自体に内蔵されているプロジェクト圧縮機能を利用すべきです．依存関係のあるファイルをすべて保存してくれるからです．

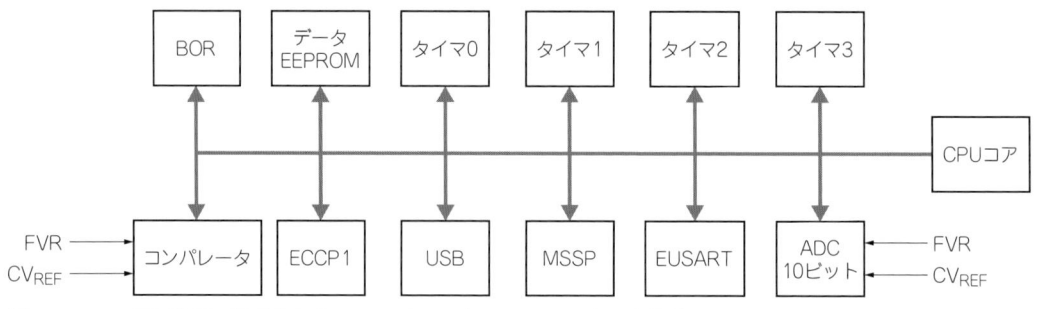

図 9-1 DDS付属基板に搭載された PIC マイコン（PIC18F14K50）の内部ブロック図

といったところでしょうか．

　端子数が少ないというのは，試作ならはんだ付けが楽であり，量産ならば価格が安くなる可能性があります．

　多機能というのは，アマチュアの立場から言えば，このマイコンが一つあればいろいろな用途に使えるということです．また，USB は単なる I/O の一つなので，USB を使わないという選択も可能です．図 9-1 に，PIC18F14K50 のブロック図を示します．

PIC マイコンの開発環境

　最近は，ほとんどのマイコンで無償の開発環境が提供されています．PIC マイコンの開発環境は，最近になり（2012 年 5 月時点）MPLAB X という名前に変わりましたが，ここではマイクロチップ社が無償で提供している MPLAB V8.83 を使用します．

　インストールされるソフトウェアは，
- MPLAB V8.83
- MicroChip C18 Compiler
- Microchip-application-libraries-v2011-10-18

の組み合わせです．いずれも無償です．

> インストールするソフトウェアは，付属 CD-ROM に入っているものを使ってください．

　MPLAB V8.83 ＋ MicroChip C18 Compiler ＋付属 CD-ROM のプロジェクトだけで OK です．アプリケーション・ライブラリの必要な部分は，プロジェクトにすでに含まれています．

DDS のレジスタとコントロールの手順

　アナログ・デバイセズ社の AD9834 は，低消費電力の定番 DDS です．また，機能も非常にシンプルなので，ソフトウェアも簡単なものになっています．今回の用途では，使わない機能も多いのでレジスタの設定は極めて簡単です．AD9834 のデータシートでは，一覧表になっていないので多少わかりにくいのですが，レジスタは表 9-1 のようになっています．

　PIC18F14K50 では，DDS の処理とはいっても，初期化を一度行い，後は表 9-1 の FREQ0 レジスタの値

Column　あれ？ PIC マイコンと PICkit3 がつながらない!?

　このコラムは "MPLAB" を使う前に読んでください．

　筆者の場合，統合環境のマニュアルを読まないでまずは操作してみようと，MPLAB を立ち上げて PIC の書き込みツール PICKIT3 を接続し，メインメニューの［Debugger］－［Select Tool］－［PICkit3］を選択しました．そうすると，以後一切マイコンとの接続ができなくなりました．

　理由は，簡単でした．PIC18F14K50 は，通常で

は Debugger の機能が使えないため，［Debugger］のところでツールを選択してはいけなかったのです．正解は，以下のとおりです．

　メインメニューからデバッガ側の設定として，［Debugger］－［Select Tool］－［None］にします．次に，プログラマ側の設定で，［Programmer］－［Select Programmer］－［PICkit3］とすると使えるようになります．

表9-1 DDS付属基板に搭載されたDDS IC(AD9834)の内部レジスタ

	Bit 15	Bit 14	Bit 13	Bit 12	Bit 11	Bit 10
コントロール・レジスタ	0	0	コントロール・ビット			
14bit FREQ0 レジスタ	0	1	周波数ビット			
14bit FREQ1 レジスタ	1	0	周波数ビット			
12bit PHASE0 レジスタ	1	1	0	x	位相ビット	
12bit PHASE1 レジスタ	1	1	1	x	位相ビット	

を変化させているだけです．実は，表9-1の網をかけた部分は，使用していません．つまり，2本のレジスタしか使用していません．

(1) DDSの初期化

リセットは，DDSのリセット端子を使わずに，DDSの内部レジスタによりリセット動作を行っています．手順は以下のとおりです．

A：コントロール・レジスタのRESETビットを1にして書き込む

B：すぐに，コントロール・レジスタのRESETビットを0にして書き込む．このとき，その他のビットは使用する状態にしておく

(2) 周波数レジスタのセット

周波数レジスタは，28ビットあります．1回の書き込みでは，14ビットしか書き込めませんから，2回に分けて書き込みます．AD9834では，28ビットを連続して書き込む方法と，14ビットずつ書き込む方法がありますが，ここでは，14ビットずつ2回に分けて書き込む方法を採用しています．

A：MSBの14ビットを書き込むように，コントロール・レジスタに書き込む

B：MSBの14ビットを周波数レジスタ0に書き込む

C：LSBの14ビットを書き込むように，コントロール・レジスタに書き込む

D：LSBの14ビットを周波数レジスタ0に書き込む

(3) コントロール・レジスタのセット

AD9834のマニュアルによれば，コントロール・レジスタのビットの内容は，表9-2のようになっています．

このICは，SIGN BIT OUT出力，2本の周波数レジスタ，2本の位相レジスタ，外部のFSEL，PSELピンをフルに使うと，さまざまな機能を組み込むことができます．反面，シンプルに使う場合には，非常に簡単で，ほとんどのビットは固定で済みます．非常に簡単な設定ですむため，短時間でプログラムを組むことが可能です．

拡張基板をコントロールするファームウェア

DDS付属基板のソフトウェアには，AD9834の制御ソフトウェア以外に，オプションのベース基板，アッテネータ基板，ログ・アンプ基板用のキーなどが内蔵されています．

このソフトの基本部分には，マイクロチップ社から提供されているUSBのサンプル・プログラムを使っています．このプログラムを使用することにより，USBを使うことが非常に簡単になりました．ただし，プログラムの構成に制約があります．それに関して，次に述べます．

マイクロチップ社のサンプル・プログラムを使う上で重要なポイントは，`main()`の無限ループから呼び出される`ProcessIO()`という関数をいかに上手に使うかにかかっています．逆に言うと，この関数の内部

Column　統合開発環境以外のエディタを使用する場合の注意

MPLAB統合開発環境でSAVE/LOADした後のファイルは，notepad（メモ帳）以外のほとんどのエディタでオープンできません．その他のエディタを使用したい場合には，必ずnotepadで一度読み込んでから，上書き保存する必要があります．

表9-2 AD9834のコントロール・レジスタの設定

ビット	名前	デフォルト	機　能
13	B28	0	14ビットずつ書き込むことにしたので，0で使用する
12	HLB	0	周波数データが，MSB 14ビットか，LSB 14ビットかを指定
11	FSEL	0	周波数レジスタは0を使用するので，0をセット
10	PSEL	0	位相レジスタは使用しないので，なんでもOK
9	PIN/SW	0	周波数・位相レジスタをコマンドで変更できるようにする
8	RESET	0	ソフトウェアでICの機能をリセットする．1でリセット
7	SLEEP1	0	1にすると内部クロックを停止，0で動作
6	SLEEP12	0	1にすると内部のDACをパワーダウン，0で動作
5	OPBITEN	0	1でSIGN BIT OUT出力ピンが有効．0で無効
4	SIGNPIB	1	1で内蔵コンパレータをSIGN BIT OUTに出力
3	DIV2	1	1でSIGN BIT OUTピンの信号を分周する
2	Reserved	0	予約
1	MODE	0	1で正弦波を出力する
0	Reserved	0	予約

リスト9-1　ProcessIO()の概要

```
void ProcessIO( void )
{
  if ( ( USBDeviceState<CONFIGURED_STATE )||( USBSuspendControl==1 ) )
  {
      /* USB 接続がない場合の専用の処理　（処理A）　*/
  }
  else
  {
      /* USB 接続がある場合の専用の処理　（処理B）　*/
  }
  /* 共通の処理　（処理C）　*/
}
```

を変更するだけで済めば，他の部分は修正しなくても済みます．今回はプログラムを楽に作成するため，このmain.c内に存在しているProcessIO()関数の中にコードを追加していく形でプログラムを作成してきました．

● ProcessIO()の変更の方法

リスト9-1ではいきなりC言語のコードが出ていますが，変更するポイントは二つあります．

▶ポイント1

すべての処理を，次の三つに分けます．

処理A：USB接続がない場合の専用処理
処理B：USB接続がある場合の専用処理
処理C：共通の処理

▶ポイント2

適度に処理を分割することでUSBの処理と両立させることができました．

● ポイント1について

このプログラムでは，USBの通信処理，DDSの処理，ベース基板のLCDの表示，アッテネータ基板の減衰量の読み出し，ログ・アンプ基板のA-D変換データの読み出し，キーの処理などが必要です．

次の三つに処理を分けます．

処理A：なし
処理B：USBのユーザ通信処理
処理C：DDS付属基板，ベース基板，アッテネータ基板，ログ・アンプ基板，キー処理

このようにすることで，USBが接続されている場合と，USBが接続されておらずベース基板から外部給電されている場合のどちらでも動作させることができます．

　外部給電の場合に，一つ注意することがあります．それは，USBを接続する場合に，先に外部給電をする必要があるということです．というのは，USB側からはベース基板のLCDに給電できないため，先にUSBを接続してしまうと，LCDに電源が供給されていない状態でLCDを初期化

リスト 9-2　共通処理の時間を分散するために変数 loop_cnt を導入

```
switch (loop_cnt&7)
  {
  case 0:  disp_vram(loop_cnt);
           break;
  case 2:  disp_updown();
           break;
  case 4:  disp_att();
           key_check();
           break;
  case 6:  value_logamp = read_logamp();
           break;
  default: break;
  }
  loop_cnt++;
    if (loop_cnt>=(256+16)) { loop_cnt = 0; }
```

してしまうため，LCD の表示ができなくなってしまいます．

● ポイント 2 について

1 回の ProcessIO() 関数の呼び出しで最長時間を保証するのならば，タイマ割り込みを使って設計した方が確実です．ただし，今回はシンプルなプログラムにするため，割り込みを使わない方法を採用しました．

処理 B の USB ユーザ通信処理では，時間がかかる処理はないので，処理 C を分割することにしました．1 回の ProcessIO() 関数の呼び出しで，DDS 付属基板，ベース基板，アッテネータ基板，ログ・アンプ基板，キー処理をすべて行ってしまうと，非常に長時間になります．特に，LCD データの書き込みには 4ms 以上かかる処理があり，問題があります．

そこで，loop_cnt という変数を導入します（**リスト 9-2**）．この変数は，ProcessIO() 関数が 1 回呼ばれると 1 増加する変数です．ProcessIO() 関数内部では，この変数を 8 で割ったとき，
- 0 ならば LCD のデータを 1 文字表示する．
- 4 ならばアッテネータのデータを読み出し，キーの値を読む．
- 6 ならば，ログ・アンプ基板上にある A-D コンバータのデータを読み出す．

という方法を採用しています．

このようにすることにより，ProcessIO() の 1 回のループにかかる最長時間が制限されるため，USB が期待どおりの動作をするようになります．

LCD については，各ルーチンから LCD へ直接書き込みを行っていません．これは，直接書き込みを行うと，1 回の処理時間に多大な時間がかかるため，USB がうまく動かなくなってしまうからです．例えば，周波数表示を行う場合，そのルーチン内で LCD 上に表示しようとすると，

(1) カーソル移動コマンド
(2) 10 文字の表示

という操作のために，LCD は最低 5 個のコマンドを発行する必要があります．しかしながら，1 回のコマンド送信に $40\mu s$ かかるので，全体で $440\mu s$ 以上かかります．このような場合，USB 側の初期化がうまくいかないことがあったので，表示データがあるルーチンでは，仮想の画面（VRAM）上に書き込みを行い，別ルーチンで ProcessIO() 関数が 8 回まわると 1 文字を表示するような手法を採用しました．これは，一時的に処理が重くなって USB 側の処理が滞ることがないようにする方法です．

第10章

回路や部品の周波数特性がわかる
スカラ・ネットワーク・アナライザに挑戦

Excelで作る自動計測 PCアプリケーション

山本 洋一　Yoichi Yamamoto

テキスト・データで通信して DDS学習キットを操作する

本書のDDS付属基板とオプション拡張ボード（アッテネータ基板，ログ・アンプ基板，ベース基板）を組み合わせたDDS学習キットは，単独でもパソコンの専用ソフトウェアによる制御でも動作します．

制作したPCアプリケーション・ソフトウェア（DDSコントロール・ソフトウェア）は，テキスト・データで構成されたコマンドをDDS学習キット上のUSBマイコンに向けて発行し，同じくUSBマイコンからデータを読み出します．テキスト・データでコマンドを構成しているので，TeraTermなどの汎用通信ソフトウェアを利用できます．

専用ソフトウェアを作成して制御することもできます．また，ExcelのマクロなどをクFむことにより，測定データから自動的にグラフを書く操作も可能です．

DDS学習キットの操作方法

別売のベース基板（第15章），アッテネータ基板（第13章），ログ・アンプ基板（第14章）をフルに実装したDDS学習キットの操作例を説明します．ベース基板のLCD表示画面を写真10-1に示します．

● LCD表示部分について

LCDに表示されている内容は，次のとおりです．
(1) DDSが出力する信号の周波数 [Hz]
　LCDの上の行の左側に表示している数値は，DDSが発生している周波数です．
(2) キー入力によるステップ周波数 [Hz]
　LCDの上の行の右側に表示している数値は，ステップ周波数です．1，10，100，1k，10k，100k，1Mと変化します．
(3) アッテネータ・レベル
　LCDの下の行の左側に表示している数値は，アッテネータ基板による信号の減衰量を示しています．単位は [dB] です．減衰量なのでマイナスの値にしてもよいのですが，ここではすべて正の値で表示しています．
(4) ログ・アンプ出力
　LCDの下の行の右側の数値は，ログ・アンプ基板上のSMAコネクタから入力される信号のパワーを表示しています．ログ・アンプの出力は，図10-1のような流れで変換されています．ログ・アンプ基板では，入力された信号をAD8307で対数圧縮し，その出力電圧をA-D変換してマイコンで読み出しています．ま

Column　ハイパーターミナルではなく TeraTermを使うこと

今回のマイクロチップ・テクノロジー社のUSBドライバは，WindowsXPに標準で搭載されているハイパーターミナルでは動作しません．必ず，TeraTermを使用してください．

これは，マイクロチップ・テクノロジー社のドライバがCOMポートで標準的に使用されるいくつかのパラメータに対応していないためのようです．本文中で述べるEasyCommというドライバで通信しようとすると，特定のパラメータをセットする部分でエラーが発生してしまいます．EasyCommを使用した例では，エラー・チェックを一部省いて強引に動作させています．自分で専用ソフトウェアを作成する際に，同様なことが発生する可能性があります．

写真10-1 ベース基板のLCD表示

吹き出し注釈:
- DDS付属基板上のDDS IC(AD9834)が出力している信号の周波数
- DDS ICの出力信号の周波数をUP/DOWNさせるときの1ステップ分の周波数．このLCD表示の場合，ベース基板上のキーを1回押すたびに10Hzずつ周波数が上がったり，下がったりする
- ログ・アンプ基板に搭載するA-Dコンバータから読み出した生データ(10進)．A-D変換値は，USBマイコン(PIC18F14K50)を介してパソコンに転送される
- アッテネータ基板による減衰量

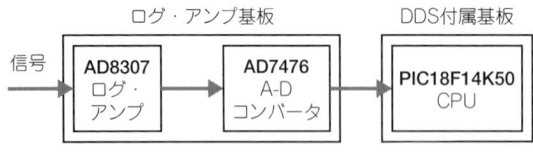

図10-1 ログ・アンプ基板に入力された信号は対数圧縮とA-D変換の二つの処理が行われて，ベース基板をとおってDDS付属基板上のUSBマイコンに送られる

た，LCD上では，12ビットのA-Dコンバータの読み出し値を直接表示しています．したがって，AD8307によってログ変換された出力電圧値は，

$$出力電圧値 = \frac{A\text{-}D 読み出し値}{4096} \times 3.3$$

のようになります．

また，ログ・アンプAD8307の傾きは，25mV/dB，オフセットはおおよそ0dBm = 2000mVなので，

$$入力信号電力[dBm] = \left(\frac{A\text{-}D 読み出し値}{4096} \times 3300 - 2000\right)/25$$

となります．

● 通信コマンドの詳細

USBを通して発行できる通信コマンドについて説明します．各コマンドのフォーマットは，

[10進数値]アルファベット

となります．最後にリターンは付きません．また，アルファベットは，大文字でも小文字でもOKです．

USBで制御する場合には，TeraTermが必要です．ハイパーターミナルは動作しないので，必ずTera Termを使います．

DDS付属基板からのエコーバックはないので，TeraTermのローカル・エコーをONにして使用してください．

以下，TeraTermの場合で操作方法を説明します．

(1) DDS学習キットを使用するためには，最初にUSBのドライバを組み込む必要があります．USBケーブルでDDS付属基板とパソコンを接続したとき，USBドライバとして，付属CD-ROMに入っているinfディレクトリを参照するようにしてください．この部分は，Windowsのメジャーバージョンや，さらに細かいバージョンによって大きく異なります．共通で使えるのは，以下の方法です．

(a) DDS付属基板を接続した際に，ドライバの組み込みのメニューでキャンセルする．
(b) [コントロールパネル]⇒・・・⇒[デバイスマネージャ]で！マークが出ているデバイスを選択し，右クリックで[デバイスドライバの更新]を選択する．
(c) デバイスドライバの選択で付属CD-ROM内部のinfディレクトリを選択する．

(2) 立ち上げ時の画面で，シリアル・ポートを選びます．ポート番号は，図10-2に示したように，[USB Communications Port xxx]と書かれたポートを選択してください．

(3) [設定]-[端末]で端末の設定画面(図10-3)を選択し，[ローカルエコー]にチェックを入れてONにしてください．

▶ Sコマンド

Sコマンドは，DDSの出力周波数をセットするコマンドです．数値は，1Hz〜30MHzまでの範囲でセット可能です．7MHzをセットする場合，

7000000S

とTeraTermで送信します(図10-4)．

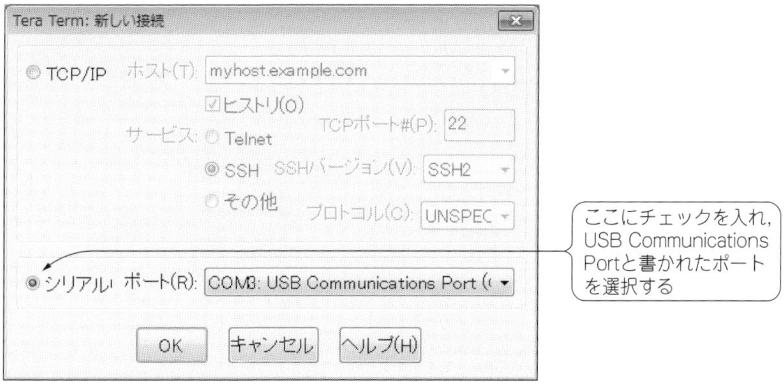

図10-2
TeraTermでシリアル・ポートを選択

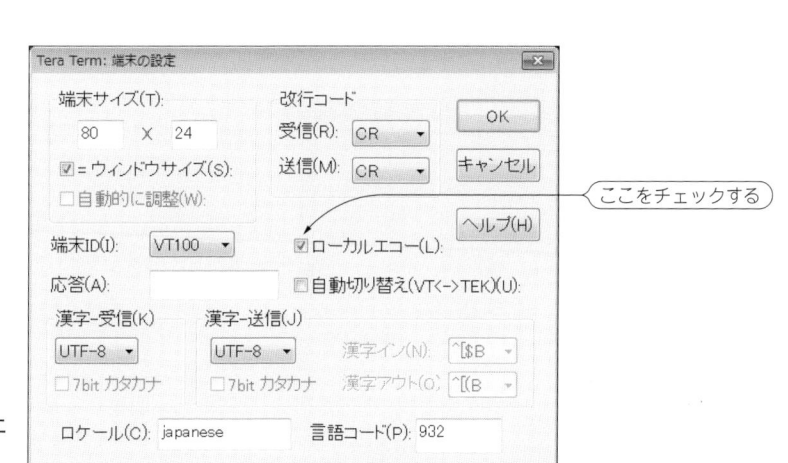

図10-3
TeraTermの設定で「ローカルエコー」を選択

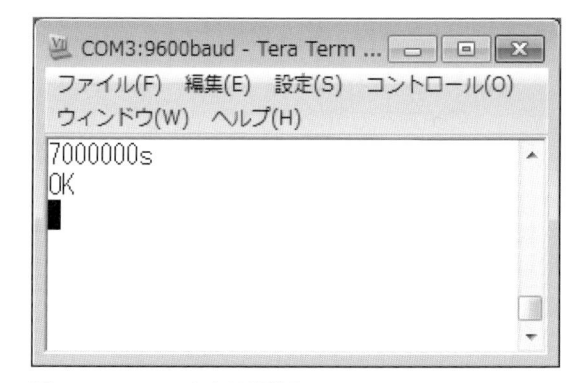

図10-4　DDSの出力周波数を7MHzにセット
TeraTermを使ってSコマンドを発行

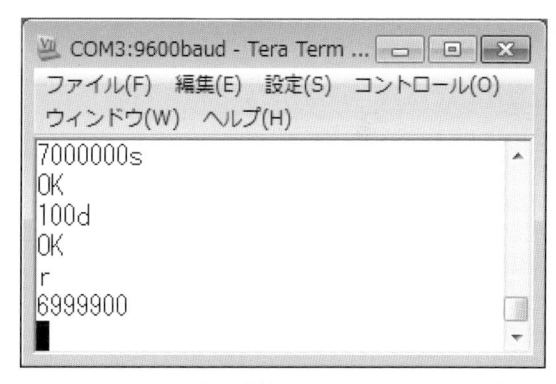

図10-5　DDSの出力周波数を7MHzから100Hz下げる
TeraTermを使ってDコマンドを発行

▶ Dコマンド
　DDSの出力周波数を指定周波数だけ下げるコマンドです．100Hz下げる場合は，
　　100d
とTeraTermで送信します（**図10-5**）．
▶ Uコマンド
　DDSの出力周波数を指定周波数だけ上げるコマンドです．100Hz上げる場合は，

　　100u
とTeraTermで送信します（**図10-6**）．
▶ Rコマンド
　DDSの出力周波数を読み出します．
　　R
とTeraTermで送信します（**図10-7**）．
▶ Gコマンド
　ログ・アンプ基板が出力するA-D変換値を読み出

DDS学習キットの操作方法　115

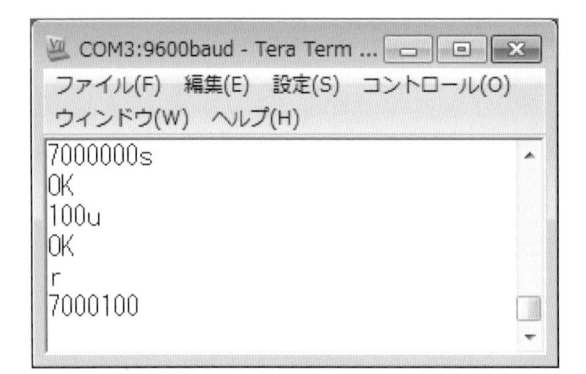

図10-6 DDSの出力周波数を7MHzから100Hz上げる
TeraTermを使ってUコマンドを発行

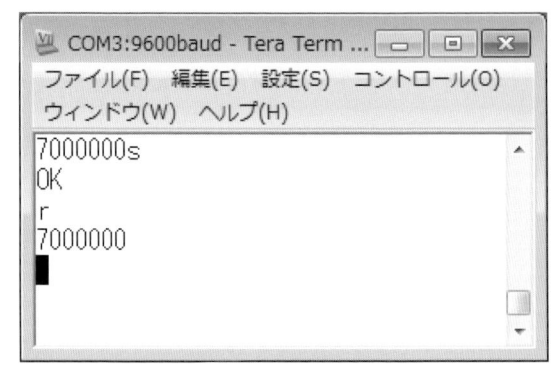

図10-7 DDSの出力周波数を読み出す（Rコマンドを発行）

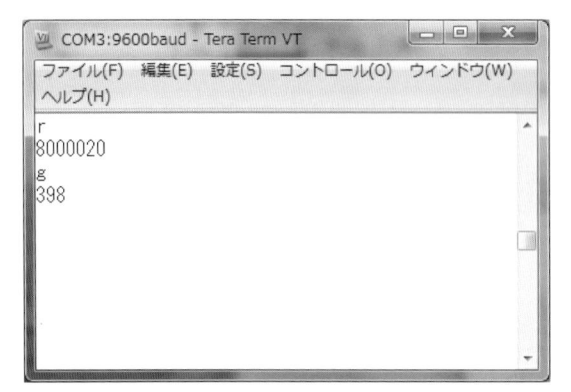

図10-8 ログ・アンプ基板が出力するA-D変換値を読み出す（Gコマンド）

します．LCD上に表示されているデータと同じです．
　　G
とTeraTermで送信します（**図10-8**）．
▶ Vコマンド
　DDSの内部レジスタの一部のビットを設定できます（**表10-1**）．OPBITENをON，SIGNPIBをOFF，DIV2をONに設定した場合，次のようになります．

> OPBITENはビット位置が5なので，$2^5 = 32$
> SIGNPIBはビット位置が4なので，$2^4 = 16$
> DIV2はビット位置が3なので，$2^3 = 8$

　OPBITENとDIV2をONにする場合には，OPBITENとDIV2で計算した値を使い，$32 + 8 = 40$と計算し，TeraTermから，
　　40V
とタイプすると上記の設定が可能です．
▶ 拡張コマンド
　上記のコマンドは通常のコマンドですが，DDSのレジスタを直接操作できる拡張コマンドを用意しました．このコマンドはDDSのレジスタを直接操作するため，一度使うと通常のコマンドやLCDの表示が実際と異なる可能性があります．
　コマンド形式は次のようになります．
　　H xxxx W
　すなわち，Hで始まりWで終わります．xxxxは16進数です．Hを入れると，その行の終わりはW以外のコマンドを受け付けません．ただし，このWコマンドは周波数の設定ではなく，DDS IC（AD9834）のレジスタへの書き込みコマンドになります．H，Wは大文字でも小文字でもOKです．
　周波数を設定する場合の例を次に示します．この例では，次の四つのコマンドを発行することによって周波数を設定します．

H1018W
H4xxxW
H0018W
H4yyyW

表10-1 Vコマンドを使うとDDS（AD9834）のレジスタを設定できる

ビット	名称	デフォルト	機能
5	OPBITEN	0	'1'でSIGN BIT OUT出力ピンを有効．'0'で無効
4	SIGNPIB	1	'1'で内蔵コンパレータをSIGN BIT OUTに出力
3	DIV2	1	'1'でSIGN BIT OUTピンの信号を分周する

写真10-2 手動で自作したクリスタル・フィルタの減衰量を測定しているところ

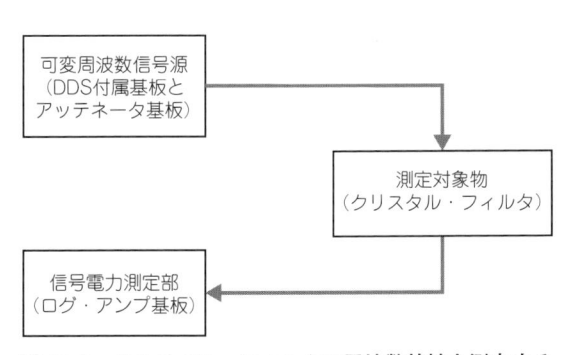

図10-9 クリスタル・フィルタの周波数特性を測定する方法

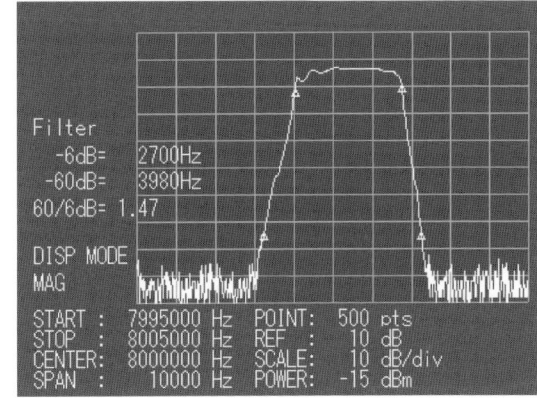

図10-10 スペクトラム・アナライザを使って手動で測定したクリスタル・フィルタの周波数特性(実測)

手作りしたクリスタル・フィルタの周波数特性を測ってみる

● まずネットワーク・アナライザを使って手動で測定してみる

Excelから制御する例として，スカラ・ネットワーク・アナライザとして使用する例を紹介しましょう．

スカラ・ネットワーク・アナライザとは，簡単にいうと，測定対象物の周波数特性を計測する測定器です(図10-9)．アマチュア無線機器などを自作する人は，CWやSSBで使用するクリスタル・フィルタを作成する際に，フィルタの透過特性を計測できます．

SSBやCWのトランシーバを製作する際に，必要となるクリスタル・フィルタは，非常に狭帯域な特性をもつため，周波数精度の高い信号源とパワーを計測できる装置が必要です．

動作を理解するために，手動でネットワーク・アナライザと同じ動作をさせてみましょう．

スカラ・ネットワーク・アナライザの目的は，図10-10のような特性の波形をとることです．先ほど述

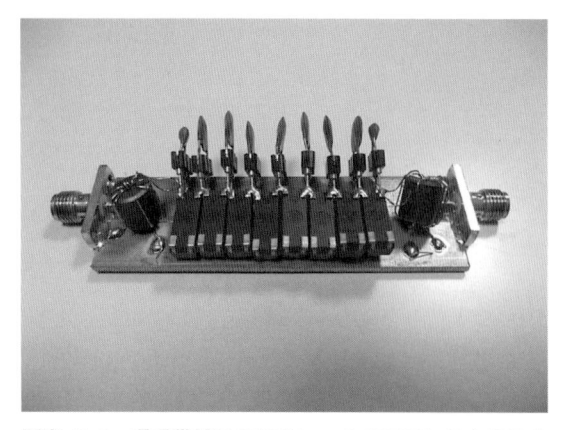

写真 10-3 通過帯域 7.998MHz ～ 8.000MHz のクリスタル・フィルタ

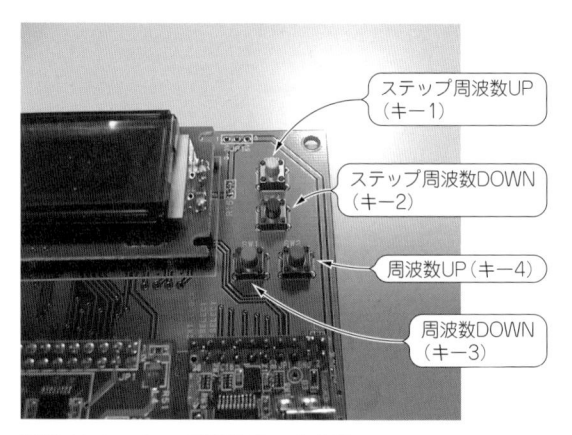

写真 10-4 ベース基板のキー入力部

表 10-2 測定結果を逐次 Excel に書き込む

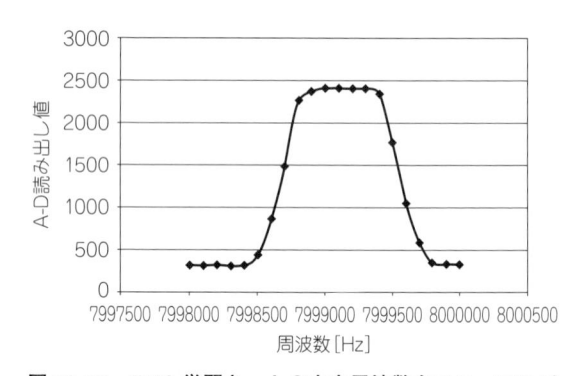

周波数[Hz]	パワー[dBm]
7998000	323
7998100	333
7998200	327
7998300	322
7998400	326
7998500	442
7998600	860

図 10-11 DDS 学習キットの出力周波数をマニュアルで上げ下げしながら，LCD の表示値（A-D 変換値）を読んでプロットした結果
スペクトラム・アナライザを使ったときと同じ結果が得られた

べたように，手動で測定する例を示します（写真 10-2）．この場合，パソコンを使わずにキーから周波数を変更し，周波数ごとに LCD 上に表示されているログ・アンプ上の A-D コンバータの変換値を読み取り，Excel などでグラフを書きます．

● DDS 学習キットを使って手動で測定

手元に，秋月電子通商で購入した 8MHz の水晶を利用して作成したクリスタル・フィルタ（写真 10-3）があるので，特性を測定してみることにします．このフィルタは，7.998MHz ～ 8.000MHz 付近に通過域を持つので，この範囲で測定してみましょう．

ベース基板上のキーの操作方法を説明します．写真 10-4 のキー 4，キー 3 を押し続けると，それぞれ周波数が UP/DOWN します．どのくらいアップするかを決めるのが，ステップ周波数を決めるキー 1 とキー 2 です．ステップ周波数は，写真 10-1 の右上に表示されている数値です．この数値は，1，10，100，1k，10k，100k，1M と変化します．この四つの

キーだけで周波数が決められます．

操作方法がわかったら，測定をしてみましょう．今回は，7.9983MHz から 8.000MHz までを測定してみます．操作手順は，
(1) アッテネータ基板上のスイッチ，ロータリ・スイッチを操作し，LCD 左下の表示を 0.0dB になるようにセットする．
(2) キー 1，キー 2 を操作し，ステップ周波数を 100 にセットする．
(3) 次にキー 3，キー 4 を操作し，周波数を 7.998MHz にセットする．
(4) LCD 左上の周波数と，右下のログ・アンプの A-D 変換読み出し値を表 10-2 のように Excel に書き込む
(5) キー 4 を押し，周波数を 100Hz 上げる．周波数が 8MHz になったら終了する．8MHz にならなければ，(4) を繰り返す．
(6) この操作を繰り返してデータを取り，グラフを書くと図 10-11 のようになります．

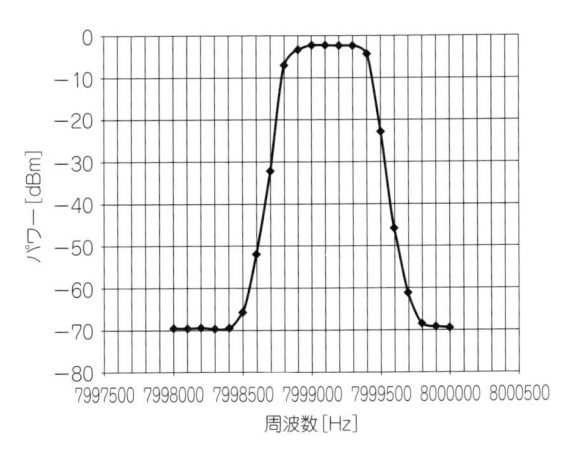

図10-12 A-D変換値をパワーに換算するとこうなる

(7) LCDから読み出した値は，dBmの単位ではないので，次の式で信号のパワーを計算します．

$$パワー[dBm] = \left(\frac{\text{A-D 読み出し値}}{4096} \times 3300 - 2000\right) / 25$$

このようにして計測し，周波数とパワーの表とグラフを作ったものが図10-12です．ここでは全く補正をしていませんが，それらしい測定ができました．

Excelを使って自動測定

● テキストで呼び出せるフリーの通信ソフトウェア・モジュールEasycommを利用する

通常，パソコンに接続された装置用の制御ソフトは，CやC++，C#などの高級言語，もしくはLabViewやMATLABなどのような言語を利用して記述することが多いと思います．しかし，これらの言語やツールを使って制御するのは，少し敷居が高いものです．

このようなときに使用できるのが，EasyCommです．EasyCommは，ExcelやAccess，Wordなどから利用できるVisual Basic系のモジュールです．特に，今回のDDS制御ボードは，テキストで扱える簡単なコマンド体系になっているため，Excelから呼び出すには非常に都合が良くなっています．ここでは，Excelのマクロからこのモジュールを呼び出して，測定からグラフ表示までを簡単に行うプログラムを紹介します．

「やはりプログラムで制御するのですか！」と思われるかもしれませんが，計測を行うマクロ部分の行は，Visual Basicで記述された100行程度のプログラムなので，簡単に機能アップや高速化を行うことが可能です．しかも，Excelは多くのパソコンにすでにインストールされているので，わざわざ新たな開発環境をインストールして操作方法を覚えるという必要がありません．

● 対応するExcelのバージョン…Excel2010では使えない

EasyCommは，フリーで配布されているVisual Basic系のモジュールです．ソース・コードが公開されているので，トラブルがあった場合でも簡単なことなら対応が可能です．動作環境ですが，モジュールに添付されているマニュアルによると，Office97以降と記載されています．ただし，Windows XP上で動作するExcel 2003や，Windows 7 Professional 64bit上のExcel 2007でも動作するのを確認しました．

残念なのは，Excel 2010ではVisual Basic for Applicationの仕様が変わってしまったようで，コードの変更が必要ですというメッセージが発生し，エラーで停止してしまいました．

● オリジナルの制御ソフトウェアを作るときの注意点

PIC18F14K50のUSBファームウェアは，すべてのCOMポート用のコマンドに対応していないようです．EasyCommを使って制御しようとすると，COMポートをオープンしただけでエラーが発生してしまいます．これは，ハイパーターミナルでも同様でした．

今回，EasyCommを使うにあたっては，一部のモジュール内のエラー・チェックをコメントアウトし，実際には使用していないパラメータである通信レート設定などを行わないという対応で回避しています．したがって，付属CD-ROMに添付した周波数応答測定ソフトでは，標準版を修正したEasyCommが組み込まれているので，新たなソフトを作成する場合には注意してください．

● Excelで作った自動測定スカラ・ネットワーク・アナライザ

図10-13は，ExcelとEasycommでDDS学習キットを制御して自動測定したクリスタル・フィルタの周波数特性です．この制御ソフトは，付属CD-ROMに添付されています．

使い方は簡単です．

左上の四つのパラメータをセットして，測定開始のボタンを押すだけです．ただし，Excelのバージョンや，Excelの設定によって，マクロが動作しないような状態になっていると動作しません．通常は，ファイルを開いた際や，測定開始のボタンを押した際に，Excelのマクロについてのメッセージが発生するので，そのコメントにしたがって，マクロを有効にして

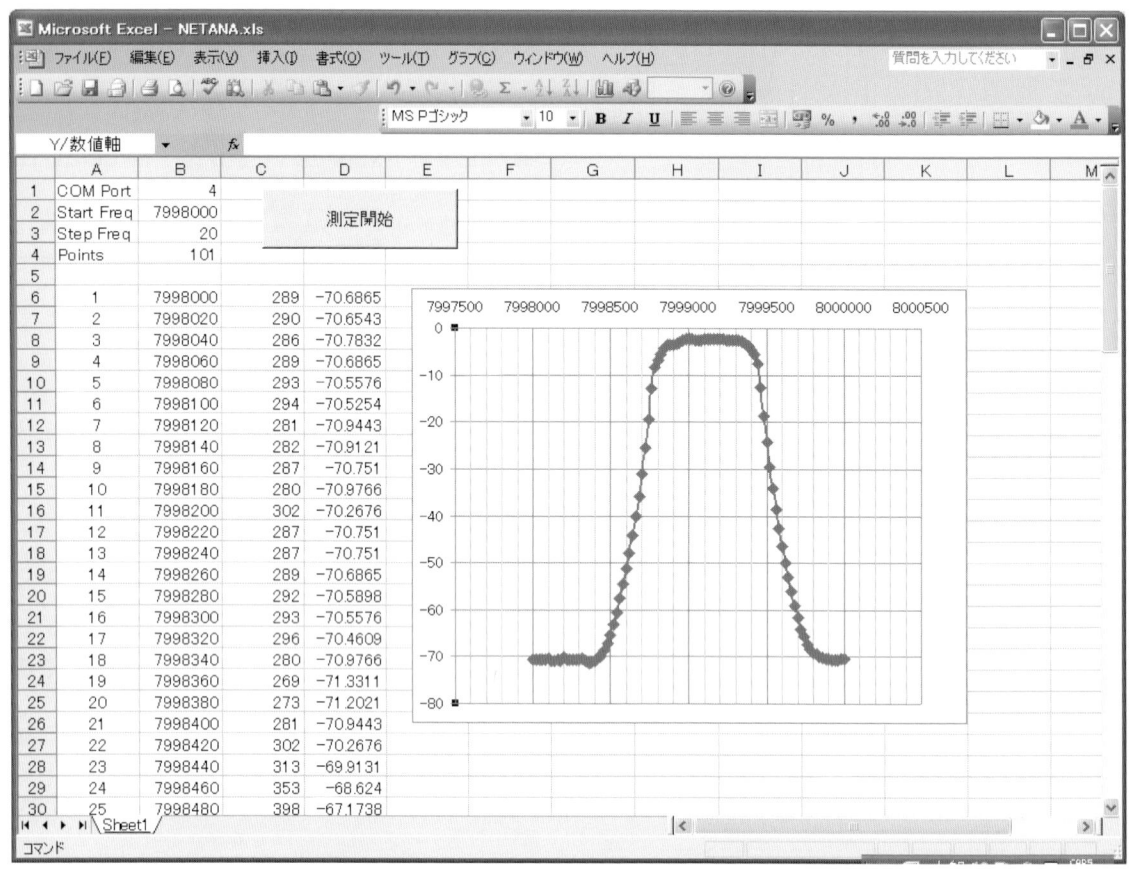

図10-13 Excelで作ったスカラ・ネットワーク・アナライザ NETANA.xls（付属CD-ROMに収録）で自動測定したクリスタル・フィルタの周波数特性
スペクトラム・アナライザを使ったとき（**図10-10**）と同じ結果が得られた

ください．
(1) Cell "B1" に COM PORT の番号を設定する．
　不明な場合には，デバイスマネージャで COM ポートの番号を調べてください．
(2) Cell "B2" に測定開始周波数を設定する．
(3) Cell "B3" に測定周波数の刻みを設定する．
　整数を選びます．最小値は1です．
(4) Cell "B4" に測定ポイント数を設定する．
　以上の設定を行い，測定開始のボタンを押すと測定が開始され，グラフが変化していきます．グラフに関しては，デフォルトで101点のグラフを書くように設定されています．したがって，測定ポイント数を変更した場合には，グラフのデータ範囲を修正し，適切なデータ範囲を表示するようにしてください．

第11章 多機能化, 高性能化するLDOリニア・レギュレータ

電源電圧変動除去比やノイズ性能がUP! シーケンス制御にも対応!

道場 俊平　Shunpei Michiba

アナログ回路には入力電圧変動やノイズの除去能力が高い電源ICがいい

本書の付属基板のように, 性能を要求されるアナログ回路にUSBやACアダプタから電源を供給する場合, スイッチング電源によるリプル・ノイズをどうやって低減するかを考慮する必要があります.

特に, 自分で設計したスイッチング電源ではなく, 外部から供給される電圧源を使う場合, どれだけ大きいリプル・ノイズを持っているかわかりません. リプル・ノイズが大きい電源からDDSなどのようなアナログ関連のデバイスに供給するとき, 考慮すべきスペックは電源電圧変動除去比PSRRです.

● ベース基板に搭載されているLDOは超低ノイズ&高PSRR

拡張基板の一つであるベース基板には, アナログ・デバイセズ社の低ドロップアウト・レギュレータ(LDO : Low DropOut regulator)であるADP7104が使われています. ADP7104は, 20Vまで入力できるLDOの中では, 業界でもトップクラスの低ノイズ, 高PSRR特性を備えています.

ADP7104の特徴は,
- 入力電圧範囲が広い: 3.3V〜20V
- 出力電流: 500mA
- 低ノイズ: 15μV_{RMS}(10kHz, 出力3.3V)
- 逆流防止, 内部ソフトスタート
- 1μFのセラミック・コンデンサで安定動作
- 過電流保護, 過温度保護
- パワーグッド, 高精度EN/UVLO
- 小型LFCSPパッケージ, または放熱板付きSOICパッケージ

● 多機能化する低ドロップアウト型電源IC

単に電圧を生成するだけではなく, 用途に合わせてさまざまな機能を持ったLDOが増えています. 高分解能のA-D/D-AコンバータやVCO, PLLなどには, 低ノイズの電源電圧が要求されます. モジュールや小型機器にはWLCSP(BGA)タイプの製品も使われるようになってきました. また, 複数の電源が必要なシステムでは, シーケンスや突入電流を防止するためにソフトスタートやパワーグッド, トラッキングが利用されています.

—＊—

本章では, 高性能LDOの機能とその効果について解説します.

低ノイズ・タイプのLDOを使うメリット

ノイズはなくすことはできません. 仕様に合わせてどれだけ減らせるかが重要です. 基本的にLDOの選定時は, 二つのノイズ源を考慮して設計する必要があります.
(1) PSRR(前段の電源のリプル・ノイズをどれくらい減衰できるか)が高いこと(図11-1)
(2) 出力ノイズ(LDO内の基準電圧が基になる電圧ノイズ)が小さいこと

(2)の出力ノイズだけが優れているLDOを使うことが有効な場合もあります. 例えば, 前段の電源が三端子レギュレータやLDOの場合には, リプル・ノイズはすでにある程度取れていると考えられるので

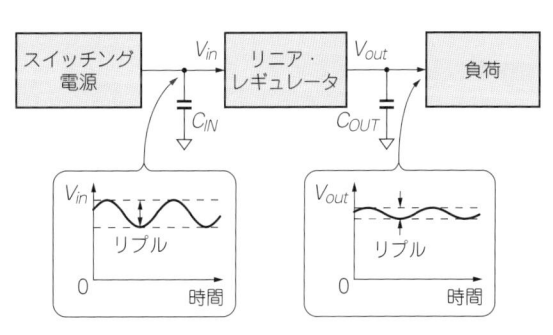

図11-1 リニア・レギュレータは電源の変動を除去する能力(PSRR)が高いことが重要

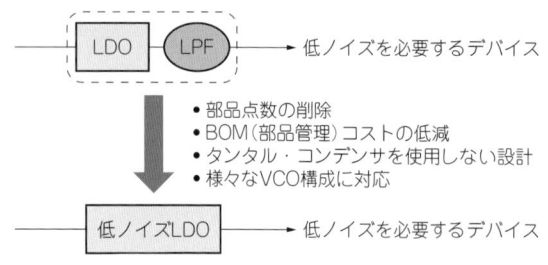

図 11-2 低ノイズ・タイプの LDO を使うと部品点数が少なくてすむ
LDO に LPF を組み合わせる方法は部品点数が多いだけでなく電圧降下の心配もある

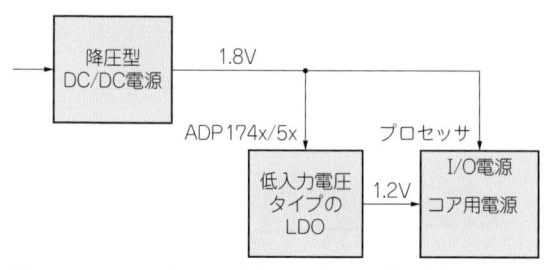

図 11-3 1.8V から 1.2V を得たいときは低入力電圧で動作できる LDO を使うのがいい
効率も 66% と悪くないし，スイッチング電源より少ない部品点数ですむ

PSRR の高い LDO を使う効果はあまり期待できません．

　高分解能 A-D/D-A コンバータや VCO，PLL を使う場合，従来の LDO ではノイズを除去しきれないことがあります．従来は，このようなデバイスには，ローパス・フィルタなどを追加してノイズ対策をしてきました．しかし，低ノイズ LDO を使うと部品点数を削減でき，LPF の電圧降下を考慮する必要がなくなる，というメリットがあります（**図 11-2**）．

　DDS 付属基板に使われている ADP7104 の場合，前段のスイッチング電源が 20mV のリプル・ノイズを持っているとすると，ADP7104 の PSRR はだいたい 60dB 程度なので，1/1000 程度のノイズに低減でき，20μV 程度のノイズに引き下げていることがわかります．

　まとめると，以下の効果があります．

- 追加のフィルタが不要で部品点数を削減できる
- フィルタがないので，その電圧降下を気にする必要がない
- 部品点数削減により信頼性が向上する
- 高性能アナログ部品の性能劣化を低減できる

低入力電圧でも動作するリニア・レギュレータのメリット

　システムの内部では様々な電圧が必要です．特に，ディジタル系の IC は低電圧化が進み，マイコンは 1V 前後で動作しますが，メモリや I/O などでは様々な電圧を作る必要があります．それぞれにスイッチング・レギュレータを用意すると，インダクタなどの部品点数が増え，ノイズ対策も大変になるといった問題がでてきます．とはいえ，三端子レギュレータや LDO だけで設計したのでは，効率や熱の問題が出てきます．したがって，最近のシステムではそれぞれの特長を活かして使い分けることが求められてきています．

　従来の LDO の入力電圧の下限は，おおよそ 2.5V 程度でした．低入力電圧 LDO とは，より低い入力電圧でも出力できるものです．**図 11-3** は，1.8V から 1.2V の電圧を作る例です．1.8V はスイッチング・レギュレータで出力し，1.2V は LDO で 1.8V から供給します．1.8V 入力 1.2V 出力の LDO の効率はおよそ 66%ですので，それほど悪くはありません．5V から LDO で 1.2V を出力した場合，効率は約 24%になるので，熱の問題も考慮する必要が出てくる場合があります．低入力電圧 LDO は通常の LDO と同じように使えるので，周辺部品も少なく，設計が簡単になります．

　また，乾電池 2 個で動作するようなアプリケーションとも相性がよく，昇圧回路を介さずに降圧の電圧を作り出すことができます．

　まとめると，以下の効果があります．

- 不必要にスイッチング・レギュレータを設計する必要がなくなる
- 設計が簡単になる
- スイッチング・レギュレータを減らす分，ノイズ対策が容易になる
- 乾電池 2 個のアプリケーションに対して，昇圧回路なしに駆動でき，損失低減の効果も期待できる

起動時の突入電流を小さく抑えるソフトスタート機能

　負荷が急変するのに備えて，大きめの出力コンデンサを付けることがあります．この場合，スタートアップ時の突入電流が問題になります．LDO の基本的なブロック図は，**図 11-4** のようになっています．入力電圧が入ってきて，設定した出力電圧にレギュレートするのに FET（もしくはトランジスタ）を使っています．

　ここで FET は，可変抵抗のような動きをして流れる電流などに合わせて抵抗値を調節して出力電圧を一定に保ちます．電流を流せる状態になると，矢印の通りに電流が流れて出力コンデンサに充電していきます．出力コンデンサの容量が過剰に大きいと，一瞬 GND ショートしているのと同じ状態になり突入電流が発生します．このとき，LDO が熱的に破損してしまう場合や突入電流により前段の電源の過電流保護が

図 11-4　LDO のブロック図

動作してしまうケースがあります．
　ソフトスタートの機能は，出力をゆっくり立ち上げるものです（**図 11-5** 参照）．これにより，出力コンデンサの容量が大きかったとしても，立ち上げ時間を延ばすことで突入電流を軽減することができます．
　出力電圧の立ち上がり時間を設定できることから，立ち上がりシーケンスのコントロールに使うこともあります．立ち上げ時間を短いものと長いものに分けることで，同時に電源投入したとしても立ち上がりの順序を設定可能です．
　まとめると，以下のようになります．
- 突入電流の対策になる
- 簡易的にシーケンスのコントロールができる
- 突入電流を改善するため，入力段への影響を低減できる（突入電流により前段の電源 IC の過電流保護が動作する場合がある）

立ち上げ順序をマイコンで制御できるパワーグッド機能

　複数の電圧が必要な場合，立ち上げる順序を守らな

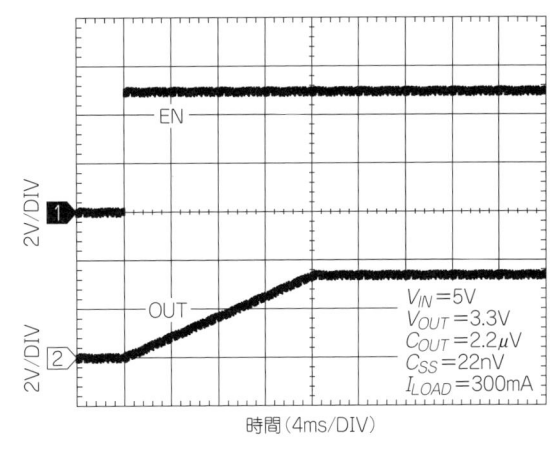

$V_{IN}=5V$
$V_{OUT}=3.3V$
$C_{OUT}=2.2\mu V$
$C_{SS}=22nV$
$I_{LOAD}=300mA$

図 11-5　ソフトスタートとは出力電圧をゆっくり立ち上げる機能

いとラッチアップすることがあります．負荷の半導体（特に低電圧で動作するプロセッサ）がダメージを受けることもあります．このようなときは，立ち上げや立ち下げの順序を制御するシーケンス機能が必要です．
　従来は，出力電圧がある程度高かったため，出力電圧をそのまま次の電源の EN（ENable threshold）端子に接続するなどしてシーケンスを組んでいました．最近は，低電圧化の影響で EN 端子のスレッショルドよりも低い電圧が増えているため，それができなくなっています．
　パワーグッドは一般的に，**図 11-6** の丸で囲った部分のようにオープン・ドレイン出力になっています．出力電圧が 90％に到達した時点でプルアップされた電圧を出力するように動作します．このパワーグッド信号を利用して，次に動作する電源の EN に接続することでシーケンスを簡単に組むことができます．

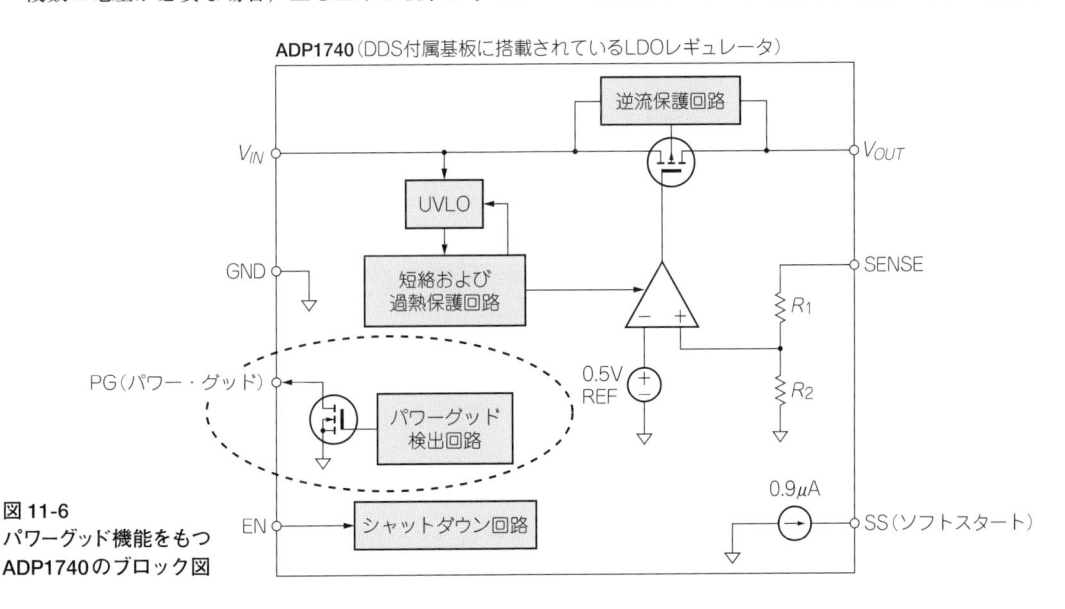

図 11-6　パワーグッド機能をもつ ADP1740 のブロック図

従来のような出力電圧をそのまま EN に接続する場合，EN のスレッショルドのばらつきとマスタとなる電圧の立ち上がりに大きく影響受けますが，パワーグッド信号を使うことでより確実なシーケンスを組むことが可能です．

また，電圧監視 IC の代わりに使いプロセッサにリセット信号を入れることにも利用でき，部品点数を削減することにも効果があります．

まとめると，以下のようになります．
- 簡単にシーケンスのコントロールができる
- シーケンスにかかる時間を，ある程度精度よく計算することができる
- 電圧監視 IC を取り除くことができる

主電源に続けて電源を順序良く立ち上げる機能 トラッキング

パワーグッドの項でも述べましたが，複雑なシステムにおいて複数の電源をシーケンス・コントロールしなければならない場合があります．微細なプロセスで作られたプロセッサなどは，複数の電源で動作することが多いのですが，電源電圧間で一定以上の電位差が生じると内部でマイグレーション（電極間の絶縁抵抗値を超えて導通すること）などの問題が起こり，シリコンにダメージを与えてしまうことがあります．また，パワーグッドを使ったシーケンス方法では順番に立ち上げていくため，複数の電源を制御する場合，時間がかかるという問題もあります．

トラッキングは文字どおり，マスタとなる電圧をトラッキング（追尾）しながら出力電圧を立ち上げる機能です．図 11-7 は見慣れないかもしれませんが，TRK ピンに印可する電圧と出力電圧の関係です．

TRK ピンに電圧をかけて，設定した電圧以下の場合には TRK ピンと同じ電圧を出力し，設定した電圧（ここでは 3V）以上の電圧が TRK ピンに入った場合は設定した出力電圧を出力します．これは，立ち下げの場合にも有効で，TRK ピンの電圧が下がってくるとそれに追従して出力電圧を下げていきます．

このように，基準となる電圧と同時に立ち上げることが可能なため，パワーグッドと EN 端子をつないでシーケンスを組むよりも，より短時間でシステムの電源構成を立ち上げることが可能になります．

まとめると以下のようになります．
- 立ち上げシーケンスだけでなく，立ち下げシーケンスも組むことができる
- 電源構成の立ち上げに要するトータル時間を短縮することができる

複数の電源の立ち下げシーケンスを設定できる機能 プログラマブル高精度EN/UVLO

シーケンス制御を行ううえで最も難しいのが立ち下げシーケンスです．立ち上げに関しては，パワーグッドやソフトスタートで簡単に制御できます．トラッキングによる立ち下げシーケンスも可能ですが，入力電圧が動作電圧範囲内の状態でしかコントロールできないため，入力電圧が低電圧ロックアウトのスレッショルド以下では，電圧が逆にかかってしまう可能性があります．

ADP7104 には，プログラマブル高精度 EN/UVLO という機能があります．これにより，EN のスレッショルド，UVLO(Under Voltage LockOut) のスレッショルドで，ヒステリシスを自在に設定できます（図 11-8）．図 11-9 に示すのは，ADP7104 の基本回路です．EN/UVLO ピンを抵抗分割することでプログラム可能です．抵抗値を計算する式は，次のとおりです．

$R_1 = V_{HYS} / 10 \mu A$

$R_2 = 1.22 \times R_1 / (V_{IN} - 1.22V)$

これを利用して，立ち下げシーケンスを組むことが

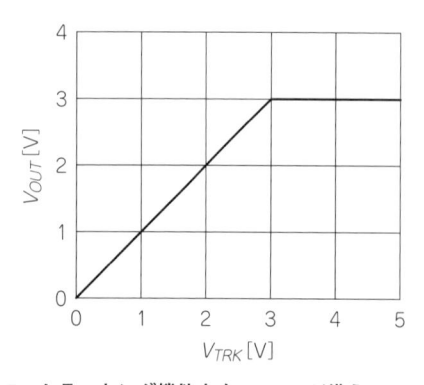

図 11-7 トラッキング機能をもつ LDO が備える TRK 端子の入力電圧と出力電圧の関係

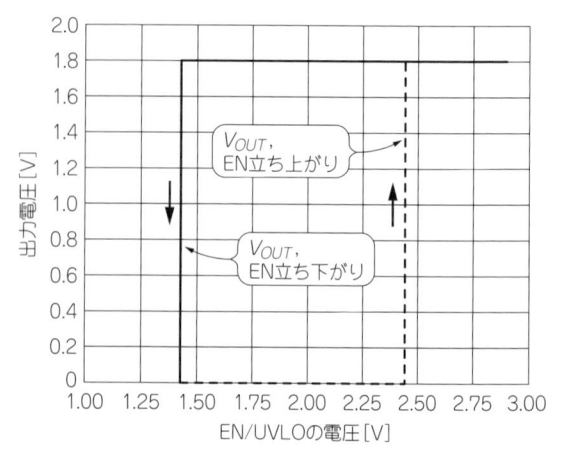

図 11-8 EN と UVLO のスレッショルド電圧の設定とヒステリシス (AD7104 のプログラマブル高精度 EN/UVLO 機能)

図11-9 ENとUVLOのスレッショルド電圧を設定した例（ADP7104の基本回路）

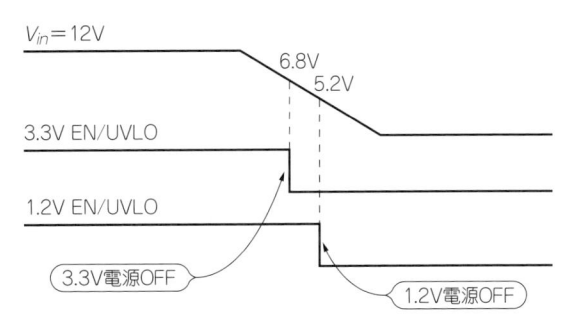

図11-10 ENとUVLOのスレッショルド電圧を設定した回路の立ち下げシーケンスのようす（図11-9の回路にて）

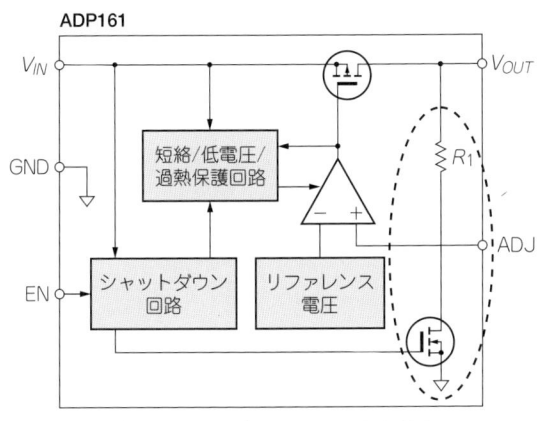

図11-11 ディスチャージ・スイッチを内蔵するADP161の内部ブロック図

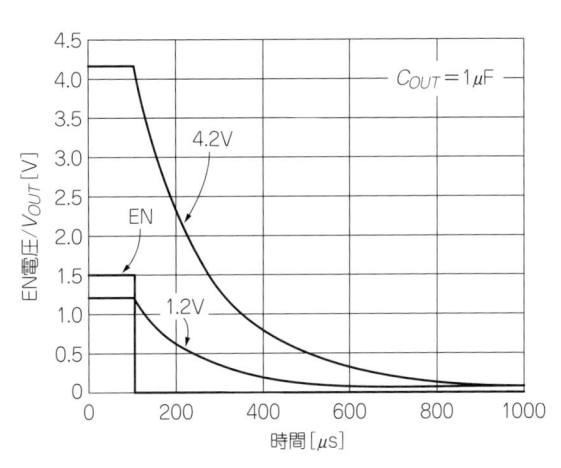

図11-12 ディスチャージ機能を内蔵するデバイスの効果

可能です．図11-10はその一例です．入力電源は，コンデンサが付いていることもあって，図のようになだらかに電圧が下がっていきます．UVLOが高精度であれば，入力電圧の値によって順番に立ち下げることで立ち下げシーケンスを組むことが可能です．コンセントを抜かれるなどの意図しないタイミングで立ち下げシーケンスを組む場合に有効な方法です．

まとめると，以下のようになります．
- 立ち下げシーケンスを組むことが可能
- ヒステリシスのプログラムが可能

出力コンデンサを強制的に放電して逆流を防ぐ機能　出力ディスチャージ

負荷電流が小さい場合，電源のENを"L"にしてOFFにしたとしても，出力コンデンサに貯まった電荷により，出力電圧が落ちないことがあります．この場合に誤動作することがあります．

さらに，出力コンデンサがとても大きい場合は，入力側へ逆流することでパス・トランジスタに重大な損失を与えてしまうこともあります．この場合，保護ダイオードを付ければ解決しますが，部品点数が増えるという問題が出てきます．

図11-11は，ディスチャージ機能のあるLDOの内部ブロック図です．ENが"L"になった時点で出力コンデンサの電荷を抜くFETがONします．FETがONすると，内部抵抗R_1を介して出力を0Vにします．図11-12は，その放電に要する時間と電圧の実測値です．ディスチャージ機能がない場合，出力がオープン状態なので出力電圧設定抵抗と各デバイスを漏れ電流分で放電していくことになります．

まとめると以下のようになります．
- 負荷の誤動作防止のため出力コンデンサに貯まった電荷を強制放電できる
- 立ち下げシーケンスが必要な場合にも有効
- 逆流保護ダイオードが不要になる場合もある

◆参考資料◆

(1) アナログ・デバイセズ㈱，ADP1740データシート．
(2) アナログ・デバイセズ㈱，ADP1712データシート．
(3) アナログ・デバイセズ㈱，ADP7102/ADP7104データシート．
(4) アナログ・デバイセズ㈱，ADP160データシート．

第12章 DDSの心臓部！正確かつ安定な出力信号の源

付属基板の発振源「水晶発振器」の性能と使い方

幕田 俊勝　Toshikatsu Makuta

　DDS付属基板に搭載されている水晶発振器は，水晶振動子とICやトランジスタの発振回路が一体化された電子部品です．

　水晶振動子は，固有の正確な周波数で振動する電子部品です．この特性を利用した水晶発振器には，次の特徴があります．
- DC電圧を供給するだけで高安定な周波数信号が簡単に得られる
- 専門的な水晶発振回路の設計知識がなくても水晶発振信号が簡単に得られる

本章では，水晶発振器の性能と使い方を解説します．

DDSには水晶発振器が最適

● 理由
　DDSはさまざまな波形の信号を発生させるICであり，ファンクション・ジェネレータに最適なデバイスです．DDSの出力周波数は基準クロックに同期しており，基準クロックに水晶発振器を使用すればDDSの出力周波数安定度は水晶発振器の周波数安定度と同じになります．

　市販のファンクション・ジェネレータの多くは，基準クロックとして温度補償水晶発振器（TCXO）が使用されており，周波数安定度は±1ppm程度です．1ppm（parts per million）は百万分の1（1×10^{-6}）で，10MHz（10×10^6Hz）の±1ppmは±10Hzです．

　DDS ICのデータシートには，「DDSの周波数精度と位相ノイズは基準クロックで決定される」と記載されています．一般的に，マイコンのクロックには安価なセラミック振動子が使用されていますが，セラミック振動子を使用したクロック信号は水晶発振器と比較すると周波数精度と位相ノイズが桁違いに劣るというデメリットがあり，周波数精度と位相ノイズを重要視するシステムでは必ず水晶発振器が使用されます．

● 付属基板に搭載されているDDS ICと組み合わせることのできる水晶発振器
　DDS付属基板に搭載された水晶発振器は5032サイズ（5.0×3.2×1.0mm）ですが，小型化が進み，2520サイズ（2.5×2.0×0.9mm）や2016サイズ（2.0×1.6×0.7mm）も市販されています．

表12-1　75MHz，3.3V，CMOS出力クロック用水晶発振器の一覧（日本電波工業）

型名	サイズ[mm]	周波数	電源電圧	出力対応	周波数安定度	発注指定番号
2725T（付属基板に搭載）	5.0×3.2×1.0	75MHz	3.3V	CMOS	±100ppm／−20〜70℃	NSA6293A
					±50ppm／−10〜70℃	NSA6293B
					±30ppm／−10〜70℃	NSA6293C
					±100ppm／−40〜85℃	NSA6293D
					±50ppm／−40〜85℃	NSA6293E
NZ2520SB	2.5×2.0×0.9				±100ppm／−20〜70℃	NSA3415A
					±50ppm／−10〜70℃	NSA3415B
					±30ppm／−10〜70℃	NSA3415C
					±50ppm／−40〜85℃	NSA3415E
NZ2016SA	2.0×1.6×0.7				±100ppm／−20〜70℃	NSA3442A
					±50ppm／−20〜70℃	NSA3442B
					±30ppm／−20〜70℃	NSA3442C
					±25ppm／−20〜70℃	NSA3442D
					±50ppm／−40〜85℃	NSA3442F

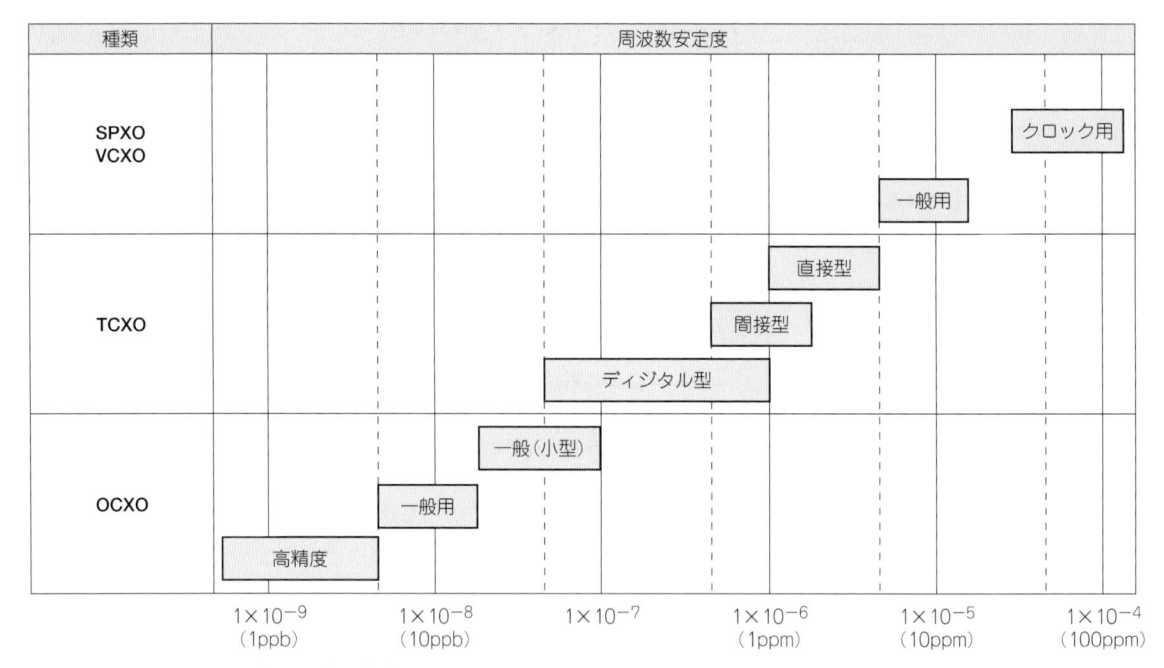

図12-1 水晶発振器の種類と周波数安定度

(a) SPXO (2.5 × 2.0 H0.9mm)
(b) VCXO (7.0 × 5.0 H1.6mm)
(c) TCXO (2.5 × 2.0 H0.8mm)
(d) OCXO (25.4 × 22 H10mm)

写真12-1 水晶発振器のいろいろ

表12-1に，AD9834の基準クロックとして使用できる日本電波工業（NDK）製の75MHzクロック用水晶発振器を示します．サイズと周波数安定度により各種の製品があります．発注指定番号で希望する製品を指示してください．

種類と用途

図12-1に水晶発振器の種類と周波数安定度を，写真12-1に水晶発振器の外観を示します．水晶発振器は高安定な周波数信号を出力しますが，厳密には温度や電源電圧，負荷などが変化するとわずかに周波数が変化します．

特に，温度変化の影響が大きいので，要求される周波数安定度に応じて温度補償回路や恒温槽を用いて高安定化を図ります．

水晶発振器には，周波数安定度や周波数制御機能の仕様に応じて，次の4種類あります．

(1) SPXO (Simple Packaged X'tal Oscillator)

水晶振動子と発振回路が一体となったシンプルな発振器です．周波数安定度は±5～100ppm程度です（水晶振動子と同じ）．周波数安定度が±30～100ppm程度のクロック用水晶発振器は発振回路として1チップICが使用され，ディジタル・カメラやビデオ・カメラ，パソコンなどのOA機器やAV電子機器用に大量に使用されています．

(2) VCXO (Voltage Controlled X'tal Oscillator)

外部入力の制御電圧により発振周波数を可変できる機能をSPXOに付加した水晶発振器です．周波数安定度はSPXOと同じです．主に，PLL回路の部品として通信用中継装置に使用されています．

(3) TCXO (Temperature Compensated X'tal Oscillator)

SPXOに温度補償回路を付加した発振器であり，温度補償水晶発振器と呼ばれています．温度補償回路は，水晶振動子の周波数温度特性を打ち消して周波数を安

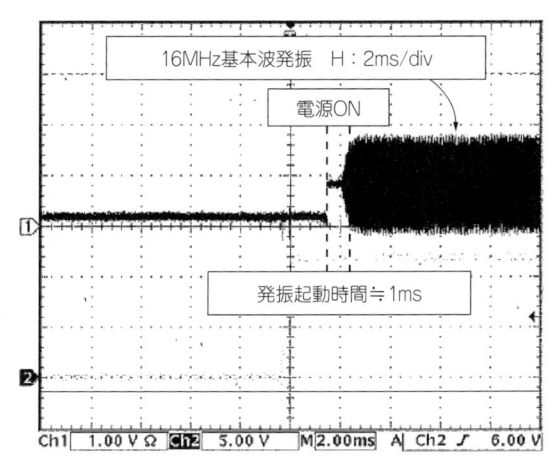

図12-2 水晶発振回路の起動時の出力波形

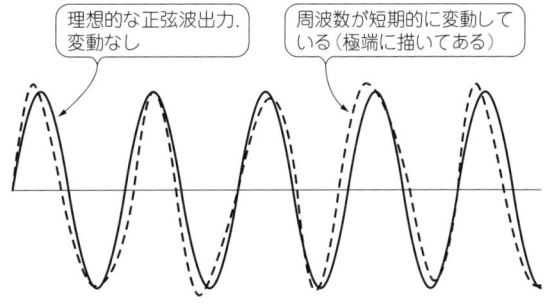

図12-3 理想発振器と現実の発振器の出力信号

定化しています．周波数安定度は ± 0.1 ～ 5ppm 程度です．近年は TCXO 用のワンチップ IC が開発され，大きさはクロック用水晶発振器と同じになっています．主に無線通信機器に使用されていますが，周波数安定度が ± 0.5 ～ 2.5ppm の携帯電話用は極めて大量に生産されています．

(4) OCXO (Oven Controlled X'tal Oscillator)

恒温槽を使用した水晶発振器であり，発振周波数は最も高安定です．ヒータで水晶振動子の温度を一定に保って周波数を高安定化しています．周波数安定度は ± 0.001 ～ 0.1ppm 程度です（± 1 ～ 100ppb）．携帯電話の基地局や光通信ネットワーク機器，放送機器，精密測定器などに使用されています．消費電力が大きく，形状も大きいことが欠点です．OCXO は電源 ON 後，周波数精度が規格に入るには規定の時間を要します．

1ppb (parts per billion) は 10 億分の 1 (1×10^{-9}) ですから，10MHz (10×10^6Hz) の ± 1ppb は ± 0.01Hz です．

性　能

● 安定するまでに必要な起動時間

CMOS インバータ水晶発振回路の発振起動波形を図12-2 に示します．水晶発振器は電源を ON した後，出力振幅が一定になるまでに数百 μs ～数 ms の時間が必要で，この時間を発振起動時間と呼びます．水晶発振器を使用する場合は，基本波発振では 4ms，3 倍波発振では 10ms の起動時間が必要です．起動時間に達するまでは，不安定な信号が出力されます．

● 位相雑音

発振器の位相雑音とは，発振周波数の短期的なふらつきです．有線通信でも無線通信でも，通信システムは「基準信号」を必要とします．通信システムのデータ伝送速度が高速になると基準信号の位相雑音が伝送品質を低下させます．水晶発振器は位相雑音が極めて小さいので，高速データ伝送システムでは基準信号として必ず水晶発振器が使用されます．

理想的な発振器では単一の純粋な正弦波が出力されますが，現実の発振器では発振出力に短期的変動（図12-3）と長期的変動が生じます．

振幅の短期的な変動は AM 雑音と呼ばれますが，水晶発振器の AM 雑音は非常に小さく，伝送品質への影響がほとんどないので問題にされません．しかし，位相の短期的変動は位相雑音と呼ばれ，高速データ伝送システムやディジタル変調の無線通信システムでは非常に重要視されます．水晶発振器の位相雑音は極めて小さいレベルなので，測定にはシグナル・ソース・アナライザと呼ばれる専用測定器を使用します．

位相雑音は，発振器出力周波数（キャリア）のエネルギーと雑音エネルギーの比で表します．特性グラフは，横軸がキャリアからのオフセット周波数を対数目盛で表示し，縦軸は単位周波数当たりの雑音エネルギーをキャリア・エネルギで正規化した値 [dBc/Hz] を表示します．

図 12-4 (a) ～ (c) は，アジレント・テクノロジー社のシグナル・ソース・アナライザ E5052B で測定した SPXO，TCXO，OCXO の位相雑音特性です．一般的に，水晶発振器の位相雑音は SPXO よりも TCXO が優れ，さらに OCXO が優れています．しかし，図 12-4 (a) に示す NZ2520SD には低位相雑音 IC が使用されているため，TCXO と同等の低位相雑音特性です．このように，水晶発振器の位相雑音は使用する IC の特性で大きく変わります．

DDS に関しては，一般的に DDS 自体の位相雑音が水晶発振器の位相雑音に比べてはるかに大きく，位相雑音としては標準タイプの SPXO が DDS 基準クロック用として問題なく使用できます．DDS に低位相雑音タイプの SPXO を使用しても効果はありません．

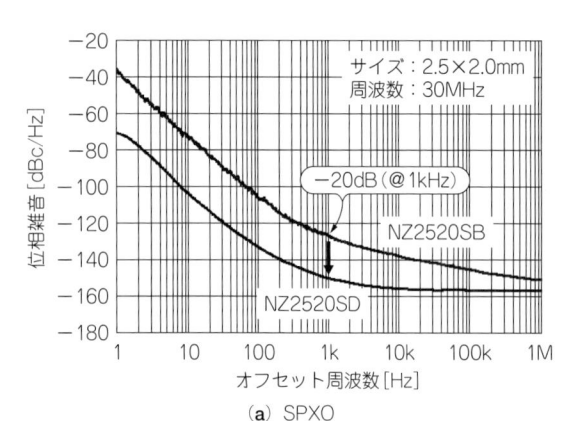

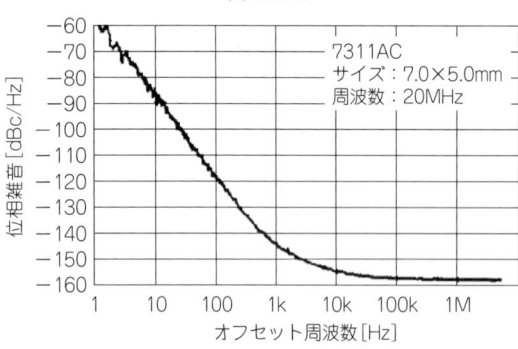

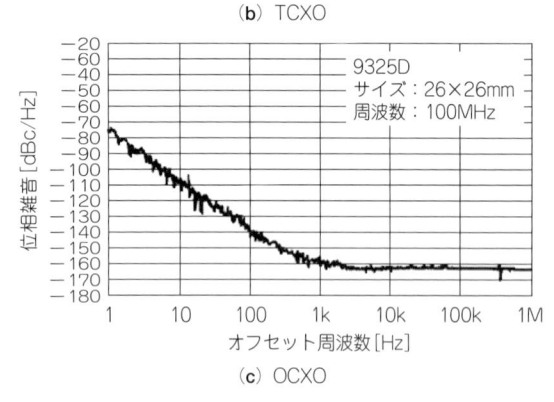

図 12-4 水晶発振器のタイプと位相雑音（実測）
シグナル・ソース・アナライザ（E5052B）で測定

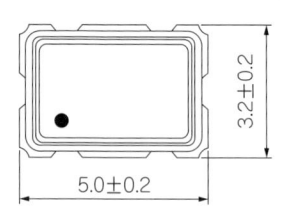

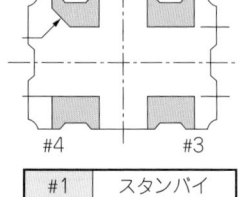

(a) SPXO
(b) TCXO
(c) OCXO

図 12-5 付属基板に搭載されている水晶発振器 2725T の外形と端子配置

#1	スタンバイ
#2	GND
#3	OUTPUT
#4	V_{DD}

(3) EMI 低減

EMI を考慮する場合は，電源電圧 2.5V，1.8V，1.5V，0.9V などの低電圧タイプをお勧めします．

(4) 静電対策

多くの水晶発振器には CMOS IC が使用されているので，静電対策された環境下で使用してください．

(5) 発振起動時間

水晶発振器の電源を ON にした後，起動時間規格が経過した後に使用するようにしてください．

(6) はんだ付け条件

SMD 水晶発振器の実装は，発振器製造メーカのはんだ付け条件に合わせてください．

(7) 基板への取り付けと取り外し

実験などにおいて，SMD 水晶発振器を基板に取り付けたり，取り外したりするときは，エア・ヒータを使ってください．エア・ヒータの温度と加熱時間は，発振器製造メーカのはんだ付け条件に合わせます．風量は事前テストで設定し，熱風は周囲部品を損傷させない方向にしてください．

使い方の基本

(1) 電源バイパス・コンデンサ

水晶発振器の多くは電源バイパス・コンデンサを内蔵していないので，電源と GND 間（端子のできる限り近傍）に $0.01\mu F$ 程度のバイパス・コンデンサを接続してください．

(2) フット・パターンの形状寸法

フット・パターンの形状寸法は，発振器製造メーカの推奨パターンを参考にして決定してください．

内部回路と構造

● 付属基板に搭載されている水晶発振器の端子

DDS 付属基板に搭載されている水晶発振器は，日本電波工業製のクロック用水晶発振器 2725T です（図 12-5）．一般に，小型 SMD 水晶発振器には，電源バイパス・コンデンサが内蔵されていません．2725T も電源バイパス・コンデンサが内蔵されていないので，2725T の外部近傍には $0.01\mu F$ 程度の電源バイパス・コンデンサが必要です．

2725T の #1 端子はスタンバイ端子です．#1 端子を "H" または OPEN にすると #3 の出力端子に 75MHz のクロック信号が出力され，#1 端子を "L" にすると，

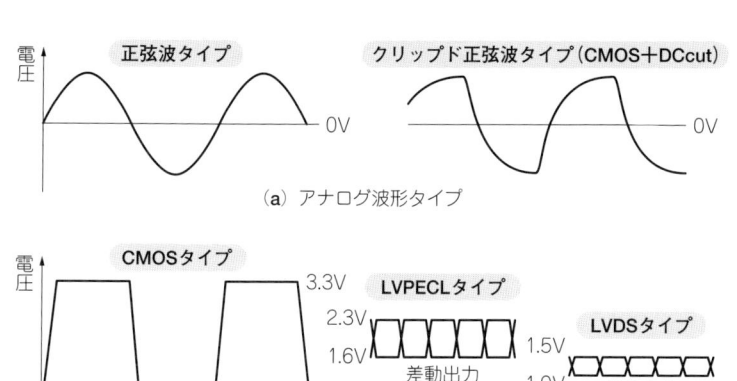

図12-6 水晶発振器の出力波形いろいろ

出力波形	動作周波数	消費電流
クリップド正弦波 （CMOS＋DCcut）	50MHz	極小
CMOS	150MHz	小
LVDS （差動出力）	数GHz	中
LVPECL （差動出力）	数GHz	大

(c) 出力信号のタイプと動作周波数および消費電流

水晶発振が停止して#3出力端子はハイ・インピーダンスでスタンバイ状態になります．

2725Tをスタンバイにすると，出力端子はハイ・インピーダンスになるので，DDSのクロック入力として外部パルス・ジェネレータを接続してクロック周波数変更などの実験を行うことができます．

スタンバイにすると，消費電流は数μAに減少します．携帯用途の電子機器では，スリープ時にクロック用水晶発振器をスタンバイ状態にしてバッテリの消耗を防止しています．

このスタンバイ端子を，海外ではE/D（Enable/Disable）端子と呼んでいます．

● 出力信号の波形

水晶発振器はアナログ波形出力タイプとディジタル波形出力タイプに大別されます（図12-6）．携帯電話用のTCXOには，消費電流が最も少ないクリップド正弦波が使用されています．また，ディジタル・カメラやビデオ・カメラ，パソコンのクロックには，出力振幅が電源電圧フルスイングで低消費電流のCMOS波形が使用されています．さらに，市販のファンクション・ジェネレータのDDS基準クロック用TCXOにもCMOS波形が使用されています．

光通信ネットワーク用途の高周波出力SPXOやVCXOには，LVPECLまたはLVDSの波形が使用されています．

● 回路

図12-7は，広く一般的に使用されているSPXO用のCMOSインバータ水晶発振回路です．水晶発振回路はCMOSインバータをリニア増幅器として動作させる必要があり，入出力間に1MΩ程度のフィードバック抵抗R_Fを接続します．この状態でCMOSインバータにDC電圧$+V_{DD}$を供給すると，CMOSインバータの入力電圧および出力電圧は共に$+V_{DD}/2$でバランスし，リニア増幅器として動作します．

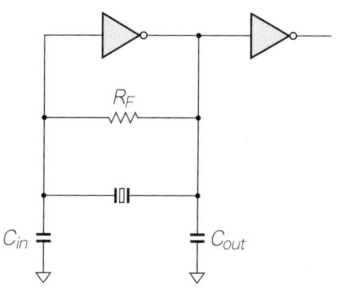

図12-7 SPXO水晶発振器の内部回路

C_{in}とC_{out}は，CMOSインバータ水晶発振回路の発振条件を満足させるためのコンデンサです．このコンデンサによって発振回路側は容量性で発振し，水晶振動子は誘導性で発振します．水晶振動子が誘導性になる周波数範囲は非常に狭く安定なので，水晶発振器は安定な周波数で発振します．

水晶発振用のCMOSインバータは，リニア動作が可能な1段ゲート構成のアンバッファ・タイプを使用してください．

▶ CMOSインバータ発振回路の動作原理

CMOSインバータ増幅回路に電源を印加すると，増幅回路からはあらゆる周波数成分が含まれる極めて微弱なノイズが発生します．微弱ノイズの中には水晶振動子の固有振動（共振）周波数成分があり，振動子は振動を開始して共振周波数信号が通過します．そして，水晶振動子を通過した微弱な共振周波数信号は，増幅回路で増幅されて大きくなります．

増幅された共振周波数信号は，水晶振動子を再度通過して振幅が成長します．電源を印加した後，数百μ〜数msで振幅の成長が終了して一定の振幅になり，安定した発振周波数信号が得られます．

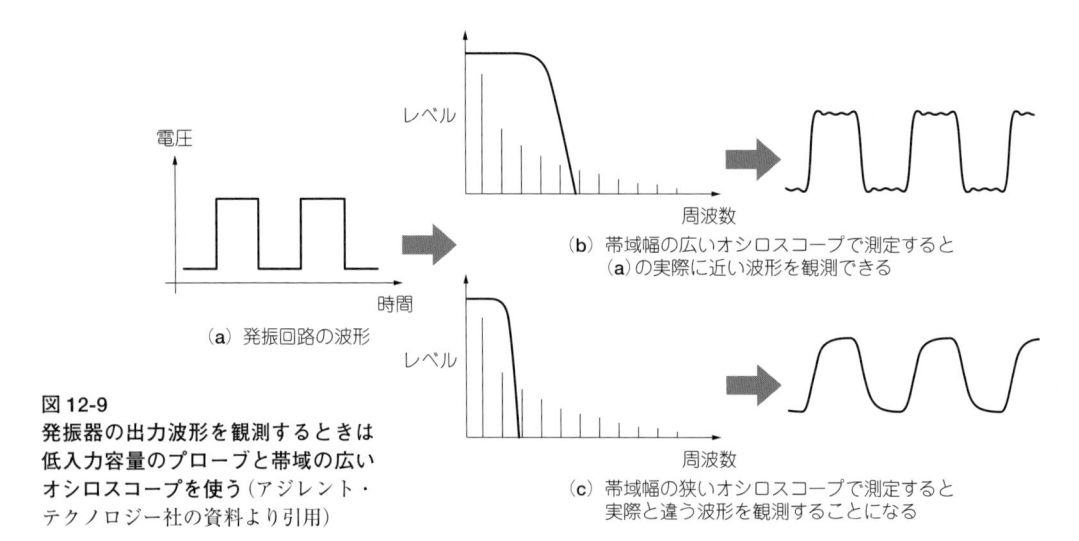

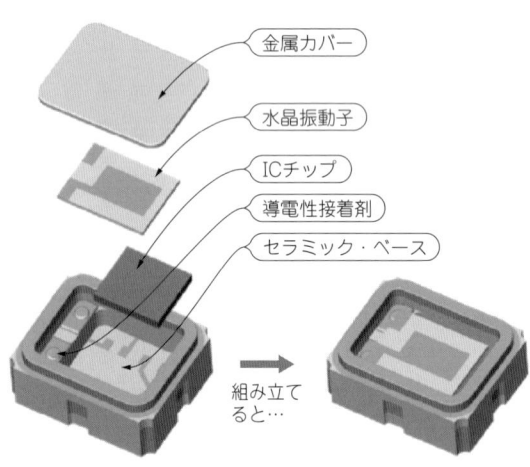

図12-9
発振器の出力波形を観測するときは低入力容量のプローブと帯域の広いオシロスコープを使う(アジレント・テクノロジー社の資料より引用)

(a) 発振回路の波形
(b) 帯域幅の広いオシロスコープで測定すると(a)の実際に近い波形を観測できる
(c) 帯域幅の狭いオシロスコープで測定すると実際と違う波形を観測することになる

図12-8 クロック用水晶発振器の内部構造

—*—

参考までに,図12-8にSPXOのクロック用水晶発振器の内部構造を示します.

水晶発振器を使用する際のトラブル

(1) クロック波形測定用オシロスコープの帯域幅不足とプローブの入力容量の影響

クロック用水晶発振器の出力波形が正常でも,オシロスコープとプローブの帯域幅が不足したり,プローブの入力容量が影響すると正弦波に似た波形に見えます.

クロック波形には,奇数倍の高調波が多く含まれています.クロック波形を測定する場合は,オシロスコープとプローブの各々の帯域幅はクロック周波数の5倍以上が必要です.今回は,DDSの基準クロックとして75MHzのクロック用水晶発振器を使用しているので,75MHzのクロック波形を測定するにはオシロスコープとプローブは帯域幅が各々最低375MHz必要です.

プローブは,汎用プローブ(パッシブ・プローブ)を使用すると入力容量が15pF程度と大きいので,立ち上がり時間および立ち下がり時間は実際よりも長く見えます.できれば,入力容量が1pF程度のFETプローブ(アクティブ・プローブ)を使用するとよいでしょう.図12-9に帯域幅の影響を示します.

(2) 水晶発振器のジッタは小さすぎてオシロスコープでは測定できない

水晶発振器のジッタ(波形周期時間のふらつき)は極めて小さいので,測定するにはジッタ・アナライザと呼ばれる専用測定器が必要です.オシロスコープにはジッタ測定機能付きの製品もありますが,オシロスコープ自体のジッタは水晶発振器よりも大きいので,オシロスコープでは水晶発振器のジッタは測定できません.

(3) LVPECLの出力波形は無負荷では波形が見えない

150MHz以上の高周波クロックを出力するには,高周波動作に適したLVPECLが使用されます.LVPECL出力の水晶発振器は,出力トランジスタがエミッタ・フォロワ動作になっています.このため,負荷を接続しないと出力端子に発振出力が現れません.LVPECLは,出力回路がCMOS出力とは違います.

(4) プローブの入力容量とグラウンド線のインダクタンスで共振回路が形成され,急峻なパルス波形測定ではリンギングが発生する

急峻なパルス波形測定では入力容量の小さなFETプローブを使用し,グラウンド線は最短にする必要があります.

第13章 DDSの出力をそのまま入力するとアンプやミキサが飽和してしまう…そんなときは

ステップ1.5dB，最大減衰量94.5dB，30MHz広帯域アッテネータの設計

石井 聡 Satoru Ishii

アッテネータの必要性

DDS付属基板が出力する信号レベルは約3dBmで一定ですが，実際に使おうとすると，しばしばレベル調整が必要になります．

● DDSの用途の多くで可変レベルの信号が必要

受信システムの感度テストやアンプのゲイン対周波数特性のチェック，目的の回路に注入する信号レベルの調整などを行いたいときに，出力レベルが一定な本書のDDS付属基板だけでは目的を達成できません．

DDS付属基板の固定レベルの信号出力を，広い振幅範囲で調整できる機能，つまり信号レベルを減衰させるアッテネータが必要です．

▶ログ・アンプ基板を使ってスカラ・ネットワーク・アナライザを実現する場合

例えば，DDS付属基板と別売のログ・アンプ基板（第14章）をベース基板上に搭載し，図13-1のようにアンプの周波数特性を測定すること（スカラ・ネットワーク・アナライザ機能）を考えてみます．

測定するアンプのゲインが高い場合には，DDS付属基板の出力3dBmを供給すればアンプは飽和してしまいます．また，アンプが飽和しなくても，ログ・アンプ基板のログ・レベル検出ICのAD8307が飽和すると，きちんとしたゲイン対周波数特性を測定できなくなります．そこで，測定対象のアンプが飽和しないように，入力レベルを減衰させる必要があります．

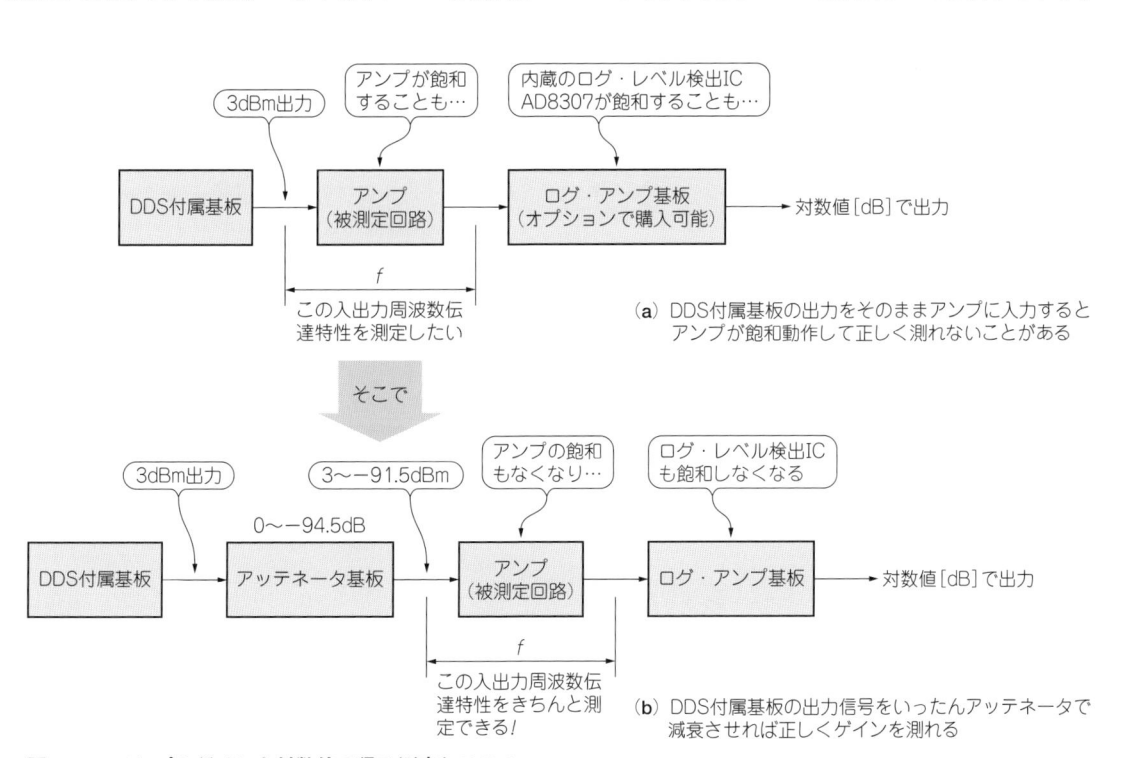

図13-1 アンプのゲインを対数値で得る測定システム

(a) DDS付属基板の出力をそのままアンプに入力するとアンプが飽和動作して正しく測れないことがある

(b) DDS付属基板の出力信号をいったんアッテネータで減衰させれば正しくゲインを測れる

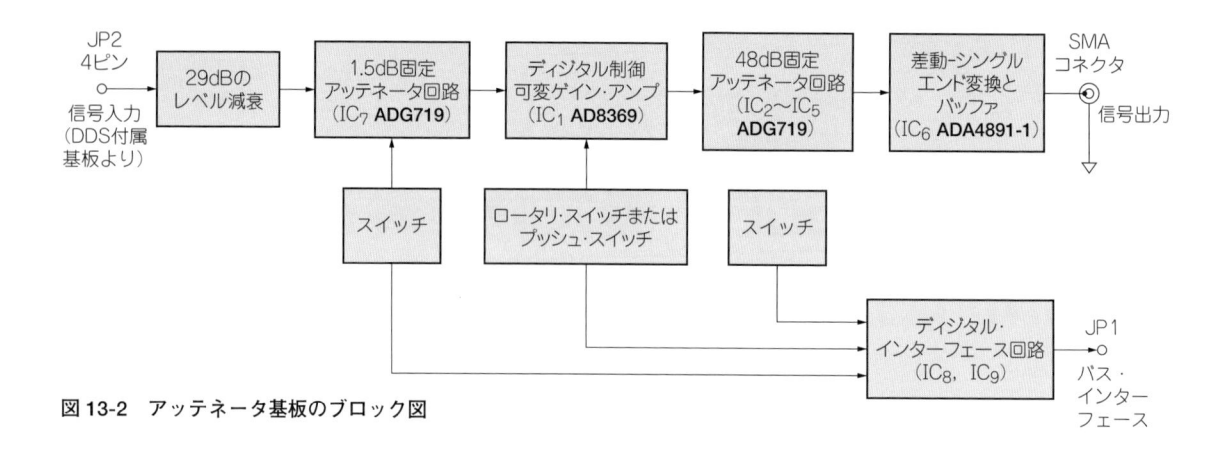

図13-2 アッテネータ基板のブロック図

仕　様

● 回路図とレベル・ダイヤ

図13-2は，アッテネータ基板（写真13-1）のブロック図です．回路全体で94.5dBの減衰量を，1.5dBステップの64ポジションで実現しています．全体の回路図を図13-3に示します．

初段部分では，抵抗ネットワークを用いて約29dBのレベル減衰を行っています．これは，次段の可変ゲイン・アンプのIC_1 AD8369がゲインを持っているので，この分を事前に減衰させておくためです．

抵抗とIC_7のアナログ・スイッチADG719で1.5dBのアッテネータを構成し，可変ゲイン・アンプIC_1の減衰量ステップの3dBを，半分の1.5dBずつで補間できます．

● 600MHzまで使える可変ゲイン・アンプ AD8369を使う

このアッテネータ基板では，レベル減衰の主な役割をIC_1のディジタル制御可変ゲイン・アンプ（VGA）AD8369で行います．AD8369は，600MHzまで動作する可変ゲイン・アンプで，45dBのゲイン制御範囲があり，3dB単位16ステップで可変できます．今回の動作目標は30MHzまでなので，AD8369で特性は十分と言えるでしょう．

● 48dB固定アッテネータ回路で大きな減衰量の切り替えを行う

AD8369により減衰レベルを細かく制御したあとは，IC_2～IC_5のアナログ・スイッチADG719で構成される48dB固定アッテネータ回路により，大きな減衰量の切り替えを行います．ここは差動回路で構成されており，IC_1のAD8369の差動出力を差動信号のまま減衰させます．30MHzという高い周波数まで安定に動作させる必要があるので，この部分の設計は特に注意が必要です．このことについては，改めて説明します．

● 帯域220MHzの出力はOPアンプ・バッファで出力

48dB固定アッテネータ回路により差動信号のまま（減衰あり/なしで）減衰量が調整された信号は，後段の出力OPアンプIC_6のADA4891-1で差動-シングル・エンド変換され，バッファ増幅されます．

ADA4891-1はCMOSの高速シングルOPアンプで，低価格ながら高性能なICです．このアンプは-3dB帯域幅が220MHz（$G=+1$）で，今回の用途では利得は2倍なので十分です．30MHzでもダレがまったくない結果が得られています．

▶ 差動で受けて高精度抵抗を使い高CMRRを実現する

この基板では信号を減衰させるため，入力のフィードスルー（通り抜け）に注意する必要があります．詳しくは，図13-8で説明します．

フィードスルーは，同相モードによる信号出力端子への影響が原因として一番大きいので，これを避けるために，このOPアンプでいったん差動信号のまま受けて，それをシングルエンドに変換する構成にしてあります．

図13-4に示すように，ADA4891-1は30MHzにおけるCMRR（同相モード除去比）は-27dB程度であり，これに合わせて，入力抵抗4本に必要な相対精度を0.5%に決め，絶対精度0.5%の高精度集合抵抗RA_1を使いました．

抵抗の相対誤差E_Rにより生じるCMRRの劣化は，

$$CMRR = 20\log_{10}\frac{2}{E_R} \quad (1)$$

で計算できます．

この計算式は，参考文献（4）の58ページに示されています．仮に，相対精度0.5%として，0.5%を代入する

(a) 基板上のようす

(b) シールド・ケースを取り付けられる

主な搭載部品
① SMAコネクタ：信号レベルの低下した出力が得られる
② プッシュ・スイッチ：減衰量をロードするスイッチ
③ スイッチ：1.5dB固定アッテネータ回路をON/OFF．上に倒すとアッテネータがON
④ ロータリ・スイッチ：可変範囲45dBの可変ゲイン・アンプの減衰量を16ステップで設定
⑤ スイッチ：48dB固定アッテネータ回路をON/OFFする．上に倒すとアッテネータがON
⑥ ピン・ヘッダ：外部のマイコンなどからアッテネータ基板の減衰量をコントロールできる
⑦ ADG719：1.5dB固定アッテネータ回路をON/OFFするアナログ・スイッチ
⑧ 雑音を遮蔽できるシールド・ケース（別売）の取り付け用銅箔ランド
⑨ AD8369：可変範囲45dBの可変ゲイン・アンプ．アッテネータ基板の中心素子
⑩ ADG719：48dB固定アッテネータ回路をON/OFFするアナログ・スイッチ（4個）
⑪ ADA4891-1：内部回路の差動信号をシングルエンドに変換するバッファ用OPアンプ
⑫ 74VHC244，74VHC138：DDS付属基板とバス・インターフェースでやりとりするためのディジタルIC

写真13-1　アッテネータ基板の外観
本アッテネータ基板は，P板.comで1枚ずつ購入できます．ただし10名分の注文がそろいしだい生産します．またお届けまでに1か月ほどかかることがあります．生産や出荷の状況については，info@p-ban.comまでお問い合わせください．本サービスは，予告なく終了させていただくことがあります

と，$CMRR = 52$dBが得られます．これはADA4891-1の$CMRR$よりも良い値なので，ADA4891-1が$CMRR$の支配的要因になります．この方法により，フィードスルーを軽減できるように設計してあります．

48dB 固定アッテネータ回路

図13-5に，48dB固定アッテネータ回路部分を取り出して簡略化したものを示します．この図は，差動で動作している4個のアナログ・スイッチ（IC$_2$〜IC$_5$）の半分だけを取り出して，シングルエンド形式で示したものです．

● 寄生容量を小さくして広帯域特性を実現

30MHzの帯域にわたって，1段の固定アッテネータ回路で48dBの減衰量を実現する必要があります．そのため，減衰用の抵抗を大きめにする必要があり，

周辺の寄生容量の影響を十分に考慮しないといけません．48dB（= 24dB + 24dB）の2段アッテネータにすれば，減衰用抵抗を小さくできるので寄生容量の問題については楽になりますが，基板サイズの関係で不可能です．

▶ 支配的要因はアナログ・スイッチのスイッチ間容量

寄生容量を決めるのは，図 13-5 において，R_{12} の両端に接続されているアナログ・スイッチ IC_2（ADG719）と，同じく R_{13} とグラウンド間を繋ぐ IC_3，それぞれの「スイッチ間容量 C_S」です．

48dB 固定アッテネータ回路が「OFF」のときは IC_2 の端子間が ON，IC_3 が OFF です．このとき IC_3 のスイッチ間容量が問題になりますが，抵抗成分は R_9 の 1/2 の低い信号源インピーダンスのみになるので，問題としては顕著に出てきません．

▶ オシロスコープのプローブと同じように CR-CR で補償する

48dB 固定アッテネータ回路が「ON」のときは，IC_2 の端子間が OFF，IC_3 が ON になります．このときは，IC_2 のスイッチ間容量 C_S と R_{12} とで生じる時定数が問題になります

シミュレーションしてみるとわかりますが，R_9 が

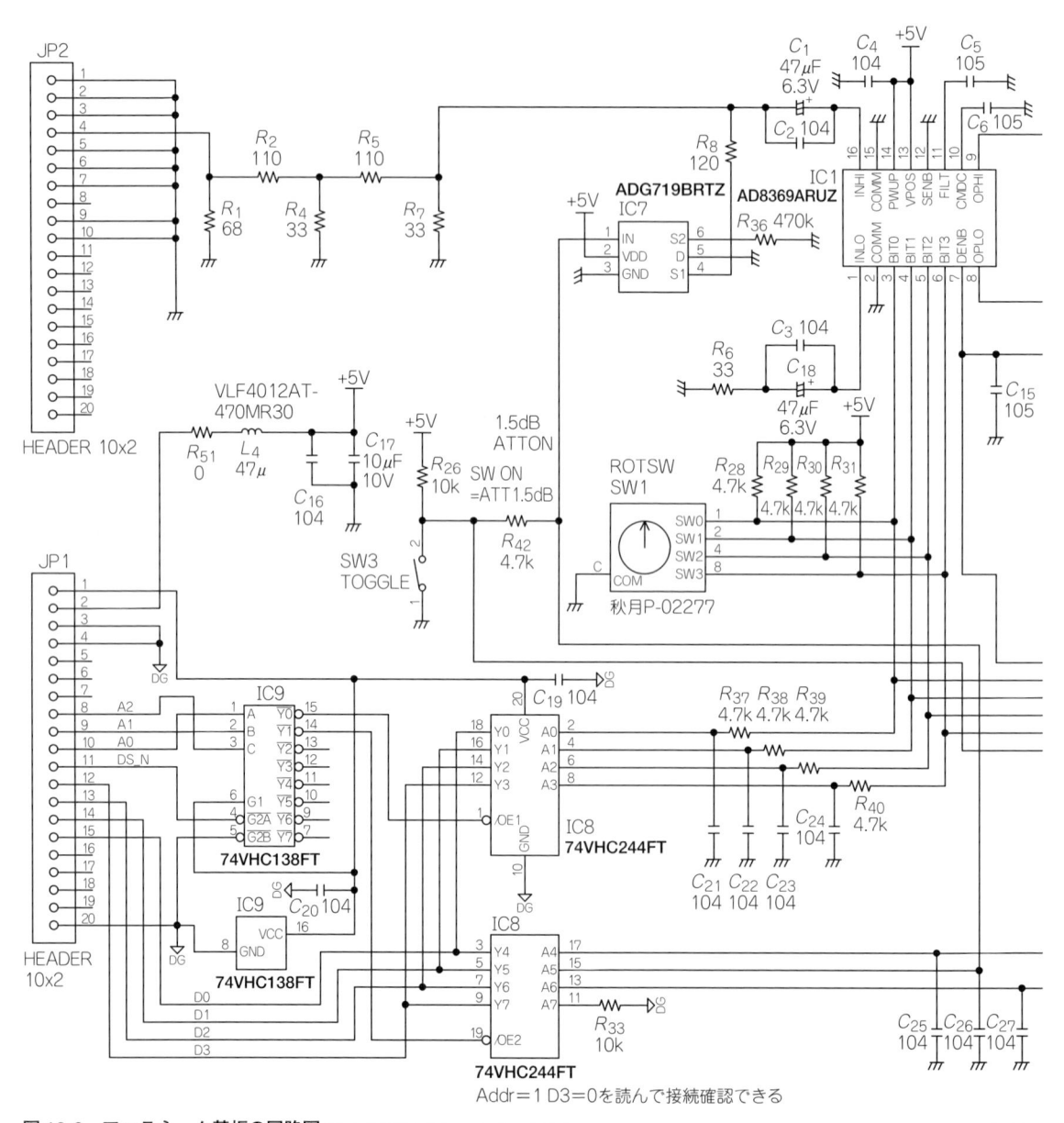

図 13-3 アッテネータ基板の回路図

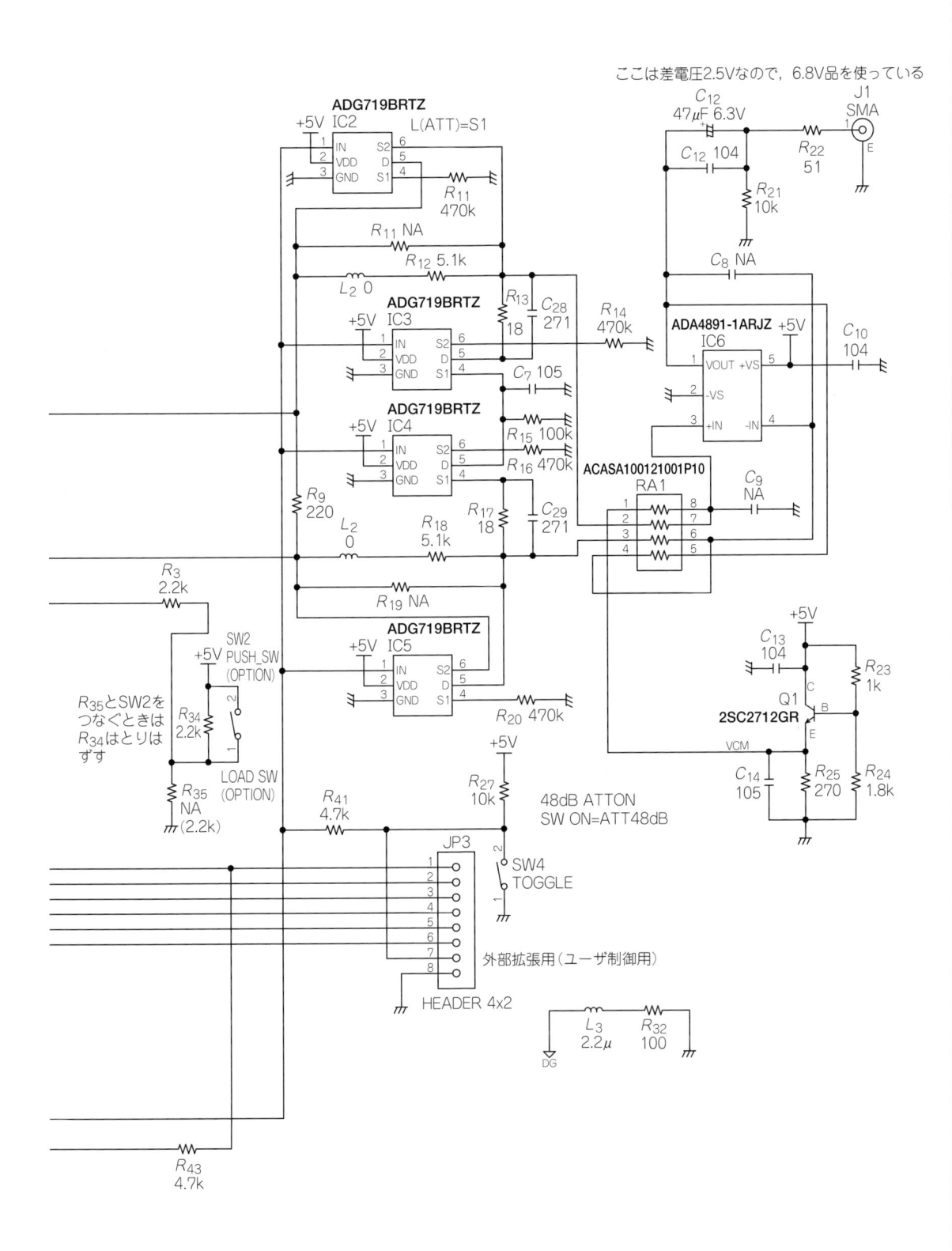

48dB 固定アッテネータ回路

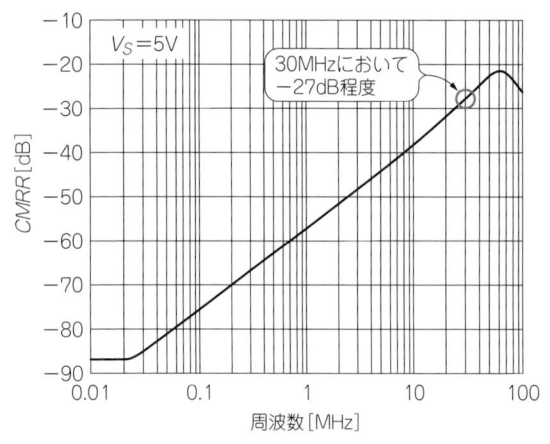

図 13-4　出力部にあるバッファ用 OP アンプ ADA4891-1 の $CMRR$ 特性

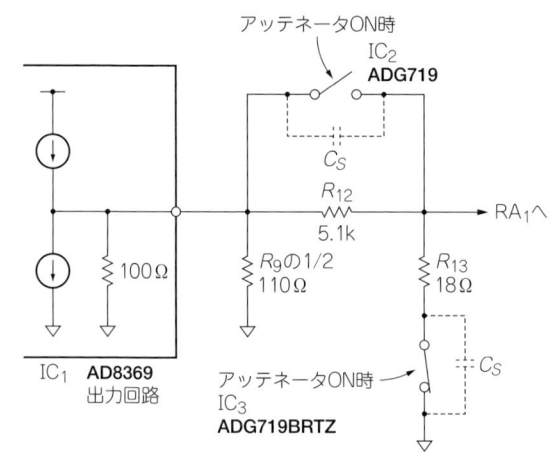

図 13-5　48dB 固定アッテネータの回路部分
回路の半分だけを取り出し，シングルエンドとして簡単化．スイッチ IC_2，IC_3 はアッテネータ ON の状態で表記

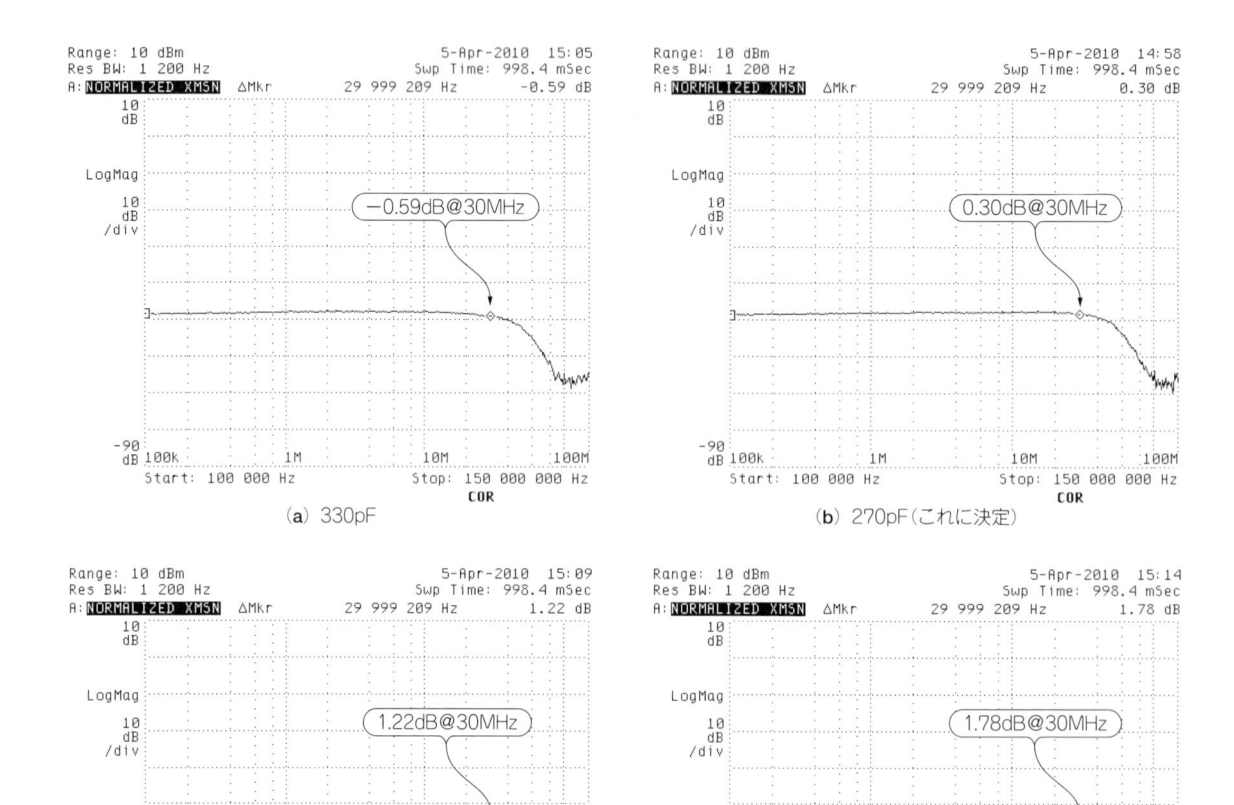

(a) 330pF

(b) 270pF（これに決定）

(c) 220pF

(d) 180pF

図 13-6　C_{28}（C_{add}）スイッチ間容量を補償するコンデンサ（C_{28}）とゲイン-周波数特性（実測）

大きめで R_{12} が 2k 〜 3kΩ 程度であれば，IC_2 のスイッチ間容量 C_S は R_9 と R_{12} とによりローパス・フィルタを形成します．

一方，R_{12} が 5.1kΩ であれば，IC_2 のスイッチ間容量 C_S は，R_{12} をバイパスするハイパス・フィルタになり，これが帯域特性あばれの支配的な要因になります．

これを補償するには R_{13} と並列にコンデンサを接続すればよく，

$$R_{12}C_S = R_{13}C_{add}$$

で計算できる C_{add} を付加すればよいことになります．図 13-3 では，C_{add} は C_{28} になります．実測でスイッチ間容量 C_S = 1.16pF が得られたので，

$$C_{add} = C_{28} = \frac{R_{12} \times 1.16\text{pF}}{R_{13}}$$

とすれば OK です．ただし，実験で確認してみる必要があります．

図 13-6 は，C_{add} = 330pF，270pF，220pF，180pF として実測したようすです．270pF を追加したときが一番よいようです．そのため C_{28} には 270pF を採用しました．

● コモン・モードの問題も軽減できるように設計してある

図 13-3 の回路図で，IC_3，IC_4 の間の右側に，コンデンサ C_7 でグラウンドに落としてあります．この部分は，高域での $CMRR$ の悪化を最小限に抑えるために，高域でこのコンデンサをショートさせ，コモン・モードのレベルも減衰させるためのものです．

このコンデンサがないと差動信号のみが減衰することになり，48dB 固定アッテネータ回路の出力にはコモン・モードが減衰せずに出てきて，高域で $CMRR$ が大きく悪化する可能性があります．

SN 比とノイズ・フロア

このようなアクティブ方式で信号を減衰させると，信号の SN 比をどの程度確保できるかが問題になることがあります．そこで減衰ステップごとのノイズ・フロアとキャリア対ノイズ比（CN 比）について，図 13-7 に計算した結果をまとめてみました．

回路構成として見てみると，48dB の固定アッテネータ回路が OFF のときは，IC_1 AD8369 が発生するノイズが支配的になります．

逆に出力レベルが低い状態である，48dB の固定アッテネータ回路が ON のときは，IC_1 AD8369 の発生するノイズも低減されるため，出力 OP アンプの IC_6 ADA4891-1 で発生するノイズが支配的になりま

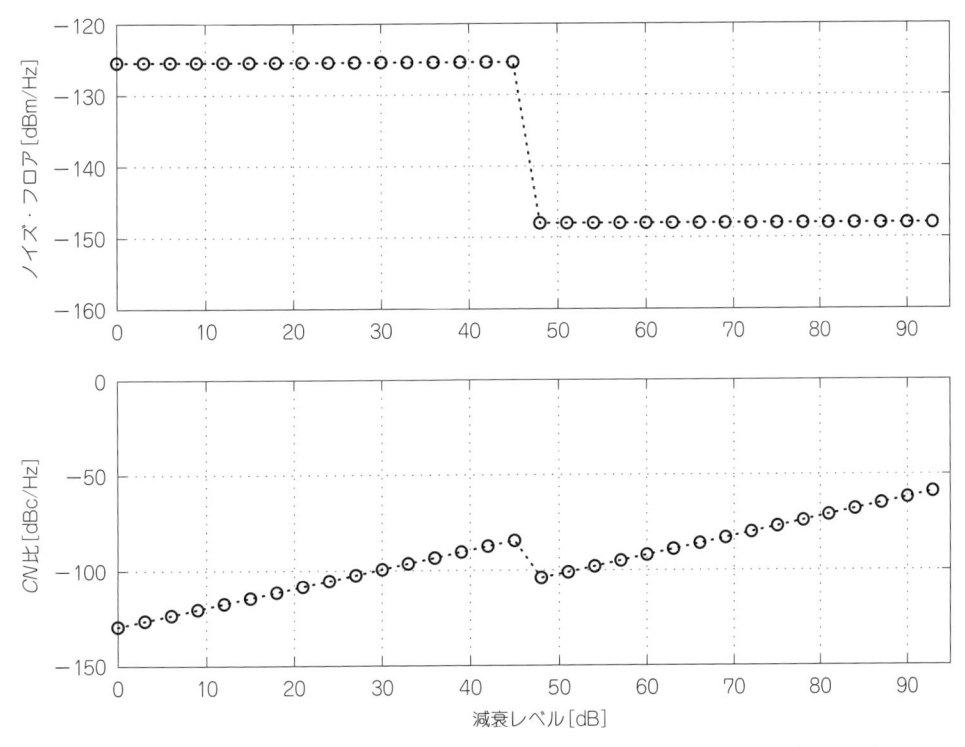

図 13-7 アッテネータ基板の減衰ステップごとのノイズ・フロア（dBm/Hz）と CN 比（dBc/Hz）

す．つまり信号レベルが低下しても，SN比（出力ノイズ）が大幅に劣化することはありません．

基板設計

アナログ増幅回路としてゲインを得る方向で設計する場合は，100dB近くなっても異常発振さえしなければ良いといえます．しかし，減衰させる場合には，フィードスルーが高域の周波数に出てくるので，なかなか簡単ではありません（図13-8）．

図13-9はアッテネータ基板のパターン・レイアウトのようすです．図(a)がL1（部品面），図(b)がL2（はんだ面）となっています．両面基板なので，性能を出すのは結構やっかいです．

● ディジタル・インターフェースの引き回しが重要

図13-9のように基板配置の制限から，設定スイッチが左下，それを読み出すディジタル・インターフェースが右側になっています．ここで一番注意すべきはフィードスルーです．

図(b)のL2を見るとわかるように，設定スイッチとディジタル・インターフェースとのパターンを，アナログ回路の真ん中を通さないといけません（この配置の下側を回すという方法もあるが，そうすると出力SMAコネクタの配線と結合する可能性が出てくる）．

とはいっても「設定スイッチ」なので，この信号のレベルが変動することもなく，ディジタル的なノイズも考える必要はありません．

▶ CRによるLPFを途中に入れてアイソレーション

そこで，入力信号がこのパターンに乗らないように，途中（ちょうど減衰させる回路の真ん中あたり．図13-9にも示す）に，$R_{37} \sim R_{43}$，$C_{21} \sim C_{27}$の4.7kΩと0.1μFのCRによるフィードスルー防止用LPFをそれぞれ配置しました．最初はこのフィルタを2段配置する回路だったのですが，部品が乗らなかったので1段にしました．結果的には，これでも十分な性能が得られました．

フィードスルーは，同相モード成分として出力方向に出てきます．この同相モードによる出力への影響を避けるために（CMRRを向上させるために），前述したように差動信号で出力回路を構成し，出力OPアンプはいったん差動信号で受けて，シングルエンドに変換する構成をとっています．

▶ グラウンドも低インピーダンスにしてCMRR特性を向上させている

グラウンドも網目のようにして，できるだけL1-L2間で低いインピーダンスを実現できるように，ベタ・パターンの配置，複数ビアでの接続を心がけています．同相モード成分はグラウンドのインピーダンスが高くなると顕著に現れやすいので，低いグラウンド・インピーダンスにして差動伝送にすることで，CMRR特性も向上させています．

これらにより100dB近い減衰量でも，30MHzまでの周波数で安定した減衰特性が得られています．

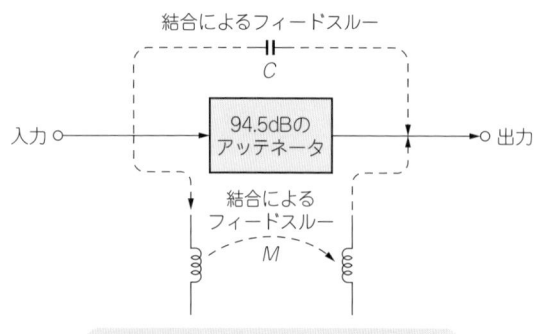

製作した基板の減衰特性

● 30MHzまで減衰量はとても安定している

アッテネータ基板の性能を測定してみました．図13-10は，アッテネータ基板の周波数特性です．図(a)は減衰なし（0dB），図(b)が48dB固定アッテネータ回路をONにしてIC₁ AD8369の減衰量はゼロ，図(c)は48dB固定アッテネータ回路をONでIC₁ AD8369の減衰量も最大（45dB）の状態（合計93dB）です．

図(c)はレベルがかなり低くなるので，（計測器の都合により）アッテネータ基板の出力にプリアンプを付けて，スルー校正時に入力側に40dB固定同軸アッテネータを接続し，ゲタをはかせてネットワーク・アナライザを校正してから，測定しています．そのため，このマーカ値に対して−40dBが実際の減衰量になります．また，平均化させて測定しています．

図(b)，図(c)の「48dB固定アッテネータ回路がON状態」では，48dB固定アッテネータ回路の構成で示したように，30MHz程度の高い周波数のところでも減衰量が安定しています．

● 減衰ステップ特性も良好

減衰量を3dBステップごとに測定した結果を図13-11に示します（測定周波数は5MHz）．

図13-8 アッテネータによる減衰は高域の周波数でフィードスルーの問題がある

図中ラベル(a)：
- アイソレーション用CRでのLPF
- R_{37}〜R_{43}
- C_{21}〜C_{27}
- ディジタル・インターフェース
- 設定スイッチ

(a) L1（部品面）のようす（フィードスルー防止用LPFが見える）

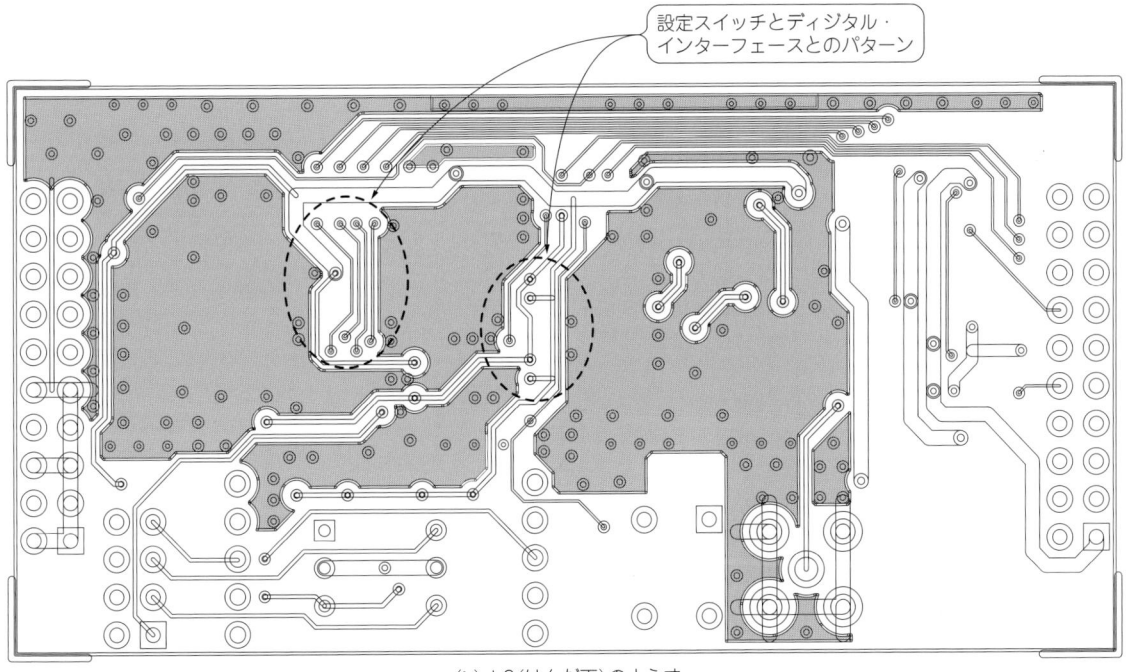

図中ラベル(b)：
- 設定スイッチとディジタル・インターフェースとのパターン

(b) L2（はんだ面）のようす

図13-9 製作したアッテネータ基板（写真13-1）のパターン・レイアウト

　図13-11では，ステップ間の差分量でほぼ3dBずつ変化していることがわかります．若干暴れがありますが，これはIC$_1$ AD8369の特性が支配的要因です．

45dBを超えるところで，AD8369の減衰量最大から，48dB固定アッテネータ回路がONになり，AD8369の減衰量がゼロになります．ここで若干段差が出てい

(a) 減衰なし（0dB）

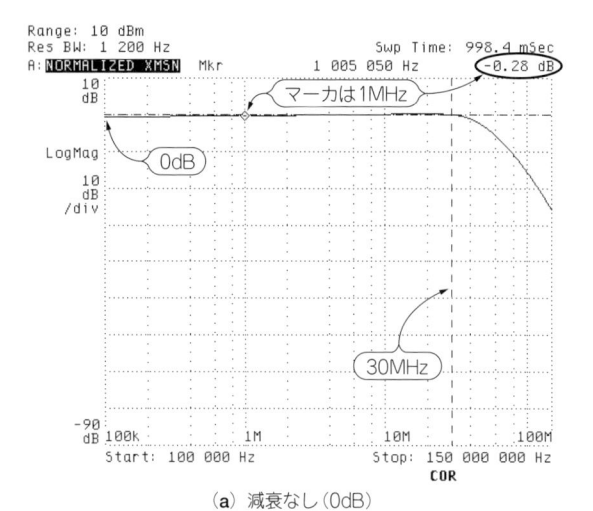

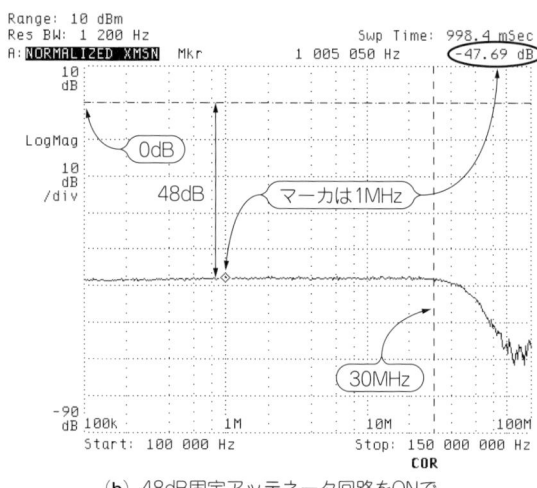

(b) 48dB固定アッテネータ回路をONで
AD8369の減衰量はゼロ（48dB）

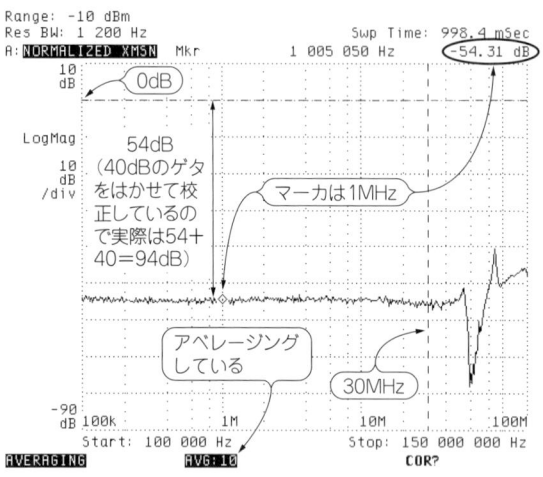

(c) 48dB固定アッテネータ回路をONでAD8369の減衰量も最大93dB．40dBのゲタをはかせているのでこのプロットから−40dB低いところが実際の値になる．50MHzから上はフィードスルーが出ている．またアベレージングしているため，測定値はこの測定器の特性により本来より低めに出ている

図13-10 製作したアッテネータ基板（写真13-1）の周波数特性
減衰ステップ特性も良好

ます．このあたりの原因の切り分けは難しいところで，誤差要因をきちんと探る必要はありますが，実用としては十分でしょう．

この間をスイッチで1.5dB減衰量をON/OFFできる，固定アッテネータ回路もありますので，合計64ステップのアッテネータ基板です．

● **全体を組み合わせて動作させてもフィードスルーの問題はない**

ベース基板（第15章）上に，DDS付属基板とこの

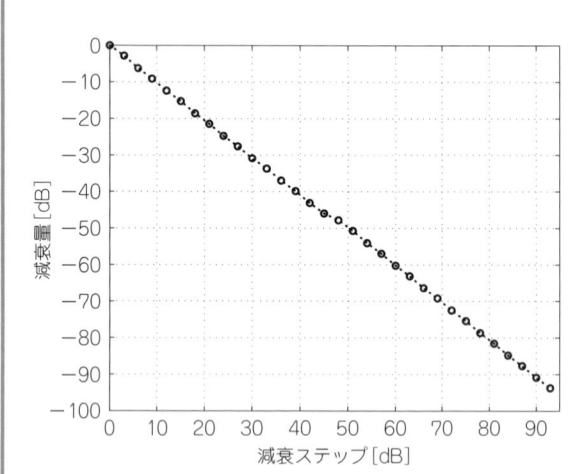

(a) 減衰なしをゼロとしたときの減衰量

(b) ステップ間の差分量

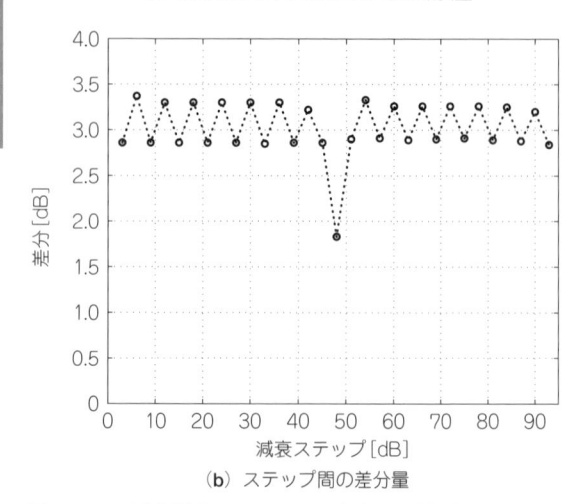

図13-11 減衰量を3dBステップごとに（合計32ステップ）変化させて測定した（測定周波数は5MHz）

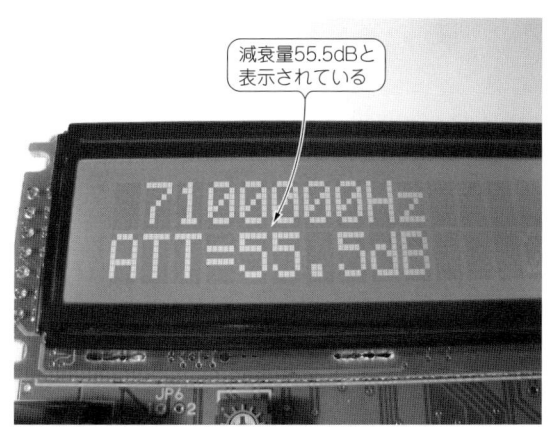

写真13-2 LCDに表示されるアッテネータ基板の減衰量（減衰量55.5dBと表示されている）

写真13-3 装着可能なプッシュ・スイッチの例（秋月電子通商．ピン・ピッチ 4.5mm × 6.5mm）

アッテネータ基板を実装し，全体を組み合わせてアッテネータ基板の減衰量を確認してみました．94.5dBの全体のレンジは，ノイズや測定誤差により，正確な測定が困難なので，ここでは詳細を掲載していません．

そこで一番条件がシビアな，最大周波数に近い28MHz，かつ減衰量が−90dBから−93dBへの変化（ほぼ最大減衰量の付近）で実験してみました．ここでも3dBの変化量は維持していました．

この結果は，一番条件がシビアともいえるこの周波数帯域でも，全体としてフィードスルーの問題がなく，回路全体が安定して減衰動作を実現できていることを示しています．

そのほかの機能

写真13-1や図13-2のブロック図に示してありますが，このアッテネータ基板には未実装の付帯機能を用意してあります．

● 外部からCPUコントロールできるインターフェース

この基板には，空き端子として8ピン・ヘッダ用のスルーホール（JP3）を用意しています．SW1のロータリ・スイッチをFの設定にして，SW4とSW3をアッテネータOFFの方に倒しておくと，（これらのスイッチがオープンになり影響がなくなるので）外部のマイコンやFPGAを使って，この端子JP3からアッテネータ基板の減衰量をコントロールすることができます．外部コントロールのときは，これらのスイッチを取り外してもかまいません．

45dBと1.5dBの固定アッテネータ回路は，制御信号がLレベルでアッテネータがONになります．

AD8369の減衰量の設定については，データシートを参照してください．7ピン DENB端子は，Hレベルで設定データのロードになります．Hレベルのときは，設定データは素通しでAD8369の設定値となります．

● 希望のタイミングで減衰量をロードできるプッシュ・スイッチ

R_{34} を取って R_{35} と SW_2 を実装すれば，希望するタイミングでAD8369に設定データをロードさせることができます．

AD8369は7ピン DENB端子が"H"であれば，設定データは素通しでAD8369にロードされ，瞬時に減衰量が設定されます．このピンを通常は"L"にしておき，スイッチを押したときに"H"になるようにすれば，希望するタイミングで設定データをロードできるようにすることができます．

写真13-3のようなプッシュ・スイッチ（ピン・ピッチ 4.5mm × 6.5mm．秋月電子通商で購入）を接続することができます．

◆ 参考文献 ◆

(1) http://www.analog.com/jp/AD8369
(2) http://www.analog.com/jp/ADA4891-1
(3) http://www.analog.com/jp/ADG719
(4) アナログ・デバイセズ；OPアンプによる増幅回路の設計技法，OPアンプ大全第4巻，CQ出版社．

第14章 周波数特性を測定するログ・アンプの設計

DDS付属基板でdB表示の周波数特性測定器を作るために

石井 聡　Satoru Ishii

　アンプやフィルタの周波数特性を測定するには，「ネットワーク・アナライザ」という専用測定器が必要です（図14-1）．しかしこれは非常に高価であり，なかなか用意することが難しいでしょう．

　簡易的ですが，この機能をDDS付属基板などを組み合わせるだけで実現できるのです．そのためには，本章で述べるログ・アンプ基板が必要になります．

周波数特性測定器を作る

● 周波数特性を測れるあの高級な測定器「ネットワーク・アナライザ」が自作できる？

　DDS付属基板は，パソコンからUSB経由で制御することで，周波数をスイープ（掃引）することができます．リニア・スイープやログ・スイープなども自由自在です．

　スイープしていく周波数の各ポイントにおけるレベルをログ・レベルで取得し，結果をパソコンに取り込んでExcelなどで加工すれば，周波数伝達特性が得られます．

　これを実現するには，ログ・アンプ基板，DDS付属基板，アッテネータ基板をベース基板上に搭載し，図14-2のようにスカラ・ネットワーク・アナライザ機能を構成します．これにより，アンプの周波数特性を測定できます．

　スカラ・ネットワーク・アナライザが測れるのは大きさだけです．位相が変化していく情報は得ることができません．そのため「ベクトル量」ではない，大きさだけの「スカラ量」のネットワーク・アナライザが実現できます．

▶ システム全体の校正「スルー・キャリブレーション」

　得られた測定結果は，DDS付属基板やアッテネータ基板，ログ・アンプ基板のレベル誤差の周波数特性を含んでいます．そのため，事前に測定対象を取り外し，系をスルーで接続し，「スルー・キャリブレーション」と呼ばれる校正をしておくことが重要です．この校正により得られた補正値で，実際の測定結果を

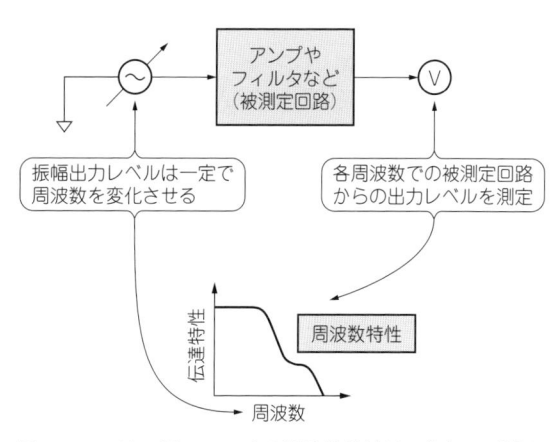

図14-1　アンプやフィルタの周波数特性はこうやって測る

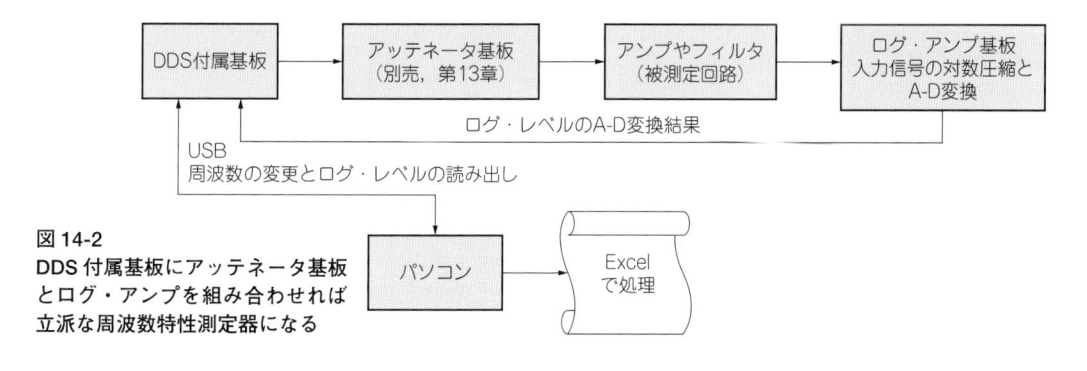

図14-2
DDS付属基板にアッテネータ基板とログ・アンプを組み合わせれば立派な周波数特性測定器になる

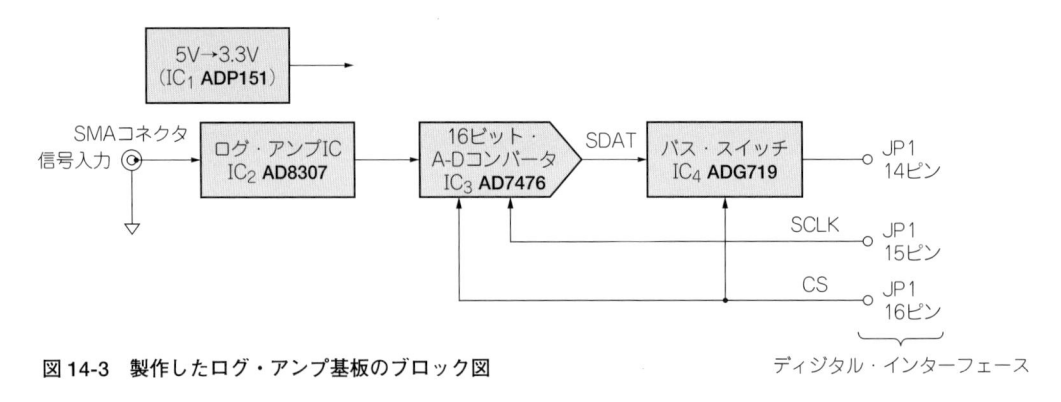

図14-3 製作したログ・アンプ基板のブロック図

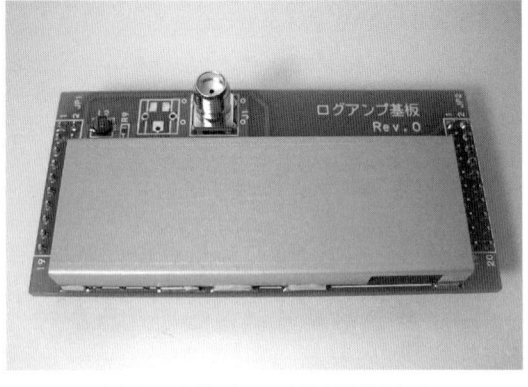

(a) 基板

(b) シールド・ケースを取り付けられる

主な搭載部品
① ボリューム（オプション）：AD8307のログ・レベル検出の傾斜を調整できる
② SMAコネクタ：信号を入力するコネクタ
③ 雑音を遮蔽するシールド・ケース（別売）を取り付ける銅箔ランド
④ ADG719：DDS付属基板とバス・インターフェースでやりとりする
⑤ AD7476：12ビットA-Dコンバータ．AD8307がログ圧縮して出力した信号をディジタル信号に変換する
⑥ AD8307：ログ・レベルを検出するログ・アンプIC
⑦ ADP151：AD8307とAD7476に安定な3.3Vを供給するリニア・レギュレータ

写真14-1 製作したログ・アンプ基板
本ログ・アンプ基板は，P板.comで1枚ずつ購入できます．ただし10名分の注文がそろいしだい生産します．またお届けまでに1か月ほどかかることがあります．生産や出荷の状況については，info@p-ban.comまでお問い合わせください．本サービスは，予告なく終了させていただくことがあります

補正します．こうすれば0dBのレベルで系全体を校正できます．

● **測定対象がゲインを持っている場合は入力レベルを減衰させる必要がある**

アンプの周波数特性を測定したい場合，測定対象となる回路自身がゲインをもっているので，それを受けるログ・アンプ基板の入力レベルが飽和してしまう場合があります．

測定するアンプのゲインが高いと，ここにDDS付属基板の出力である4dBmを供給すれば，アンプは飽和してしまいます．また，そうでなくてもログ・アンプ基板のログ・レベル検出IC AD8307が飽和するので，正しいゲイン対周波数特性を測定できません．

そこで測定するアンプや検出ICが飽和しないように，入力レベルを減衰させる必要があります．オプションのアッテネータ基板（第13章）を用いて，アンプの入力のところでレベルを下げておく必要があります．

全体構成と動作

図14-3は，ログ・アンプ基板（写真14-1）のブロック図です．図14-4に全体の回路図を示します．構成は非常に簡単で，ログ・レベルを検出するログ・アンプICのAD8307と12ビットA-DコンバータAD7476

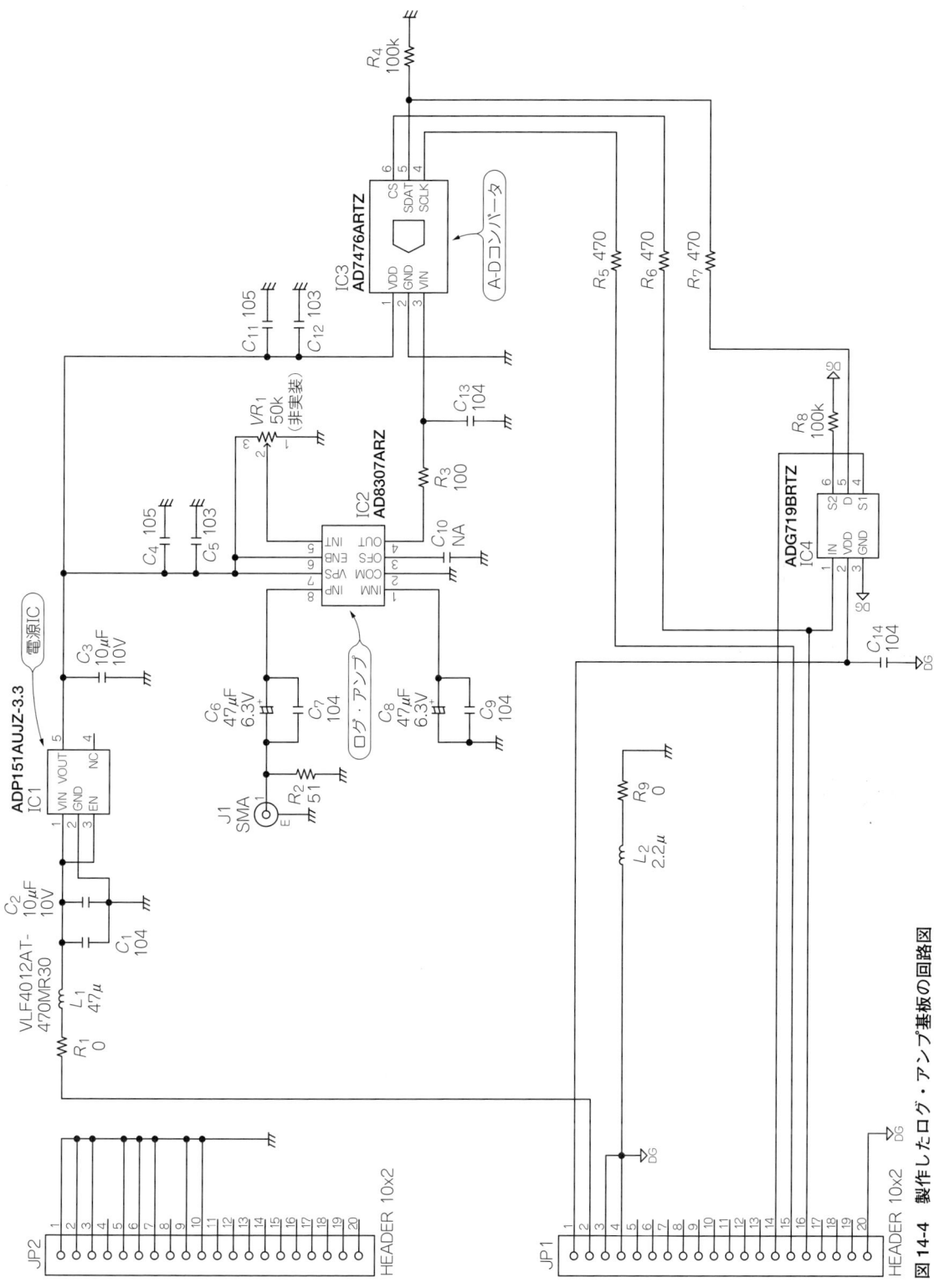

図14-4 製作したログ・アンプ基板の回路図

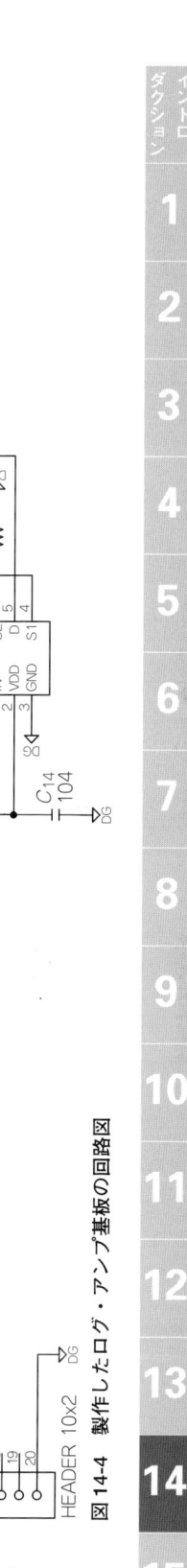

がメインです．

　AD8307で検出されたログ・レベルは，AD7476で12ビットにA-D変換され，これがDDS付属基板に送られます．A-D変換されたデータは，AD7476のCSがイネーブルの間，SCLKのクロックに合わせてSDATから出力されます．

写真 14-2 調整用ボリュームを実装したようす

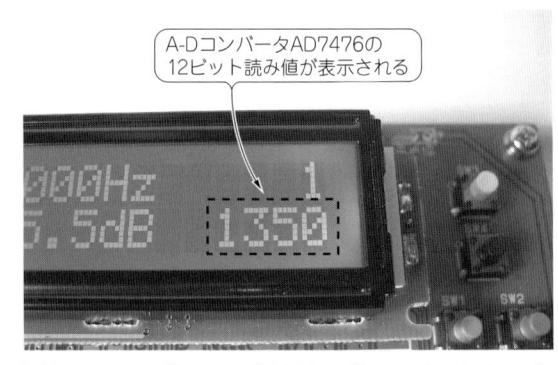

写真 14-3 ログ・アンプ基板のログ・レベルはベース基板の LCD 画面に表示される（ログ・アンプ基板に搭載された 12 ビット A-D コンバータ AD7476 の読み値がそのまま表示される）

ベース基板では，DDS 付属基板へのデータ・バス上で AD7476 の信号が他の信号と衝突しないように，ADG719 のアナログ・スイッチがバス・スイッチとして用いられています．AD7476 の CS に合わせて ADG719 がイネーブルになり，バス上にデータを出力します．

● ログ・レベル検出の傾斜を可変できる

ログ・アンプ基板でログ・レベル検出の傾斜を可変できます．これを行うには，写真 14-2 のように 50kΩ の調整用ボリュームを実装します．

ボリュームは 7mm 角でリードが千鳥で出ているもの（例えば，秋月電子通商で購入できる 3362P）や 5mm 角の表面実装ボリュームのいずれかが実装できます．パターンは共用になっています．

この傾斜変更は，高精度な信号発生器などの基準源がなければ実現できません．また LCD 画面の読み値が変わってきます．AD8307 のログ・レベル出力のアナログ信号を直接読み出す場合にのみ有効です．

この IC 自体は 25mV/dB の傾斜を持っていますが，ボリューム調整により 18mV/dB〜22mV/dB の範囲で傾斜を変化させられます．調整の手順は，AD8307 のデータシートの 19 ページを参照してください．

変換性能

● ベース基板に搭載して LCD 表示を読む

ログ・アンプ基板から得られたログ・レベルは，写真 14-3 のように LCD 画面に表示されます．LCD 画面には 12 ビット A-D コンバータ AD7476 の 12 ビット読み値が直接，10 進で表示されます．アッテネータ基板と合わせて，測定対象の入出力レベルを測定できます．

実際にスカラ・ネットワーク・アナライザを実現するためには，USB を経由してパソコンでこのログ・

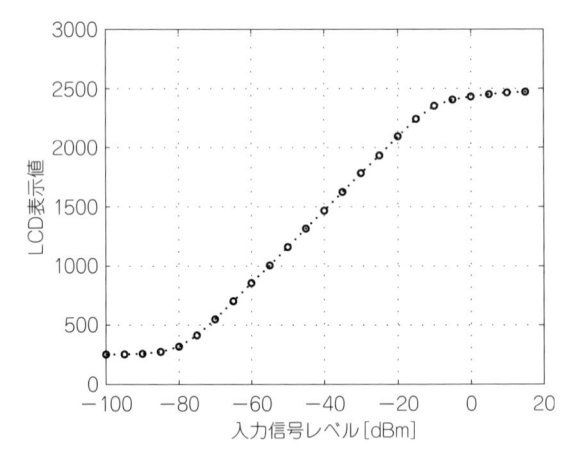

図 14-5 製作したログ・アンプ基板の入出力特性（入力信号の周波数は 5MHz）

レベルを読み取る必要があります．

● 実測結果

高周波信号発生器（E4432B：アジレント・テクノロジー）から 5MHz の信号を入れて，レベルを変化させながら，LCD 画面で表示される値を測定してみました．この高周波信号発生器の信号出力の絶対精度は ±0.5dB となっています．測定結果として，図 14-5 のような特性が得られました．−70dBm から −10dBm 程度まで，非常に良好なリニアリティを持っています．

◆ 参考文献 ◆

(1) http://www.analog.com/jp/AD8307
(2) http://www.analog.com/jp/AD7476
(3) http://www.analog.com/jp/ADG719
(4) Agilent ESG-A and ESG-D RF Signal Generators Data Sheet, Agilent Technologies.

第15章 液晶ディスプレイ付きベース基板

DDS基板やアッテネータ基板を搭載して測定器を作れる

登地 功/石井 聡　Isao Toji / Satoru Ishii

　USB経由でパソコンと接続しなくても，DDS付属基板をスタンドアロンでも使うことができるように，別売のベース基板を用意しました．

　このベース基板には，液晶ディスプレイや設定用スイッチ，電源などを搭載しています．また，他の基板と組み合わせて拡張ができるように，ユニバーサル・パターン部にピン・ヘッダで子基板を取り付けることができます．

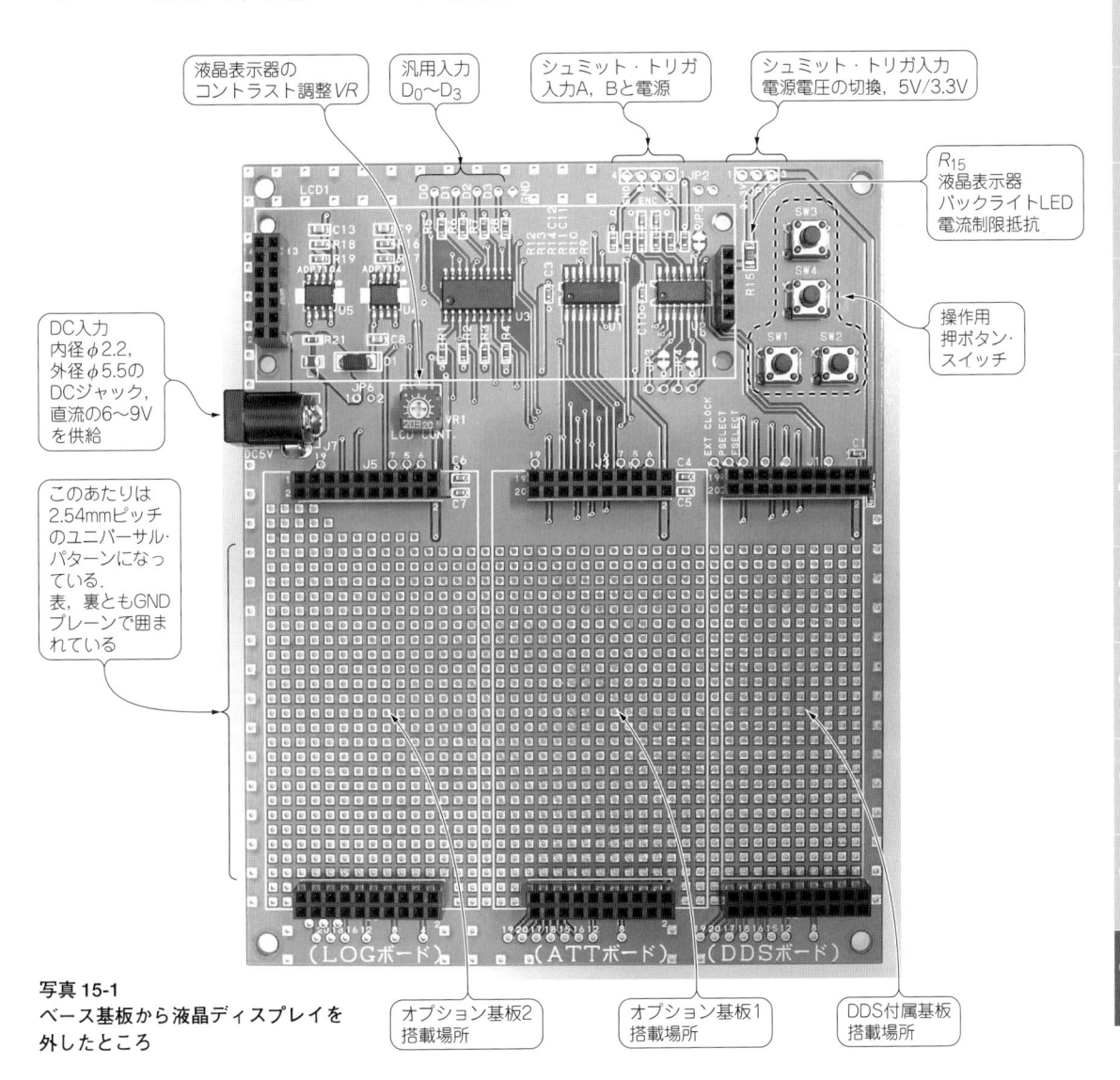

写真の吹き出し：
- 液晶表示器のコントラスト調整VR
- 汎用入力 $D_0 \sim D_3$
- シュミット・トリガ入力A，Bと電源
- シュミット・トリガ入力 電源電圧の切換，5V/3.3V
- R_{15} 液晶表示器バックライトLED電流制限抵抗
- 操作用押ボタン・スイッチ
- DC入力 内径φ2.2，外径φ5.5のDCジャック，直流の6〜9Vを供給
- このあたりは2.54mmピッチのユニバーサル・パターンになっている．表，裏ともGNDプレーンで囲まれている
- オプション基板2搭載場所（LOGボード）
- オプション基板1搭載場所（ATTボード）
- DDS付属基板搭載場所（DDSボード）

写真15-1
ベース基板から液晶ディスプレイを外したところ

回路構成　149

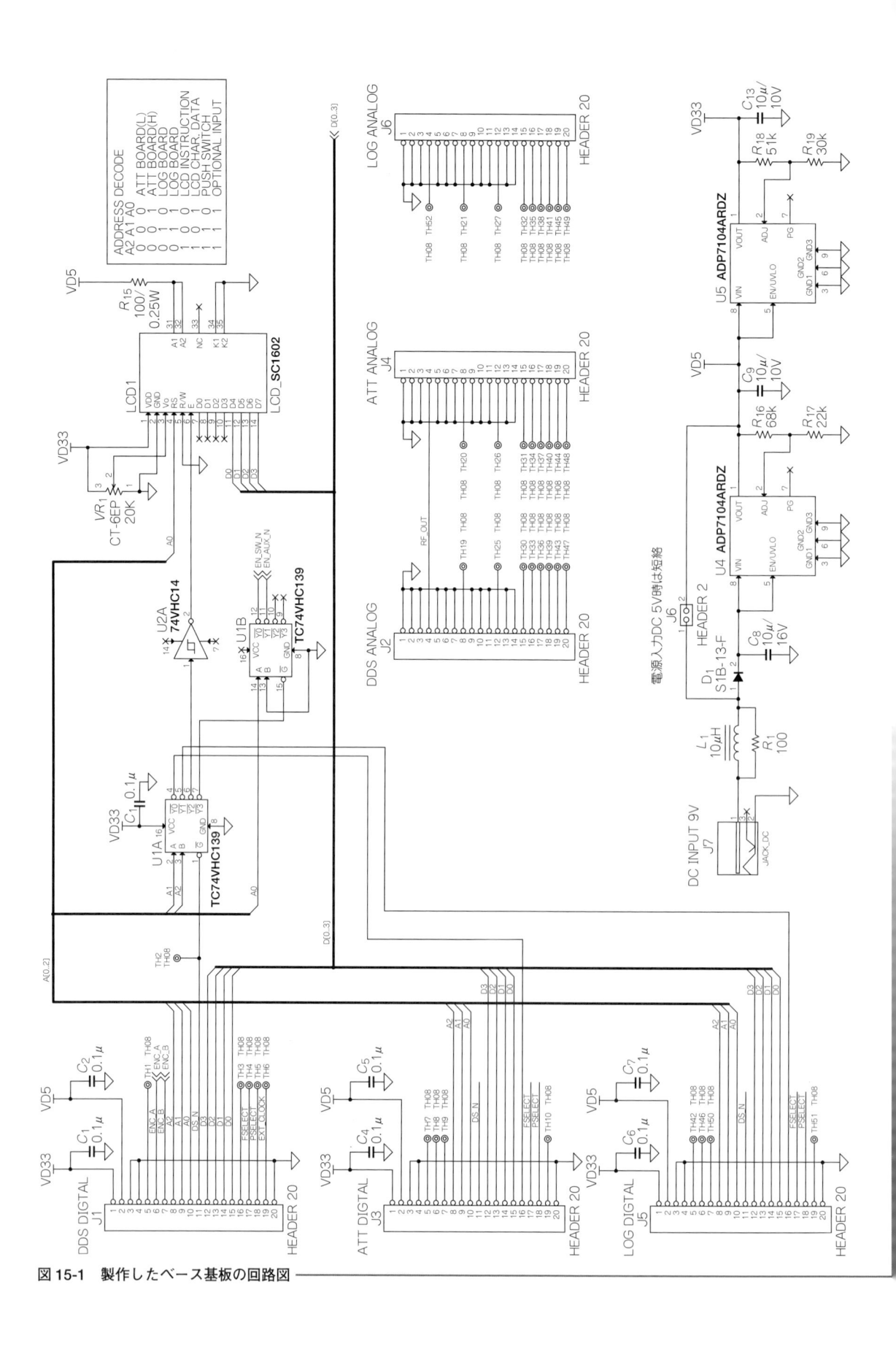

図 15-1　製作したベース基板の回路図

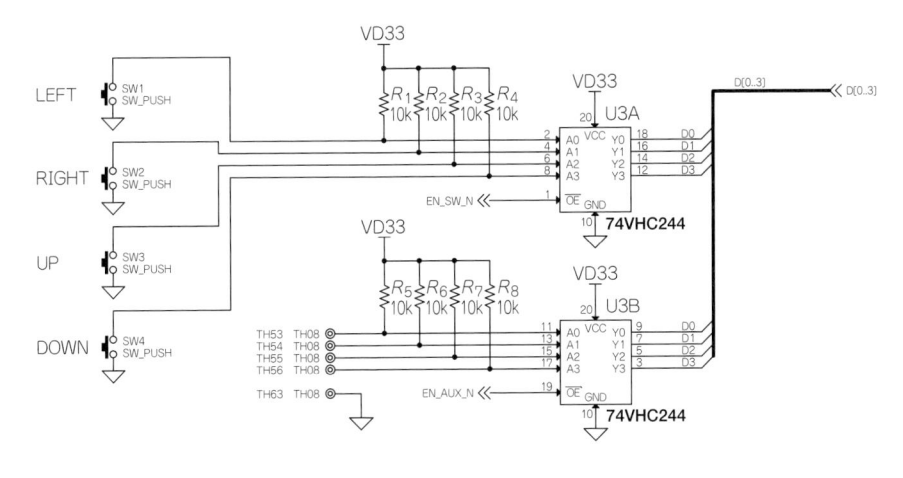

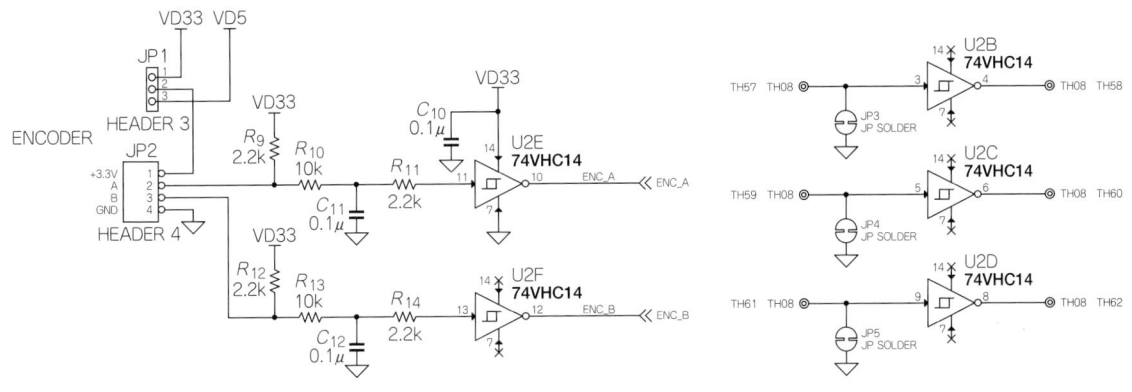

回路構成

ベース基板の外観と各部の説明を**写真 15-1** に示します．また，全体の回路図を**図 15-1** に示します．

● 電源

ベース基板は，ピン・ヘッダをはんだ付けした DDS 付属基板を取り付けて 6～9V の電源を供給すれば，パソコンと USB で接続しなくても単独で DDS を動作させることができます．

電源は，DC ジャックより AC アダプタなどで供給してください．DC ジャックは内径 2.2mm，外形 5.5mm の標準的なもので，秋月電子通商などで販売している小型 AC アダプタが適合します．

電源部には低ドロップアウトの 5V と 3.3V の低雑音レギュレータ（ADP7104，第 11 章）を使用しており，USB ケーブルをパソコンに接続したまま外部電源を供給しても，DDS 付属基板上の逆流防止ダイオードの働きでパソコン側に電源が逆流することはありません．

安定化された DC5V で動作させる場合は，5V のレギュレータをジャンパ（JP6）でバイパスしてください．ADP7104 は，出力側に入力側より高い電圧を加えても電流が逆流しないような構造になっています．

電源入力には電源の逆接続保護ダイオードが入っていますが，直接 DC5V を供給する場合は電圧降下を避けるためにダイオードが入りません．逆接続しないように注意してください．

特に低雑音が要求される場合は，スイッチング方式の AC アダプタではなく，トランス方式の AC アダプタをお勧めします．6～9V のバッテリでも動作しますから，単 3 乾電池 4 本で動作させれば持ち運びも簡単です．

● 主なデバイスと回路

▶ 液晶ディスプレイ

周波数表示などに使用する 16 桁×2 行のバックライト付き液晶ディスプレイを搭載しており，基板上の可変抵抗器でコントラスト調整ができるので，見やすいように調整してください．

バックライトの電流は，基板上の抵抗 R_{15} で決まります．100Ω の抵抗が付いていますが，明るすぎる場

合や，消費電流を小さく抑えたい場合は抵抗値を大きくしてください．

100Ωのときバックライトに約20mA流れているので，これ以上明るくすることは無理ですが，明るいところでもかなり見やすいと思います．

ディスプレイはおもに周波数表示用ですが，オプション基板を取り付けたときに，レベル表示など他の用途に使うこともできます．

▶ 設定用スイッチ

設定用の4個の押しボタン・スイッチを実装しています．一般的な使い方としては，周波数ステップ設定とUP/DOWN操作でしょう．

▶ 汎用入力

押しボタン・スイッチの他に，4ビットの汎用入力端子（D_0, D_1, D_2, D_3，回路図ではTH53〜TH56）があって，基板上部のスルーホールに接続されています．この端子は，10kΩでプルアップされています．

入力バッファの74VHC244は内部3.3V電源で動作していますが，74VHCタイプのゲートICは5Vトレラント入力ですから，5V系のロジック信号を直接入力することが可能です．

▶ エンコーダ入力

2ビットのシュミット・トリガ入力（JP2）は2.2kΩでプルアップされていて，入力側にチャタリング防止用のCRフィルタが入っています．シュミット・トリガ・ゲートは74VHC14（5Vトレラント）です．

この入力はPICの5ピンと6ピンに直接接続されていて，おもにエンコーダを接続することを想定していますが，汎用入力として使うこともできます．

メカニカル接点タイプのエンコーダを使用することを想定して，チャタリング防止用のCR時定数をやや長めにしているので，エンコーダのパルス数によっては，チャタリング防止の時定数が適当でない場合があります．そのような場合は，コンデンサC_{11}, C_{12}の容量を変えてみてください．光学式など，出力パルスにチャタリングがないエンコーダの場合は，コンデンサは不要です．

JP1の接続により，5Vまたは3.3Vをエンコーダに供給することができます．

▶ アドレス・デコーダ

DDS付属基板に使用しているPICマイコンはI/Oピンが少ないため，インターフェースはバス方式にしています．

4ビットのデータ・バスが液晶ディスプレイ，スイッチ読み込み用バッファ，汎用入力用バッファ，2個所の拡張基板用ソケットに配線されています．

アドレス・デコーダU_1, 74VHC139が各イネーブル信号を生成します．アドレスは3ビットなので，全部で8個のI/Oを接続できます．DS_NがLowアク

表15-1 アドレス・デコード表

A2	A1	A0	内容
0	0	0	オプション基板1の下位4ビット（アッテネータ基板）
0	0	1	オプション基板1の上位4ビット（アッテネータ基板）
0	1	0	オプション基板2の下位4ビット（ログ・アンプ基板）
0	1	1	オプション基板2の上位4ビット（ログ・アンプ基板）
1	0	0	液晶ディスプレイのインストラクション・レジスタ
1	0	1	液晶ディスプレイのデータ・レジスタ
1	1	0	押しボタン・スイッチ入力
1	1	1	汎用入力

ティブのストローブ信号です．アドレス・デコードを表15-1に示します．

自作の基板を取り付ける場合は，オプション基板1とオプション基板2のアドレスを使用してください．液晶ディスプレイとスイッチ，汎用入力のアドレスは固定です．

● アッテネータ基板やログ・アンプ基板の取り付け

DDS付属基板は，ベース基板のいちばん右側に取り付けます．USBコネクタが右を向くように取り付けてください．また，ピン・ヘッダがソケットと1列ぶんずれていても差し込めてしまいますから，間違えないように確認してください．中央と左側のソケットは，オプション基板用です．

写真15-2に示すのは，DDS付属基板，アッテネータ基板，ログ・アンプ基板をベース基板に取り付けて，ACアダプタで動かしているところです．DDS付属基板からは71MHzの正弦波が出力されています．周波数はSW1〜SW4で調整できます．液晶ディスプレイには1Hzと表示されているので，この状態では1Hzステップで出力信号の周波数を設定できます．

DDS付属基板が出力した正弦波はアッテネータ基板で93.0dB減衰されて，ログ・アンプ基板に入力されています．ログ・アンプ基板はこの信号を対数圧縮し，さらにA-D変換して，DDS付属基板上のPICマイコンにデータを転送しています．PICマイコンは，このA-D変換値を読んで液晶ディスプレイに表示しています．

● 自作の基板を搭載すればオリジナル測定器になる

ベース基板には，オプションで用意した基板以外に

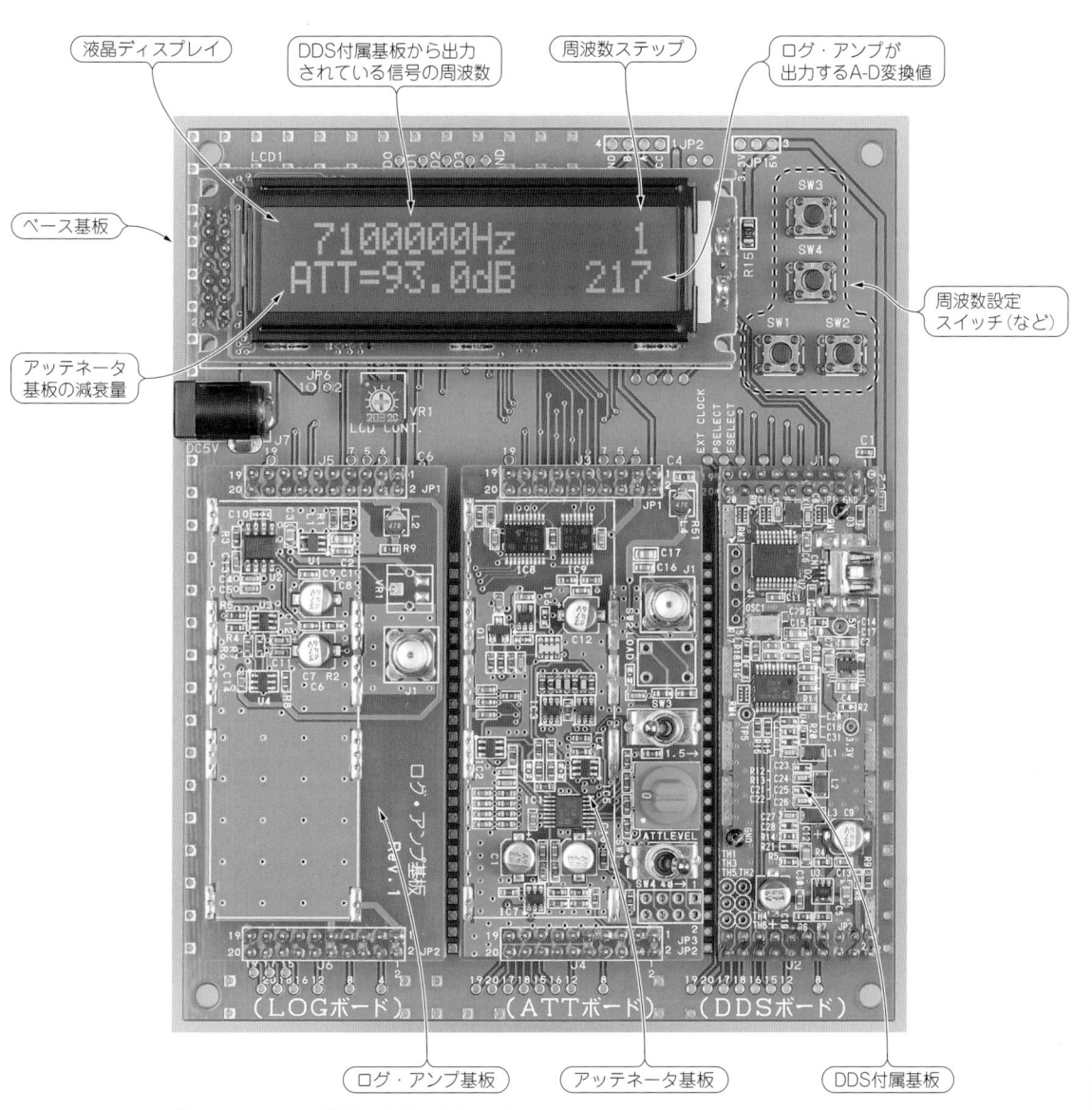

写真15-2 ベース基板にオプション基板を実装したところ

も，自分で作った基板を載せることができます．ソケットのピン配置は2.54mmピッチのグリッドに乗せていますから，ユニバーサル基板を適当な大きさに切って使うこともできます．

▶ オプション基板用ソケットに配線されている信号

ベース基板上のオプション基板用ソケットは，上側（J3, J5）がディジタル系の信号，下側（J4, J6）がアナログ系の信号になっています．

電源は，安定化されたレギュレータからの5Vと3.3Vが上側ソケットに供給されています．

ディジタル系の信号は，アドレス・バス[A2:A0]，データ・バス[D3:D0]，ストローブ信号（DS_N），周波数レジスタ選択信号（FSELECT），位相レジスタ選択信号（FSELECT）がベース基板上で配線されています．

自分でPICのプログラムを作成する場合は，J3, J5に配線されているデコード信号を使ってもかまいませんし，自作基板にデコーダを載せてもかまいません．デコーダ回路を作る場合は，アドレスが衝突しないように注意してください．

アナログ側の信号は，DDS付属基板の正弦波出力J2の4ピンと，となりのオプション基板J4の4ピンがつながっているだけです．他は，一部のピンがGNDに接続されています．ソケットの空きピンはスルーホールに引き出してあるので，回路図を参照して適宜使用してください．

▶ ユニバーサル部に回路を組み立てる

　ベース基板のオプション基板を載せる部分は，2.54mm ピッチのユニバーサル・パターンにもなっています．

　高周波回路が安定に動作するように，表，裏ともスルーホールを GND プレーンで囲んでいます．裏面は GND プレーンの一部のレジストを抜いてありますから，回路を GND へ接続するときはこの部分を利用すると便利です．

　基板の周辺はスルーホールを配置して，裏，表の GND プレーンを接続しています． 〈登地 功〉

—＊—

　USB バス・パワーの電源を DDS 付属基板に直接加えると，パソコン内部で発生したノイズが DDS IC に伝わり，出力信号のサイドバンド・ノイズ特性やノイズ・フロアの特性に悪影響を及ぼす可能性があります．ベース基板には，LDO 型電圧レギュレータ（ADP7104）が搭載されているので，DDS 付属基板に対して，安定かつノイズの小さい 5V 電源が供給されます．このリニア・レギュレータにより，サイドバンド・ノイズ特性やノイズ・フロア特性がより良好になります． 〈石井 聡〉

索引

── 数字 ──

2725 シリーズ ･････････････････････････････ 30
2nd ナイキスト・ゾーン ･････････････････････ 67
2 信号特性 ･････････････････････････････････ 54
3rd ナイキスト・ゾーン ･････････････････････ 67
3 次ひずみ ･････････････････････････････････ 54
4 相 PSK ･･･････････････････････････････････ 58
4 ～ 20mA 電流ループ伝送 ･･･････････････････ 68

── A ──

AC 結合 ････････････････････････････････････ 30
AC 結合回路 ････････････････････････････････ 52
AD5933 ･･･････････････････････････････････ 61
AD5934 ･･･････････････････････････････････ 61
AD8051 ･･･････････････････････････････････ 30
AD8369 ･･････････････････････････････････ 134
AD9547 ･･･････････････････････････････････ 67
AD9548 ･･･････････････････････････････････ 67
AD9549 ･･･････････････････････････････････ 67
AD9789 ･･･････････････････････････････････ 67
AD9834 ･･･････････････････････････････････ 67
AD9856 ･･･････････････････････････････････ 63
AD9857 ･･･････････････････････････････････ 63
AD9858 ･･･････････････････････････････････ 62
AD9859 ･･･････････････････････････････････ 62
AD9912 ･･･････････････････････････････････ 63
AD9913 ･･･････････････････････････････････ 63
AD9957 ･･･････････････････････････････････ 64
ADA4891-1 ･･････････････････････････････ 134
ADF4350 ･･････････････････････････････････ 88
ADF4531 ･･････････････････････････････････ 89
ADG719 ･･････････････････････････････････ 134
ADP151 ･･･････････････････････････････････ 31
ADP7104 ･････････････････････････････････ 121
AM 雑音 ･････････････････････････････････ 129

── B ──

BPSK ･････････････････････････････････････ 58

── C ──

CMRR ････････････････････････････････････ 134
CN 比 ････････････････････････････････････ 139
COM ポート ････････････････････････････････ 36
CORDIC ･･･････････････････････････････････ 68
CR 結合 ････････････････････････････････････ 26
CR フィルタ ････････････････････････････････ 48

CW 信号 ･･･････････････････････････････････ 53

── D ──

DDS 学習キット ･･････････････････････････ 113
DDS 周波数シンセサイザ ････････････････････ 12
Direct synthesis Digital Synthesizer ････････ 9
DIV2 ････････････････････････････････････ 106
DPLL ･････････････････････････････････････ 67
D コマンド ･･･････････････････････････････ 115

── E ──

E/D 端子 ･････････････････････････････････ 131
E5052B ･････････････････････････････ 85, 92
EasyComm ･････････････････････････････ 119
Enable threshold ･････････････････････････ 123
Enable/Disable 端子 ･････････････････････ 131
EN 端子 ･････････････････････････････････ 123

── F ──

FET プローブ ･････････････････････････ 80, 132
FSEL ････････････････････････････････････ 101
FSELECT ･･････････････････････････････････ 24
FSK ･･･････････････････････････････････････ 34
FSYNC ･･････････････････････････････････ 100

── G ──

G コマンド ･･･････････････････････････････ 115

── H ──

HART ･････････････････････････････････････ 68
HDL ･･･････････････････････････････････････ 43
Highway Addressable Remote Transducer ･･････ 68

── I ──

I/Q ベースバンド・データ ･･･････････････････ 64
I/Q 変調 ･･････････････････････････････ 57, 64
ICL8038 ･･･････････････････････････････････ 96
inf ディレクトリ ････････････････････････････ 114
IOUT ･････････････････････････････････････ 26
I 相乗算器 ･････････････････････････････････ 64

── L ──

LC フィルタ ････････････････････････････････ 48
LDO ･････････････････････････････････ 31, 121
Low Dropout regulator ･･････････････････ 31
LVDS ･････････････････････････････････････ 50

── M ──

- MCLK 58
- Microchip-application libraries 107
- Mini-B タイプ 34
- MODE 106
- MPLAB 108
- MPLAB X 108

── N ──

- NCO 52
- Numerically Controlled Oscillator 52

── O ──

- OCXO 129
- OUTBITEN 89
- OPBITEN 106
- Oven Controlled X'tal Oscillator 129

── P ──

- PECL 50
- Phase Accumulator 43
- PIC18F14K50 .... 31, 107
- PIN/SW 104
- PLL 周波数シンセサイザ 12
- ProcessIO( )関数 110
- PSEL 101
- PSELECT 24
- PSK 34
- *PSRR* 121

── Q ──

- QAM 変調器 65
- QDUC 63
- QPSK 58
- QRH 53
- QSO 53
- Quadrature Digital Up Converter 63
- Q 相乗算器 64

── R ──

- RESET 101
- RESET ピン 31
- R コマンド 115

── S ──

- SAW フィルタ 49
- SCLK 100
- SDATA 100
- SIGN BIT OUT 106
- SIGNPIB 89, 106
- Simple Packaged X'tal Oscillator 128
- SINAD メータ 53
- Single Side Band 52
- SIN ROM 41
- SLEEP1 101
- SLEEP12 101
- *SN* 比 15
- SPXO 128
- SSB 52
- SSB 受信機 53
- Sweet spot 47
- S コマンド 114
- *S* メータ 52

── T ──

- TCXO 128
- Temperature Compensated X'tal Oscillator ... 128
- Tera Term 35

── U ──

- Under Voltage LockOut 124
- USB インターフェース 31
- USB コネクタ 32
- USB バス・パワー 86
- UVLO 124
- U コマンド 115

── V ──

- Variable Frequency Oscillator 53
- VCXO 128
- VFO 53
- VIN 89
- Voltage Controlled X'tal Oscillator 128
- V コマンド 116

── あ行 ──

- アイソレーション 29
- アクティブ・フィルタ 48
- アクティブ・プローブ 132
- アッテネータ 53, 133
- アッテネータ基板 53
- アップ・コンバージョン 62
- アドレス・カウンタ 42
- アナログ・スイッチ 134
- アナログ発振回路 51
- 位相アキュムレータ 43, 62
- 位相雑音 30
- 位相シフト・キーイング 34
- 位相設定レジスタ 58
- 位相レジスタ 100

位相ロック・ループ	98	ジッタ	24, 50, 132
インターポーレーション	66	シャント抵抗	45
インピーダンス変換器	28	ジャンパ・ポスト	34
ウィーンブリッジ	96	ジャンパ用スルーホール	34
ウィーンブリッジ発振器	98	周波数安定度	127
エイリアシング信号	21	周波数シフト・キーイング	34
オーバーシュート	15, 48	周波数分解能	9, 18, 31
温度補償水晶発振器	128	周波数ホッピング	43
		周波数マーカ	9
		周波数レジスタ	100

―― か行 ――

カウエル	48	出力側終端抵抗	26
拡張コマンド	116	出力信号レベル	25
カットオフ角速度	27	出力ディスチャージ	125
カットオフ周波数	23, 28	順電圧降下	32
可変周波数発振源	53	ショットキー・バリア・ダイオード	32
感度限界点	53	信号強度	53
基準クロック周波数	30	信号源アナライザ	85
寄生容量	135	シンセサイザ	12
起動時間規格	130	スイープ	55
逆 sinc フィルタ	65	水晶振動子	18, 127
キャリア	18	水晶発振器	127
キャリア/ノイズ比	98, 139	スイッチ・オーバ機能	68
共振回路	18	スイッチ間容量	136
共振周波数	18	数値制御発振器	52
共振周波数信号	131	スーパーナイキスト動作	98
共振励振	18	スカラ・ネットワーク・アナライザ	55, 145
局部周波数発振器	9	スキュー	84
矩形波	52	スタンバイ	131
クロス・コリレーション法	92	ステップ応答	48
クロック・マルチプライヤ	49	スプリアス	15, 24
群遅延特性	48	スポット	55
高周波信号発生器	62	スルー・キャリブレーション	56, 145
高精度集合抵抗	134	スルーホール	32, 143
固定アッテネータ回路	134	スレッショルド	50
固有振動周波数	131	正弦波	51
コントロール・レジスタ	100	正弦波発生器	51
コンパレータ	50	整数 N 型 PLL	59
混変調ひずみ	47	セミフレキシブル・ケーブル	28
		セラミック振動子	127
		セラミック共振器	49
		掃引	55
		阻止帯域	48
		ソフトスタート	122

―― さ行 ――

最小損失パッド	28		
サイドバンド・スプリアス	59		
差動インターフェース	50		
三相交流源	57		
サンプリング定理	97		
仕上げキット	35		
シーケンス制御	124		
シールド・ケース	34		
シグナル・ソース・アナライザ	129		
自己バイアス方式	99		

―― た行 ――

ターミナル・ソフト	35
ダウン・コンバージョン	62
楕円関数	26, 48
多相出力	57
立ち下げシーケンス	124

チェビシェフ	26, 48
注入電流	56
直列共振周波数	57
直交形式	64
直交ディジタル・アップ・コンバータ	63
直交ディジタル変調	63
定 K ＋誘導 m 型	26, 48
ディジタル・クロック	52
ディジタル PLL	67
ディジタル制御可変ゲイン・アンプ	134
ディジタル直接合成発振器	9
定電流出力	25
低ドロップアウト・レギュレータ	121
テスト・ポイント	34
デューティ比	90
電圧出力型	45
電源電圧変動除去比	121
電源バイパス・コンデンサ	130
伝達ゼロ点	48
電流出力型	45
同相モード除去比	134
特性インピーダンス	25
ドライブ・レベル	57
トラッキング	124
ドリフト	53
ドロップアウト電圧	31

── な行 ──

ナイキスト周波数	46, 97
入出力インピーダンス	26
入力側終端抵抗	26
ネットワーク・アナライザ	55
ノイズ・フロア	84, 139
ノッチ	48

── は行 ──

バイアス回路	52
バイナリ PSK	58
ハイパーターミナル	35
バタワース	26
バタワース・フィルタ	48
パッシブ・プローブ	132
発振器出力周波数	129
発振起動時間	129
発振信号源	56
ハードウェア記述言語	43
パネル de ボード	19
パルス・スワロー方式	98
パワーグッド	123
搬送波	18

汎用プローブ	132
バンドパス・フィルタ	49
非直線性測定	54
標準信号発生器	88
表面弾性波フィルタ	49
ファンクション・ジェネレータ	96
フィードスルー	47, 134
負荷インピーダンス	27
複素インピーダンス素子	61
フット・パターン	130
浮遊容量	28
フラクショナル N 型 PLL	59
フラクショナル動作	98
プログラマブル高精度 EN/UVLO	124
分解能	45
分数動作	98
並列共振周波数	57
ベースバンド周波数	64
ベクトル・ネットワーク・アナライザ	57
ベッセル・フィルタ	48
方形波出力	89
ホールド・オーバ機能	67

── ま行 ──

マイグレーション	124
マスタ・クロック	58
マルチキャリア送信機	65
ミキサ	49
ミックス・モード	67
明瞭度	53

── ら行 ──

ラッチアップ	123
リターン・パス	34
リニア・スイープ	55, 145
リファレンス・クロック逓倍器	62
リファレンス周波数	59
リファレンス信号源	58
リプル	26, 48
量子化ノイズ	45
理論的スプリアス	78
リンギング	48
ループ・フィルタ	15
ルックアップ・テーブル	52
レイアウト	34
レール・ツー・レール	30
レスポンス校正	29
ローカル・エコー	114
ログ・アンプ基板	55
ログ・スイープ	55, 145

■ 著者略歴

● 登地 功(Isao Toji)
1958年,東京都生まれ.1997年,㈲デルタテクノロジー設立.現在,同社代表.CPUボード,ASICなどを設計.同姓同名の人は他にいないようなので,Webで検索するとすぐに素性がわかってしまう.

● 石井 聡(Satoru Ishii)
千葉県生まれ.1985年,第1級無線技術士合格.1986年,東京農工大学電気工学科卒業,同年双葉電子工業㈱入社.1994年,技術士(電気・電子部門)合格.2002年,横浜国立大学大学院博士課程後期(電子情報工学専攻・社会人特別選抜)修了.博士(工学).2009年,アナログ・デバイセズ㈱入社,現在に至る.FPGAからRFまで多岐の設計開発を経験.
著書に,無線通信とディジタル変復調技術(2005年8月初版),電子回路設計のための電気/無線数学(2008年5月初版),合点!電子回路超入門(2009年11月初版)がある.

● 武田 洋一(Yoichi Takeda)
東京理科大学理学部化学科 卒業.㈱亜土電子工業(ADOパーツショップ)店長およびマーケティング担当.サンハヤト㈱研究開発本部長.現在,インタープラン㈱で営業技術およびマーケティングを担当.

● 道場 俊平(Shunpei Michiba)
2001年,半導体商社にてリニアテクノロジー社のFAEとして,主に電源関連のサポートに携わる.2005年～現在,アナログ・デバイセズ㈱へ転職後,主に電源関連のマーケティング兼FAEを務め,顧客サポート以外にセミナ講師,電源コンサルティングとして顧客・代理店を指導.

● 幕田 俊勝(Toshikatsu Makuta)
昭和23年,福島県生まれ.東京電機大学工学部電子工学科卒業.日本電波工業㈱にて水晶発振器の設計・開発に長期間従事.現在はセールス・エンジニアとして勤務.

● 大津谷 亜士(Ashi Ootsuya)
2000年,アジレント・テクノロジー㈱入社.同社にてSE(アプリケーション・エンジニア)として,計測に関するソリューションの提案をさまざまなユーザに行ってきた.現在は,位相雑音測定やパワー・インテグリティ測定を主に担当する.

- ●**本書記載の社名，製品名について** ── 本書に記載されている社名および製品名は，一般に開発メーカーの登録商標または商標です．なお，本文中では™，®，©の各表示を明記していません．
- ●**本書掲載記事の利用についてのご注意** ── 本書掲載記事は著作権法により保護され，また産業財産権が確立されている場合があります．したがって，記事として掲載された技術情報をもとに製品化をするには，著作権者および産業財産権者の許可が必要です．また，掲載された技術情報を利用することにより発生した損害などに関して，CQ出版社および著作権者ならびに産業財産権者は責任を負いかねますのでご了承ください．
- ●**本書付属のCD-ROMについてのご注意** ── 本書付属のCD-ROMに収録したプログラムやデータなどは著作権法により保護されています．したがって，特別の表記がない限り，本書付属のCD-ROMの貸与または改変，個人で使用する場合を除いて複写複製（コピー）はできません．また，本書付属のCD-ROMに収録したプログラムやデータなどを利用することにより発生した損害などに関して，CQ出版社および著作権者は責任を負いかねますのでご了承ください．
- ●**本書に関するご質問について** ── 文章，数式などの記述上の不明点についてのご質問は，必ず往復はがきか返信用封筒を同封した封書でお願いいたします．勝手ながら，電話での質問にはお答えできません．ご質問は著者に回送し直接回答していただきますので，多少時間がかかります．また，本書の記載範囲を越えるご質問には応じられませんので，ご了承ください．
- ●**本書の複製等について** ── 本書のコピー，スキャン，デジタル化等の無断複製は著作権法上での例外を除き禁じられています．本書を代行業者等の第三者に依頼してスキャンやデジタル化することは，たとえ個人や家庭内の利用でも認められておりません．

[R]〈日本複製権センター委託出版物〉
本書の全部または一部を無断で複写複製（コピー）することは，著作権法上での例外を除き，禁じられています．本書からの複製を希望される場合は，日本複製権センター（TEL：03-3401-2382）にご連絡ください．

NO 本書に付属のCD-ROMは，図書館およびそれに準ずる施設において，館外へ貸し出すことはできません．

すぐ使える ディジタル周波数シンセサイザ基板 [DDS搭載]　基板＋CD-ROM付き

2012年9月1日　発行　　© 登地 功／石井 聡／山本 洋一／脇澤 和夫／武田 洋一／大津谷 亜士／道場 俊平／幕田 俊勝 2012

著　者　　登地 功／石井 聡／
　　　　　山本 洋一／脇澤 和夫／
　　　　　武田 洋一／大津谷 亜士／
　　　　　道場 俊平／幕田 俊勝

発行人　　寺　前　裕　司
発行所　　ＣＱ出版株式会社
　　　　　〒170-8461　東京都豊島区巣鴨1-14-2
　　　　　電話　編集　03-5395-2123
　　　　　　　　広告　03-5395-2131
　　　　　　　　販売　03-5395-2141
　　　　　振替　　　　00100-7-10665

定価は裏表紙に表示してあります
無断転載を禁じます
乱丁，落丁本はお取り替えします
Printed in Japan

編集担当　寺前 裕司
DTP　西澤 賢一郎
印刷・製本　大日本印刷株式会社
表紙デザイン　株式会社プランニング・ロケッツ
写真　矢野 渉
イラスト　神崎 真理子